普通高等教育“十二五”规划教材

# 大学物理实验——基础篇


主　编　辛旭平

副主编　周　芹

参　编　张甫宽　聂宜珍

朱世坤　王相奇



机械工业出版社

本书共分五章，含有二十七个实验。主要包括误差与数据处理的基础知识、基本物理量的测量、基本测量方法的应用、基本技能训练、基本实验知识的综合应用，书末附有附录供学生参考用。

本书为各专业的普及课程，各学校可根据自己的实验条件选择实验项目，适用于理、工、医、农、商等各学科专业。

**图书在版编目（CIP）数据**

大学物理实验. 基础篇/辛旭平主编. —北京：机械工业出版社，2014.1（2015.1 重印）
普通高等教育“十二五”规划教材
ISBN 978-7-111-45307-9

Ⅰ.①大… Ⅱ.①辛… Ⅲ.①物理学-实验-高等学校-教材 Ⅳ.①04-33

中国版本图书馆 CIP 数据核字（2013）第 315547 号

机械工业出版社（北京市百万庄大街 22 号 邮政编码 100037）
策划编辑：张金奎 责任编辑：张金奎 任正一
版式设计：霍永明 责任校对：胡艳萍
封面设计：张 静 责任印制：张 楠
保定市中画美凯印刷有限公司印刷
2015 年 1 月第 1 版 · 第 3 次印刷
184mm×260mm · 11 印张 · 250 千字
标准书号：ISBN 978-7-111-45307-9
定价：22.80 元

凡购本书，如有缺页、倒页、脱页，由本社发行部调换

电话服务
社服务中心：（010）88361066
销 售 一 部：（010）68326294
销 售 二 部：（010）88379649
读者购书热线：（010）88379203

网络服务
教 材 网：http：//www.cmpedu.com
机工官网：http：//www.cmpbook.com
机工官博：http：//weibo.com/cmp1952
封面无防伪标均为盗版

# 前　言

为适应我国科技、经济和社会发展的需要，必须积极探索高素质人才培养的规律。如何培养具有创新意识、创新精神和创新能力的人才，已成为高等教育的紧迫任务。物理实验是高校理、工科学生必修的、重要的基础课程，它在培养学生的素质和能力方面占有十分重要的地位。如何面对新的形势，在物理实验教学中创造有利的环境和条件，重视学生的创新意识和创新能力的培养，是进一步深化物理实验教学改革的重要课题。

近年来，我们以三峡大学省级物理实验示范中心的成立为契机，努力探索以培养创新人才为目标的课程体系，并积极开展教学内容和教学方法的改革，确立了“精选基础，加强提高，理工渗透，探索创新”的课程体系改革原则，重组实验课程结构，确立了新的大学物理实验课程体系，在此基础上编写了这套《大学物理实验——基础篇》和《大学物理实验——提高篇》改革教材。

“基础篇”定位为基础性物理实验，主要是关于仪器的使用、基本量测量、基本实验技能的训练和基本实验方法的学习等，涉及力学、热学、电磁学、光学、近代物理实验的一些基本实验技能和基本知识点，适用于理、工、医、农、商等各学科的学生，为各专业普及性课程。

“提高篇”定位为提高性实验，分别从物理实验素质提高、工程技术素质提高和物理与技术结合三个方面安排实验项目，适用于对数理知识和技能要求相对较高的理工专业的学生。

在本套教材出版之际，要特别感谢三峡大学物理实验示范中心的所有老师，这套教材是大家共同智慧的结晶，是三峡大学几十年物理实验教学经验的总结，更是这几年教学改革成果的体现。本套具有创新体系的实验教材，其编者都是在教学第一线工作的、具有丰富经验的教师，大家集体讨论教材编写方案，以提高分工、个人执笔的方式完成书稿，各部分撰写人的名单附在各自撰写部分之后。尽管一些老师未能直接参与教材的编写，但教材中也有他们多年的劳动和奉献。新实验体系在三峡大学经过多年教学实践的考验，不断完善，形成了符合学生实际情况的实验教学特色。

本套教材的出版得到了湖北教学名师冯笙琴教授的关心和支持，他对教材提出了许多指导性的建议和意见，使我们深受启迪，在此对他表示深深的谢意！

由于我们水平有限，书中难免存在疏漏及谬误之处，真诚欢迎使用本书的各位读者提出宝贵意见。

编者

于三峡大学理学院

# 目　录

# 第一章 误差与数据处理的基础知识

本章主要介绍误差和不确定度的基本概念、实验数据处理和实验结果表示等问题。这些知识不仅贯穿于物理实验的全过程，而且也是今后从事科学实验所必须了解的知识。由于内容涉及面较广，初学者在实验操作之前必须对其重要部分有所了解，在后续实验项目的实践过程中进一步有针对性地阅读本章的内容。通过反复地阅读和思考，初步明确误差和不确定度的基本概念，理解有效数字与不确定度的关系，知道不确定度的估算方法，了解减弱系统误差影响的思路，掌握列表法、作图法、逐差法和一元线性回归等常用数据处理方法，能正确完整地报道实验结果。

## 第一节 物理实验的目的与基本要求

### 一、物理实验的目的与任务

物理学是一门实验科学。物理学发展史表明，实验既是物理学发展的基础，又是物理理论的检验标准。物理理论和实验的发展，促进了近代高新技术和边缘学科领域的成长和发展。物理实验的思想方法、仪器和技术等已经被普遍地应用在自然科学的各个领域。

物理实验是高等学校学生进行科学实验基本训练的入门课程，也是后续其他课程实验的基础。

物理实验课程的基本任务如下：

（1）通过对实验现象的观察、分析和测量，学习实验的基本知识，加深对物理规律、原理的理解，掌握物理实验的思维方式。

（2）训练和提高学生的科学实验能力，能够借助教材和仪器说明书，了解常用仪器的原理和性能，掌握其使用方法；善于观察实验中出现的现象，能够运用物理学理论对实验现象进行分析、判断；能正确记录和处理实验数据，分析误差来源的主要因素，撰写合格的实验报告；掌握一些基本的实验方法和技能技巧；能查阅相关资料，独立完成教学性的设计实验。

（3）培养实事求是、严肃认真的科学作风，主动研究的探索精神，团结协作和爱护公共财物的优良品德。

### 二、物理实验课程全开放教学的基本要求

物理实验教学采取全开放教学模式，即：时间开放、项目开放、操作开放。①时间开放：实验室每天开放多个时间段，学生可以自由选择实验时间。②项目开放：物理实验教

学分两阶段进行。第一阶段为基本测量训练，学生每个项目必做；第二阶段为开放实验，开设项目学时数是计划学时数目的2~3倍，学生可根据所学的专业、兴趣和爱好，自主地选择实验项目。③操作开放：一人一套仪器，学生独立操作。

**1. 预约**

根据物理实验预约系统的要求由学生自己选择实验项目和时间，并办妥预约登记手续。对无故违约者，此次成绩以0分记载。特殊的病事假，可根据院学生工作办公室或医院的证明处理违约事宜。

**2. 课前预习**

课前预习是确保学习主动性的重要措施，也是在规定时间内能否完成实验的关键。学生应善于发挥自己的主观能动性，阅读教材和说明书，了解仪器装置的结构特点、调节或安装方法、操作规程及注意事项，相互讨论，理解实验的原理和方法，明确关键步骤及实验技巧，并认真完成预习报告。

预习报告的内容包括：①实验名称；②实验目的；③实验原理，包括根据什么物理定律、利用何种实验方法、通过什么样的数学演变或转换、得到何种测算公式及原理示意图（电路图或光路图）；④实验仪器；⑤实验步骤，包括仪器装置的安装和调节程序、观察何现象、测量何物理量、何时测量、怎样测量等；⑥注意事项；⑦另备空白数据记录纸，在其上设计测量数据的记录表格。

**3. 课堂操作**

学生要有意识地养成良好的实验习惯。进实验室后，自觉遵守实验室规则，按预约单上的组号入坐；记录实验的时间及相关的环境条件（室温、相对湿度、大气压等）；清点实验仪器用具，如果发现缺损或故障应及时报告教师，不允许自行调换；进一步预习讨论相关问题，并准备老师的提问；待指导教师集中讲解本实验的要求和注意事项后，方能操作。为了仪器装置的安全，有些电路的连接、光路的调节或仪器组装完毕，须经教师检查后才能通电或操作。操作中要较好地控制实验过程，仔细观察和记录实验中可能发生的一切物理现象及相关条件，特别是要注意观察异常现象及其发生条件并做好记录（若出现危及仪器、人员安全的异常，应及时切断电源后报告教师，不宜大喊大叫），与指导教师一起分析讨论其内在本质，对不能理解的问题要做上疑问记号，留待以后进一步讨论。

记录数据不允许用铅笔，原则上不允许涂改，在确需涂改处划一笔后，于旁重写。实验完毕，将仪器装置处于安全状态下，数据记录纸交教师审阅，经教师认可后，再将仪器装置、座凳复原，方可离开实验室。

若仪器装置出现故障，应逐步学会自己动手排除，或留心观察教师怎样判断仪器的故障原因，以及如何解决或修复。

**4. 实验报告**

认真地书写有确实根据的书面报告，是学生对实验全过程进行总结、巩固、提高和深化的重要环节。

（1）实验报告中要设计更完善、更恰当的原始数据、修正量、中间量相关表格，表旁附修正量、中间量的相关公式。

(2) 要按照实验要求处理数据,处理中所有的公式、数据符号应一致,条件及必要的说明要表达确切。估算误差或不确定度,要说明各误差的来源以及误差范围的估算根据或方法。

(3) 绘制实验曲线要用坐标纸。

(4) 要结合实验方法及仪器操作中的实际情况，分析影响实验结果的主要因素，提出减弱或消除其影响的建议，对实验过程中观察到的异常现象及其物理本质要进行分析讨论。

(5) 要按照要求规范地报道实验结果（国际单位制），并回答教师指定的思考题。

(6) 实验报告要求书写字迹清楚，各部分版面设计合理、整洁，文句通顺确切，并在完成实验操作后一周内交给教师批阅。

## 第二节 测量与误差

### 一、测量

测量是将未知量与预定的标准量进行定量比较的过程和结果。为了使测量方法、结果具有一定的意义，预定的标准量或用以定量比较的仪器设备必须为人们所公认。测量分为直接测量和间接测量。

**直接测量**就是将待测量与基准或标准直接进行比对，从而直接读取待测量是标准量的多少倍。国际计量组织对基本物理量的计算单位都有明确规定，人们依据这些规定制成具有一定单位刻度的量具仪器或仪表，以便直接读取待测量的数值。对直接测量不仅要求读记或求得结果，还要说明误差来源，并估算出误差范围（要注明根据或估算的方法）。

**间接测量**是通过各直接测量的量与间接测量的量间的函数关系，利用数据分析和计算等方法来求得间接测量的数值大小及其特征。实验问题中的很多待测量都是间接测量。

### 二、误差

在一定条件下，任何一个物理量的大小都是客观存在的，都具有一个实实在在、不依人的意志为转移的客观量值，称为**真值**。受仪器的灵敏度和分辨能力的局限性、实验理论的近似性、实验环境的不稳定性以及操作者的技能技巧和判断能力等不同因素的影响，测量值 $x$ 与其真值 $x_0$ 之间总存在差异 $\varepsilon$，我们将这个差异 $\varepsilon$ 称为量 $x$ 的**测量误差**，其表达式为

$$\varepsilon = x - x_0$$

通常真值是不能确知的，所以测量值的误差也不能确知。因此，测量的任务就是得到被测量真值的最佳估计值，对真值最佳估计值的可靠程度作出估计。为此，我们必须进一步研究误差的性质和来源，选择恰当的方法，完成这两个“估计”。测量系统和过程的所有误差源的整体效应决定了测量误差的大小。

为了认识研究的方便，根据误差的性质及其产生的原因，将测量误差分为系统误差和随机误差。下面分别讨论这两类误差，讨论的前提条件是另一方对结果的影响小到可以忽略的程度。

**1. 系统误差**

在一定条件（指测量方法、仪器装置、操作者、环境等）下，对同一物理量进行多次重复测量时，误差的绝对值和符号恒定，或在条件改变时按某一确定规律变化的误差，称为**系统误差**。

（1）系统误差的来源主要有仪器误差、方法理论误差和操作者自身所造成的误差。

仪器误差是由仪器结构和标准的不完善或未按规定条件使用而引起的误差。例如，天平的不等臂、分光计度盘的偏心差、量具的零点未对准、米尺刻度不均匀、水银温度计毛细管内径不均匀、放大器的非线性等。当在规定条件下使用时，只存在仪器的基本误差；如果供电的电压和频率等不满足要求，或温度、湿度、气压超出允许范围，即不按规定条件使用仪器就会导致新的测量误差（附加误差）。

方法理论误差是由理论公式的近似性，或测量条件不能严格满足，或测量方法欠完善引起的误差。例如，单摆的周期公式 $T=2\pi\sqrt{\frac{L}{g}}$ 成立的条件是摆角趋于零，实际实验中却不能达到，在小角度下该公式也只是一个近似公式，而且悬线的质量不为0，摆球的体积不为0，空气的浮力和阻力等条件也不能满足。因此用该式测求 $g$ 值，必定带来测量误差。

操作者自身误差是由操作者缺乏经验或生理和心理上的特点所造成的误差。例如，有的人“灵敏”过度，有的人“迟钝”非凡，有些人习惯侧坐斜视等。

（2）系统误差按其掌握程度可分为可定系统误差和未定系统误差。

可定系统误差是指误差取值的变化规律及其大小和符号都能确切掌握的系统误差。此类系统误差一经发现，必须对测量结果加以修正。

未定系统误差是指不能确切掌握误差取值的变化规律及其大小和符号，而仅仅知道最大误差范围（或极限误差）的系统误差。

**2. 随机误差**

由于测量过程中一些随机的不能控制的可变因素的起伏或被测对象本身的不稳定性，在同一条件下，对同一物理量重复测量，其测量值分布在一定范围内，每次的误差时正时负，绝对值时大时小，既不能预测，也无法控制，任一个测得值的误差都是随机的，这类误差称为**随机误差**。

如果将测量次数 $n$ 增至无穷，从整体效应上考察，发现随机误差的出现服从某种统计规律分布。随机误差分布有多种，物理实验中的随机误差通常以正态分布（也称高斯分布）来讨论。

（1）正态分布的特性。正态分布的概率密度函数（高斯方程）为

$$f(\Delta x)=\frac{1}{\sigma\sqrt{2\pi}}\exp\left[-\frac{(\Delta x)^2}{2\sigma^2}\right]$$

式中，$\sigma$ 称为标准差，是随机误差 $\Delta x$ 的分布函数 $f(\Delta x)$ 的特征量。不同 $\sigma$ 的正态分布曲线如图1-1所示。正态分布的整体效应体现了三个重要特性：①单峰性，绝对值小的误差出现的概率比绝对值大的出现的概率要大；②对称性，绝对值相等的正负误差出现的概率

相等；③有界性，绝对值很大的误差出现的概率非常小。

由特性②可知，正、负误差具有抵消性，当 $n\to\infty$，则 $\Delta x\to 0$，$\bar{x}\to x_0$。因此，对随机误差的处理是采取多次测量，用算术平均值 $\bar{x}$ 作为结果的最佳估计值，以抵消性来减弱随机误差的影响。量 $x$ 的最佳估计值

$$\bar{x}=\frac{1}{n}\sum_{i=1}^{n}x_i \tag{1-1}$$

利用概率密度函数对不同的区间积分，可求得随机误差在不同区间的概率值。例如：

$$P(-\infty,+\infty)=\int_{-\infty}^{+\infty}f(\Delta x)\mathrm{d}(\Delta x)=1$$

$$P(-\sigma,+\sigma)=\int_{-\sigma}^{+\sigma}f(\Delta x)\mathrm{d}(\Delta x)=68.3\%$$

$$P(-2\sigma,+2\sigma)=\int_{-2\sigma}^{+2\sigma}f(\Delta x)\mathrm{d}(\Delta x)=95.4\%$$

$$P(-3\sigma,+3\sigma)=\int_{-3\sigma}^{+3\sigma}f(\Delta x)\mathrm{d}(\Delta x)=99.7\%$$

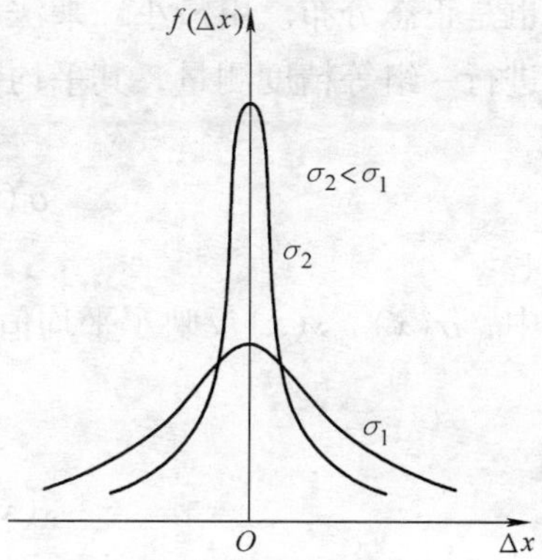


图 1-1　正态分布曲线

可见，随机误差落在 $\pm 3\sigma$ 外的可能性仅为 0.3%，是正常情况下不应该出现的小概率事件，因此一般将 $3\sigma$ 称为极限误差，即说明 $|\Delta x_i|>3\sigma$ 时的 $x_i$ 为坏值，应该剔除。

（2）有限次测量的标准偏差的估算。高斯方程中的 $\sigma$ 是测量次数 $n\to\infty$ 时的特征参量，仅用于误差的理论研究。实际测量 $n$ 总是有限的，而有限次测量的随机误差遵从 $t$ 分布。如何实现两种分布的参量间的转换？前人的误差理论研究早已解决了这个问题。两种分布曲线如图 1-2 所示。

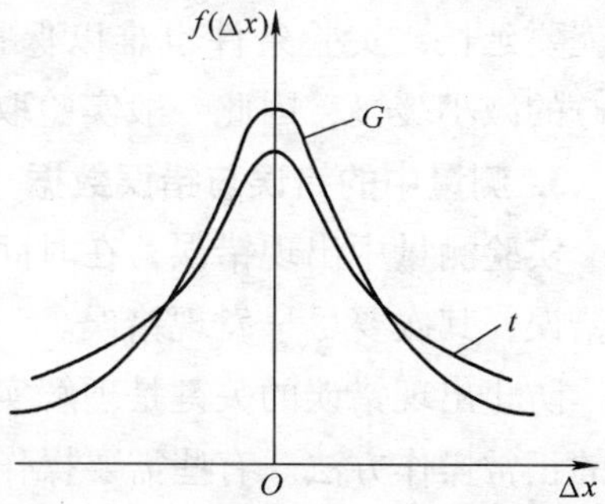


图 1-2　正态曲线与 $t$ 分布曲线的比较

我们首先用随机误差近似服从的正态分布的贝塞尔（Bessel）公式

$$s(x)=\sqrt{\frac{\sum_{i=1}^{n}(x_i-\bar{x})^2}{n-1}} \tag{1-2}$$

计算测量列的标准偏差，然后用 $t_p$ 分布因子对 $s(x)$ 进行修正：

$$\sigma(x)=t_p s(x) \tag{1-3}$$

式中，$\sigma(x)$, $s(x)$ 为任一个测量值 $x_i$ 的标准偏差，描述了量 $x_i$ 相对于 $\bar{x}$ 的分散程度。$s(x)$ 的置信概率 $p$ 接近于高斯方程中的 $\sigma$，因此 $\sigma(x)$，$s(x)$ 的置信概率均可取为 68.3%。

**表 1-1　不同测量次数 $n$ 对应不同置信概率下的 $t_p$**

| $t_p$ \ $n$ / $p$ | 2 | 3 | 4 | 5 | 6 | 7 | 8 | 9 | 10 | 15 | 20 | … | ∞ |
|---|---|---|---|---|---|---|---|---|---|---|---|---|---|
| 0.683 | 1.84 | 1.32 | 1.20 | 1.14 | 1.11 | 1.09 | 1.08 | 1.07 | 1.06 | 1.04 | 1.03 | … | 1.00 |
| 0.95 | 12.71 | 4.30 | 3.18 | 2.78 | 2.57 | 2.45 | 2.36 | 2.31 | 2.26 | 2.12 | 2.08 | … | 1.00 |
| 0.99 | 63.66 | 9.93 | 5.84 | 4.60 | 4.03 | 3.71 | 3.50 | 3.36 | 3.25 | 2.92 | 2.83 | … | 1.00 |

由表1-1可知，在取置信概率 $p=0.683$ 来估算标准偏差时，只要等精度的测量次数多于5次，可粗略认为 $t_p \approx 1$。

（3）平均值标准偏差的估计。平均值 $\bar{x}$ 也是随机变量。若对量 $x$ 做多组多次等精度测量，可得到不同的 $\overline{x_k}$（$k=1,2,3,\cdots$）。可以证明：$\overline{x_k}$ 围绕真值（假设系统误差为0）的分布也是正态分布。由最小二乘法原理可证明：平均值是真值的最佳估计值，因此实验中只需进行一组等精度测量，其平均值的标准偏差

$$\sigma(\bar{x})=\frac{\sigma(x)}{\sqrt{n}}=\frac{t_p s(x)}{\sqrt{n}}=t_p s(\bar{x}) \tag{1-4}$$

式中，$\sigma(\bar{x})$，$s(\bar{x})$ 反映了平均值围绕真值的分散程度，是平均值不可靠性的评定标准；

$$s(\bar{x})=\sqrt{\frac{\sum_{i=1}^{n}(x_i-\bar{x})^2}{n(n-1)}}=\frac{s(x)}{\sqrt{n}} \tag{1-5}$$

为平均值的标准偏差，其置信概率与 $s(x)$ 相同，均可取为68.3%。

在计算器的面板符号上的 $\sigma_{n-1}$，$\sigma_n$ 分别对应于 $s(x)$，$s(\bar{x})$。

（4）关于等精度测量次数 $n$ 的选择问题。随机误差自身具有抵消效应，由式（1-5）可知，$n$ 越大，$s(\bar{x})$ 越小，平均值的可靠程度越高；但 $n$ 并非愈大愈好，增大 $n$，测量时间就要延长，实验条件也难以保持稳定，很可能引入新的误差。另外，当 $n>10$ 以后，$s(\bar{x})$ 的减小缓慢，因此一般实验取6～10次为佳。

**3. 测量中的错误与错误数据**

实验测量中出现错误，在时间上和精神上都是损失，我们首先要有思想准备，防止出现错误，其次要尽早发现错误。

防止出现错误的关键是理解实验原理和条件，明确所测的量何时测、怎样测，知道仪器的正常操作方法。有些需要操作者同步进行的两个操作，如看到温度计降到某一位置时读时间（或电压），看到时间为多少时分（合）闸刀等，应将温度计和秒表尽可能放在同一视角范围内，采用眼瞄温度读时间的方法。但不少同学是眼看前方的温度计，温度到某位置后，低下头去看手中所握的秒表，从而产生了很大的同步差异。

以研究者的态度去处理问题，就应预先分析讨论，比较和选择恰当方法，并认真实施。尽早发现错误，可避免许多数据作废或重做实验。我们在动手的同时要注意动脑，应当养成一边观测一边分析思考的习惯。数据分析是发现错误的重要方法。

**【例1-1】** 在用拉伸法测钢丝弹性模量的实验中，每次加等量拉力，读取序列 $l_1,l_2,l_3,\cdots$，由于弹性限度内 $\Delta l \propto \Delta F$，因此逐项求差：$\Delta l_{10}=l_1-l_0$，$\Delta l_{21}=l_2-l_1$，$\Delta l_{32}=l_3-l_2$，…的各 $\Delta l$ 应该相近，利用这一点，我们可判别 $l_i$ 是否正常以及如何确定钢丝刚好拉直时的 $l_0$ 和 $m_0$。

将数据点描绘在坐标纸上，也可直观地分析出错误数据。

对于等精度测量的一列数据，若有一两个值与其他值相比相差较大，首先思考是何原

因引起，若查不出原因或无法判定，可借助于误差理论来鉴别。这里介绍两种方法：

**【方法一】** $3\sigma$ 准则。先求出测量列的 $\bar{x}$ 和 $\sigma(x)$，然后考查各 $x_i$ 的偏差 $|x_i-\bar{x}|$ 是否大于 $3\sigma$，大于 $3\sigma$ 所对应的 $x_i$ 都是坏值，应该剔除。这种方法较粗糙，可靠性较高的常用格鲁布斯（Grubbs）判据。

**【方法二】** 格鲁布斯判据。此判据需用一个与数据个数 $n$ 相联系的系数 $G_n$，见表1-2。当已知 $n$、平均值 $\bar{x}$ 和标准差 $\sigma(x)$，则正常的测量值 $x_i$ 应满足

$$[\bar{x}-G_n\sigma(x)]\leqslant x_i\leqslant[\bar{x}+G_n\sigma(x)]$$

**表1-2　$G_n$ 系数表**

| $n$ | 3 | 4 | 5 | 6 | 7 | 8 | 9 | 10 | 11 | 12 | 13 | 14 | 15 | 16 |
|---|---|---|---|---|---|---|---|---|---|---|---|---|---|---|
| $G_n$ | 1.15 | 1.46 | 1.67 | 1.82 | 1.94 | 2.03 | 2.11 | 2.18 | 2.23 | 2.28 | 2.33 | 2.37 | 2.41 | 2.44 |

剔除坏值后，对余下的数据重新求 $\bar{x}$ 和 $\sigma(x)$，选择 $G_n$ 并用判据再寻找坏值，剔除后，仿前重新判别，直至无坏值时的 $\bar{x}$ 和 $\sigma(x)$ 才是我们需要的结果。

**【例1-2】** 同一条件下重复测某物理量，数据如下（单位：mm）：

7.035，7.025，7.058，7.075，7.079，7.070，7.077，7.069

试用格鲁布斯判据鉴别是否有错误数据。

**【解】** 利用

$$\bar{x}=\frac{1}{n}\sum_{i=1}^{n}x_i$$

解得

$$\bar{x}=7.0561\text{mm}$$

$$\sigma(x)=s(x)=\sqrt{\frac{\sum_{i=1}^{n}(x_i-\bar{x})^2}{n-1}}\approx 0.0142\text{mm}$$

又 $n=8$，查 $G_n$ 系数表，得 $G_n=2.03$，故

$$\bar{x}-G_n\sigma(x)=7.027\text{mm}$$

$$\bar{x}+G_n\sigma(x)=7.085\text{mm}$$

数据7.025在此范围之外，属于错误数据，应舍去。对余下的7个数据再计算，有

$$\bar{x}'=7.0606\text{mm},s(x')=0.00716\text{mm}$$

此时，查 $G_n$ 系数表有 $G_n=1.94$，仿前计算可保留的数据范围知，余下的7个数据中无错误数据，因此 $s(x')=0.008\text{mm}$ 和 $\bar{x}'=7.061\text{mm}$ 就是我们需要的结果。如果这两个量还要参与后续运算，则可取 $s(x')=0.0072\text{mm}$，$\bar{x}'=7.0606\text{mm}$。

以上这种判断方法对于非物理专业类的学生，可以不作要求。

## 三、思考题

1. 随机误差、系统误差各有什么特征？引发误差的源头有什么区别和联系？
2. 下列情况导致的误差属于随机误差还是系统误差：

(1) 读数时视线与标尺面不垂直;

(2) 天平平衡时指针的停点重复几次都不同;

(3) 螺旋测微计每次测读零点值都不一样;

(4) 水银温度计的毛细管不均匀;

(5) 多次重复测量，数字表示值的最末一位总有一些不相同。

3. 多次等精度测量的一组数据，相互差异很小，由此能说明测量值的误差很小吗?

4. 算术平均值作为真值的最佳估计值是针对什么样的实验条件来讲的?

5. 用0.1mm 的游标卡尺测量某金属棒的直径多次，测读结果完全相同，这说明了什么? 应该如何处理?

## 第三节 测量不确定度

自数学家高斯研究误差分布以来的一个多世纪中，经过无数学者的研究，得出了多种误差表示方法及相应的理论。长期以来，不同学科间及各国有不同看法和规定，有关术语的定义也不统一，影响了国际间的交流和各种成果的相互利用。因此，国际标准化组织公布了《测量不确定度表达指南（GUM)》的文件，我国也明令自 1992 年 10 月 1 日起将其作为技术规范。

### 一、测量不确定度的基本概念

不确定度是在误差理论的基础上发展和完善起来的。

**测量不确定度**（uncertainty of measurement）定义为：表征被测量的真值所处的量值范围的评定，是用以表述测量结果分散性的参数，它表示了测量结果有效性的可疑程度或不可靠程度。

不确定度 $U$ 按评定方法分为 A 类分量 $U_A$ 和 B 类分量 $U_B$ 两类。

(1) A 类分量 $U_A$ 的估算。$U_A$ 是用统计方法估算的值，并可用平均值的标准偏差 $\sigma(\bar{x})$来表示其大小，即

$$U_A(x) = \sigma(\bar{x}) = t_p s(\bar{x}) \tag{1-6}$$

物理实验通常取置信概率 $p = 0.683$，则 $U_A(x) = t_{0.683} s(\bar{x})$为 A 类分量的标准不确定度。为简化计算，常取 $t_{0.683} \approx 1$，于是 A 类分量的标准不确定度可写为

$$U_A(x) = s(\bar{x}) = \sqrt{\frac{\sum_{i=1}^{n}(x_i - \bar{x})^2}{n(n-1)}} \tag{1-7}$$

工程应用中通常取 $p \geqslant 0.95$ 的高置信概率来估算 A 类分量的不确定度，此时 $U_A(x)$为 A 类分量的展伸不确定度。

(2) B 类分量 $U_B$ 的估算。如果误差的影响仅使测量值向某一方向有恒定的偏离或呈现周期性的变化，此时就不能用统计方法来估算不确定度，只能用非统计的其他方法来近似估算，这个估算的值就是 $U_B$。

B 类分量的信息要从误差源上去分析，有的依据计量仪器说明书或检定书，有的依据仪器的准确度等级，有的则粗略依据仪器分度值或经验。从这些信息中寻找极限误差 $\Delta x_{\mathrm{m}}$（或容许误差或示值误差），其置信概率一般都大于 0.95。若以 $p>0.95$ 的高置信概率估算 B 类的展伸不确定度分量，则

$$U_{\mathrm{B}}(x)=\Delta x_{\mathrm{m}}$$

要求得 B 类分量的标准不确定度 $U_{\mathrm{B}}$，只需用一个系数因子 $C_{\mathrm{j}}$ 对极限误差 $\Delta x_{\mathrm{m}}$ 进行修正，即

$$U_{\mathrm{B}}(x)=\frac{\Delta x_{\mathrm{m}}}{C_{\mathrm{j}}}$$

$C_{\mathrm{j}}$ 因子由仪器或方法的误差在其分散区间内的分布决定，对于初学者而言其求解是比较困难的。为简化思路，本书约定都以均匀分布处理，即取 $C_{\mathrm{j}}=\sqrt{3}$，于是 B 类分量的标准不确定度

$$U_{\mathrm{B}}(x)=\frac{\Delta x_{\mathrm{m}}}{\sqrt{3}}$$

若 B 类分量来源有 $k$ 个，并且互不相干，则 B 类分量的标准不确定度

$$U_{\mathrm{B}}(x)=\sqrt{\sum_{i=1}^{k}\left(\frac{\Delta x_{\mathrm{m}i}}{\sqrt{3}}\right)^{2}} \tag{1-8}$$

式中，$\Delta x_{\mathrm{m}i}$ 是仪器、方法、实验条件、操作者等因素分别引入的极限误差。

仪器极限误差的获得有下列方法：

①由仪器说明书或检定书中给定的允许误差得到。

②由仪器的准确度等级得到。准确度等级由高到低的排列为 0.05,0.1,0.2,0.5,1.0,1.5,2.5,5.0,共 8 级。

$$\Delta x_{\mathrm{m}}=\frac{\text{准确度等级}\times\text{量程}}{100}$$

直流电阻箱的准确度等级标定标准有多个。现在以按国家标准 TB/T 8225—1995/1999 生产的电阻箱为标准，其级别都是分挡标定的，见表 1-3。

**表 1-3　按国家标准 TB/T8225—1995/1999 生产的 ZX21 型电阻箱规格**

| 步进值 | ×0.1 | ×1 | ×10 | ×100 | ×1000 | ×10000 |
|---|---|---|---|---|---|---|
| 等级指数(%) | 5.0 | 0.5 | 0.2 | 0.1 | 0.1 | 0.1 |

若电阻箱各旋钮取值 $R=6807.8\Omega$，其允许的极限误差为

$$\begin{aligned}\Delta R_{\mathrm{m}}&=(6000\times0.1\%+800\times0.1\%+7\times0.5\%+0.8\times5\%)\Omega\\&=(6+0.8+0.035+0.04)\Omega=6.875\Omega\approx7\Omega\end{aligned}$$

部颁标准 JJG 982—2003 直流电阻箱中各十进电阻盘的准确度等级从 0.002 级至 10 级共分 12 个等级，并且对 0.01 级以上的十进盘还附有年稳定性误差指数。其允许的极限误差估算式为

$$\Delta R = \sum_{i=1}^{n} C_i\% \cdot R_i + R_0 + \sum_{i=1}^{3} c_i\% \cdot R_i \cdot L$$

式中，$C_i$ 为等级指数；$c_i$ 为年稳定性误差极限指数；$L$ 为出厂至今的年数；$n$ 为所用十进盘的个数；$R_i$ 为该盘的示值数据；$R_0$ 为厂家所给的零值电阻。

(3) 在无法得知所用仪器的相关信息时，只能粗略估计 $\Delta x_m$。连续读数的仪器取 $\frac{1}{2}$ 分度值；非连续读数的仪器取分度值；数字式仪表取末位的1。

分度值就是该仪器最小测量单位的量值。在实验室中，连续读数的仪器有米尺、螺旋测微计、测距显微镜、指针式电表、光具座等；非连续读数的仪器有游标卡尺、分光计、机械秒表、电阻箱等。

在估算B类分量的标准不确定度时，一定要说明误差来源以及极限误差估算的根据或方法。

## 二、不确定度的合成

合成不确定度采用方和根法，即

$$U_C(x) = \sqrt{U_A^2(x) + U_B^2(x)} \tag{1-9}$$

合成不确定度的置信概率与参与合成的各分量的置信概率相同。

通常所说的不确定度，实际上是绝对不确定度的简称。不确定度还有相对不确定度的表示形式。被测量的标准不确定度 $U_C(x)$ 与相对不确定度 $E(x)$ 之间的关系为

$$E(x) = \frac{U_C(x)}{x} \times 100\%$$

若为多次测量，则

$$E(x) = \frac{U_C(x)}{\bar{x}} \times 100\% \tag{1-10}$$

## 三、直接测量量的标准不确定度

### 1. 单次测量

在精度要求不高或条件不许可的情况下，只需要进行单次测量，测量的结果就是单次测得值，其标准不确定度为

$$U_C(x) = U_B(x) = \sqrt{\sum_{i=1}^{k}\left(\frac{\Delta x_{mi}}{\sqrt{3}}\right)^2} \tag{1-11}$$

式中，$\Delta x_{mi}$是仪器、方法、实验条件、操作者等因素分别引入的极限误差。

### 2. 多次等精度测量

同一条件下对量 $x$ 重复测量 $n$ 次，得 $x_1, x_2, \cdots, x_n$，则

$$\bar{x} = \frac{1}{n}\sum_{i=1}^{n} x_i$$

$$s(\bar{x}) = \sqrt{\frac{\sum_{i=1}^{n}(x_i - \bar{x})^2}{n(n-1)}}$$

式中，$\bar{x}$，$s(\bar{x})$分别为剔除测量列中的坏值以后遗留下来的数据列的算术平均值和平均值的标准偏差。于是量 $x$ 的 A 类标准不确定度为

$$U_A(x) = s(\bar{x})$$

再根据仪器的等级和测量方法，分析误差的来源，并估算出各极限误差 $\Delta x_{mi}$，视其为均匀分布，有

$$U_B(x) = \sqrt{\sum_{i=1}^{k}\left(\frac{\Delta x_{mi}}{\sqrt{3}}\right)^2}$$

待测量 $x$ 的标准不确定度为

$$U_C(x) = \sqrt{U_A^2(x) + U_B^2(x)} \tag{1-12}$$

**【例 1-3】** 在拉伸法测弹性模量的实验中，用钢卷尺单次测量光杠杆镜面到标尺平面的距离为 1.6575m，试估算不确定度。

**【解】** 设 $L = 1.6575\text{m}$，$L$ 的不确定度 $U(L)$ 来源于：

（1）卷尺的精度取最小分度值的一半，$\Delta_1 = 0.5\text{mm}$。

（2）卷尺两端非严格对齐，估计 $\Delta_2 = 2\text{mm}$。

（3）卷尺没有严格沿着两平面的垂直线去测量，如倾斜、未拉直，估计偏离约 6.5cm，利用直角三角形的关系可求得 $\Delta_3 = 1.3\text{mm}$。

$\Delta_2$，$\Delta_3$的估计要凭经验，但我们在测量中也可以有意识地去考查这个目测的范围。

在数据处理中，上述分析说明可略，可以表格的形式简洁表达 $L$ 的不确定度来源及 $\Delta_m$ 的估计（各 $\Delta_i$ 均视为均匀分布），见表 1-4。

**表 1-4 $L$ 的不确定度来源及 $\Delta_m$ 的估计**

| 来源 | 卷尺 | 两端非对齐 | 尺非平贴 |
|---|---|---|---|
| $\Delta_i$/mm | 0.5 | 2.0 | 1.3 |
| $U_i = \frac{\Delta_i}{\sqrt{3}}$ | 0.29 | 1.15 | 0.75 |

$L$ 的标准不确定度为

$$U_C(L) = \sqrt{U_1^2(L) + U_2^2(L) + U_3^2(L)} \approx 1.4\text{mm}$$

则量 $L$ 的结果报道为

$$L = L \pm U_C(L) = (1.6575 \pm 0.0014)\text{m}$$

$$E_L = \frac{U_C(L)}{L} \times 100\% \approx 0.084\%$$

**【例 1-4】** 用量程为 1A、准确度为 1.5 级的直流电流表分别单次测得三个电流值：

$$I_1 = 0.215\text{A}, \quad I_2 = 0.734\text{A}, \quad I_3 = 0.920\text{A}$$

求各 $I$ 的相对不确定度。

【解】 电流值的不确定度来源于仪表自身。由仪表级别的定义式

$$E=\frac{\Delta I_{\mathrm{m}}}{I_{\mathrm{m}}}$$

可得该表的基本允许误差极限值为

$$\Delta I_{\mathrm{m}}=I_{\mathrm{m}}\cdot E=1\mathrm{A}\times1.5\%=0.015\mathrm{A}$$

视其为均匀分布，则

$$U_{\mathrm{C}}(I)=\frac{\Delta I_{\mathrm{m}}}{\sqrt{3}}\approx0.009\mathrm{A}$$

于是有

$$E_{I_1}=\frac{U_{\mathrm{C}}(I)}{I_1}\times100\%\approx4.2\%$$

同理可得

$$E_{I_2}\approx2.1\%,\ E_{I_3}\approx0.98\%$$

由相对不确定度值的比较可知，在仪表的选择中，除了应选择准确度高（即 $E_{\mathrm{xm}}$小）的级别外，还要选择合适的量程。

【例 1-5】 以电子秒表（时基 0.01s）测单摆 50 个周期的持续时间 8 次，数据如下（单位：s）：

98.74，98.12，98.46，98.33，97.88，98.00，98.09，98.20

试报道测量结果 $t$。

【解】 列表 1-5，求$\bar{t}$及其标准偏差 $s(\bar{t})$。

表 1-5 8 次测量的平均值及标准偏差

| $i$ | 1 | 2 | 3 | 4 | 5 | 6 | 7 | 8 | $\bar{t}$ | $s(\bar{t})$ |
|---|---|---|---|---|---|---|---|---|---|---|
| $t_i$/s | 98.740 | 98.120 | 98.460 | 98.330 | 97.880 | 98.000 | 98.090 | 98.200 | 98.228 | 0.100 |
| $\Delta t_i$ | 0.512 | −0.108 | 0.232 | 0.102 | −0.348 | −0.228 | −0.219 | 0.028 | | |

注：表中，$\bar{t}=\frac{1}{n}\sum_{i=1}^{n}t_i$；$\Delta t_i=t_i-\bar{t}$；$s(\bar{t})=\sqrt{\frac{\sum_{i=1}^{n}(t_i-\bar{t})^2}{n(n-1)}}$。

$t$ 的 A 类分量的标准不确定度

$$U_{\mathrm{A}}(t)=s(\bar{t})\approx0.10\mathrm{s}$$

$t$ 的 B 类分量的标准不确定度来源有两个，即由于手控计时引入的 $U_{\mathrm{B1}}(t)$和数显表自身引入的 $U_{\mathrm{B2}}(t)$。手控计时起点和止点位置控制不准确，从最不利情况考虑，估计极限偏差0.5s$\left(\right.$单摆的周期 $T$ 约为2s，起、止分别失控$\frac{T}{8}$，从最不利情况考虑，起、止失控为$\frac{T}{4}$，$\Delta_{\mathrm{m1}}=0.5\mathrm{s}\left.\right)$；数显表引入的仪器误差取最小分度值 $\Delta_{\mathrm{m2}}=0.01\mathrm{s}$。

设 $\Delta_{\mathrm{m1}}$，$\Delta_{\mathrm{m2}}$ 均匀分布，于是

$$U_{B1}(t)=\frac{\Delta_{m1}}{\sqrt{3}}=\frac{0.5}{\sqrt{3}}s\approx 0.29s$$

$$U_{B2}(t)=\frac{\Delta_{m2}}{\sqrt{3}}=\frac{0.01}{\sqrt{3}}s\approx 0.006s$$

则

$$U_C(t)=\sqrt{U_A^2(t)+U_{B1}^2(t)+U_{B2}^2(t)}\approx 0.4s$$

$$E_t=\frac{U_C(t)}{\bar{t}}\approx 0.41\%$$

故量 $t$ 的结果报道为

$$t=\bar{t}\pm U_C(t)=(98.2\pm 0.4)s$$

$$E_t=\frac{U_C(t)}{\bar{t}}\approx 0.41\%$$

## 四、间接测量量的标准不确定度

间接测量结果的不确定度取决于直接测量结果的不确定度和函数关系。

设 $N=f(x,y,z,\cdots)$，其相互独立的各直接测量量 $x,y,z,\cdots$ 的大小和标准不确定度 $U(x),U(y),U(z),\cdots$ 分别为

$$x=\bar{x}\pm U(x)$$

$$y=\bar{y}\pm U(y)$$

$$z=\bar{z}\pm U(z)$$

$$\vdots$$

则间接测量 $N$ 的值为

$$\bar{N}=f(\bar{x},\bar{y},\bar{z},\cdots)$$

间接测量的标准不确定度为

$$U_C(N)=\sqrt{\left(\frac{\partial f}{\partial x}\right)^2\cdot U^2(x)+\left(\frac{\partial f}{\partial y}\right)^2\cdot U^2(y)+\left(\frac{\partial f}{\partial z}\right)^2\cdot U^2(z)+\cdots} \quad (1\text{-}13)$$

间接测量的相对不确定度为

$$E=\frac{U_C(N)}{\bar{N}}=\sqrt{\left[\frac{\partial \ln f}{\partial x}\cdot U(x)\right]^2+\left[\frac{\partial \ln f}{\partial y}\cdot U(y)\right]^2+\left[\frac{\partial \ln f}{\partial z}\cdot U(z)\right]^2+\cdots} \quad (1\text{-}14)$$

**【例 1-6】** 用单摆公式 $g=\frac{4\pi^2 L}{T^2}$ 测重力加速度，已有直接测量值 $T=\bar{T}\pm U(\bar{T})=(2.008\pm 0.002)s$，$L=\bar{L}\pm U(L)=(1.000\pm 0.001)m$。试报道 $g$ 的结果。

**【解】** 由给定的 $L$ 和 $T$ 的值求 $g$，有

$$g=\frac{4\pi^2 L}{T^2}=\left(4\times 3.1416^2\times\frac{1.000}{2.008^2}\right)m\cdot s^{-2}\approx 9.7912m\cdot s^{-2}$$

又 $\ln g=\ln 4\pi^2+\ln L-2\ln T$，$\frac{\partial \ln g}{\partial L}=\frac{1}{L}$，$\frac{\partial \ln g}{\partial T}=-\frac{2}{T}$，代入式(1-14)可得

$$E=\frac{U(g)}{g}=\left\{\left[\frac{U(L)}{L}\right]^2+\left[2\cdot\frac{U(T)}{T}\right]^2\right\}^{\frac{1}{2}}$$

$$=\left[\left(\frac{0.001}{1.000}\right)^2+\left(2\times\frac{0.002}{2.008}\right)^2\right]^{\frac{1}{2}}\approx 0.23\%$$

则 $g$ 的标准不确定度 $U(g)$ 为

$$U(g)=g\times E=9.7912\mathrm{m}\cdot\mathrm{s}^{-2}\times 0.23\%\approx 0.023\mathrm{m}\cdot\mathrm{s}^{-2}$$

故 $g$ 的结果报道为

$$g=\bar{g}\pm U(g)=(9.791\pm 0.023)\mathrm{m}\cdot\mathrm{s}^{-2}$$

$$E_g=\frac{U(g)}{\bar{g}}\times 100\%\approx 0.23\%$$

从上述$\frac{U(g)}{g}$的公式形式可见，$\frac{U(T)}{T}$项中有一个大于 1 的传递系数“2”，其作用使 $U(T)$ 对 $U(g)$ 的贡献增大，因此对 $T$ 的测量要求要高于量 $L$。

## 五、非等精度测量结果的表示

为了精确测定某物理量的大小，有时使用不同的仪器或不同的方法或不同的操作者，反复多次测量。在这种情况下，用各种方法或不同实验条件测得量的质量优劣就有所不同。显然，测量不确定度小的结果应优于测量不确定度大的结果，而且对好的测量结果应该给予较大的信任程度，差的则应次之。这就是非等精度测量结果合成的基本思想。

设一组非等精度测量数据为 $x_1,x_2,\cdots,x_k$，其相应的不确定度分别为 $U_1,U_2,\cdots,U_k$。求平均时，它们对总结果的贡献应该不一样，不确定度小的可信任程度高，应占有较大的比重。为此引入权重因子“$\omega_i$”，其定义为

$$\omega_i=\frac{1}{U_i^2} \tag{1-15}$$

于是非等精度测量的最佳估计值就是量 $x_i$ 的加权平均值，即

$$\bar{x}=\frac{\sum_{i=1}^{k}\omega_i x_i}{\sum_{i=1}^{k}\omega_i}=\frac{\sum_{i=1}^{k}\frac{x_i}{U_i^2}}{\sum_{i=1}^{k}\frac{1}{U_i^2}} \tag{1-16}$$

故加权平均值的不确定度

$$U(x)=\left[\frac{\sum_{i=1}^{k}\omega_i(x_i-\bar{x})^2}{(k-1)\sum_{i=1}^{k}\omega_i}\right]^{\frac{1}{2}} \tag{1-17}$$

于是，一组非等精度测量的结果可表示为

$$x=\bar{x}\pm U(x)(\text{单位})$$

**【例 1-7】** 用不同方法测量某地的重力加速度 $g(\mathrm{cm}\cdot\mathrm{s}^{-2})$ 的结果分别为

单摆　$g_1=979.6\pm0.5$

复摆　$g_2=980.7\pm0.6$

开式摆　$g_3=980.2\pm0.2$

圆环摆　$g_4=979.8\pm0.4$

自由落体　$g_5=978.3\pm1.2$

试报道 $g$ 的结果。

**【解】** 这是一个非等精度测量结果的合成问题。列表求权重因子 $\omega_i$ 及相关中间量，见表 1-6。

**表 1-6　不同方法测量的权重因子及相关中间量**

| $i$ | $g_i\pm U_i$ | $\omega_i=U_i^{-2}$ | $\omega_i g_i$ | $\omega_i(g_i-\bar{g})^2$ |
|---|---|---|---|---|
| 1 | 979.6 ±0.5 | 4.0 | 3918.4 | 0.9025 |
| 2 | 980.7 ±0.6 | 2.8 | 2746.0 | 1.0938 |
| 3 | 980.2 ±0.2 | 25.0 | 24505.0 | 0.3906 |
| 4 | 979.8 ±0.4 | 6.3 | 6172.7 | 0.4538 |
| 5 | 978.3 ±1.2 | 0.7 | 684.8 | 2.2054 |
| $\sum_{i=1}^{5}$ | | 38.8 | 38026.9 | 5.0467 |

加权平均值为

$$\bar{g}=\frac{\sum_{i=1}^{5}\omega_i g_i}{\sum_{i=1}^{5}\omega_i}\approx 980.075\,\mathrm{cm\cdot s^{-2}}$$

不确定度为

$$U(g)=\sqrt{\frac{\sum_{i=1}^{5}\omega_i(g_i-\bar{g})^2}{(5-1)\sum_{i=1}^{5}\omega_i}}\approx 0.19\,\mathrm{cm\cdot s^{-2}}$$

于是，该地重力加速度 $g$ 的报道结果为

$$g=\bar{g}\pm U(g)=(980.08\pm0.19)\times10^{-2}\mathrm{m\cdot s^{-2}}$$

$$E_g=\frac{U(g)}{\bar{g}}\times100\%\approx0.019\%$$

## 六、思考题

1. 测量结果的标准偏差、不确定度与测量结果的误差有何联系？

2. 求下列各式的标准不确定度和相对不确定度。

(1) $L=\dfrac{x}{5}-\dfrac{y^3}{2}$；　　(2) $a=\dfrac{d^2}{2s}\left(t_2^{-2}-t_1^{-2}\right)$；

(3) $\alpha = \dfrac{U_1 - U_2}{\pi B\ (D_1 + D_2)}$；　　(4) $I = \dfrac{mgRrT^2}{4\pi^2 d}$。

3. 用多种方法测得一棱镜玻璃的折射率及其标准不确定度为

$$n_1 = 1.63802 \pm 0.00002 \qquad n_2 = 1.63788 \pm 0.00012$$
$$n_3 = 1.63809 \pm 0.00006 \qquad n_4 = 1.63798 \pm 0.00004$$
$$n_5 = 1.63796 \pm 0.00005$$

试计算该折射率的平均值及其标准不确定度。

4. 用电子秒表重复测量时间 $t$ 的数值，见表 1-7。

**表 1-7　电子秒表重复测量时间 $t$ 的数值**

| $n$ | 1 | 2 | 3 | 4 | 5 | 6 | 7 | 8 |
|---|---|---|---|---|---|---|---|---|
| $t$/s | 11.65 | 11.68 | 11.74 | 11.83 | 11.71 | 11.90 | 11.79 | 11.94 |

启、停电子秒表估计误差限为 0.3s。报道该时间的平均值及其标准不确定度。

## 第四节　有效数字

由于测量总存在误差，因而任何测量值都只能是一个近似值，并具有某种不确定度。测量的不确定度决定了测量值的数字位数。测量和处理中的数据与数学上的纯“数”有不同的意义和不同的表示方法。

在物理测量中，我们必须按“有效数字”要求来正确表达测量和计算结果。

### 一、有效数字的定义

一个数从最左边非零的首位数字到右端最末一位所有数字的全体称为**有效数字**。如 0.06070 是四位有效数字。

### 二、有效数字的基本性质

**1. 有效数字的位数与仪表、量具的精度**（最小分度值）**有关，也与被测量量值的大小有关**

使用不同精度的量具测量同一个待测量，测得的有效数字的位数是不同的。例如，用螺旋测微计（又称千分尺）测某物长 $L = 1.0163$cm，有五位有效数字，前四位数“1.016”是由分度值读取的可靠位，末位数字“3”是估读的，是可疑位上的数字。若千分尺鼓轮上的“6”正对准主尺上主轴线，则估读位上是“0”，不可漏记。如果改用游标精度为 0.02mm 的游标卡尺测量，只能得到“1.016”四位有效数字，且末位数字“6”是从游标上估读的（判断游标上哪一条线与主尺分格线对齐，这就是一种估计）。如果待测量比 1cm 略小，用千分尺测量就只能得到四位有效数字，记录三位或五位有效数字都是错误的。

在数学上，1.4600m = 1.460m = 1.46m，但在测量和数据处理中，1.4600 ≠ 1.460 ≠

1.46。如果这些数是用卷尺测得的，则“1.4600m”是用毫米分度卷尺测量的；“1.460m”是用厘米分度卷尺测量的；而“1.46”是用分米分度卷尺测量的，此时的“6”是在分米刻度内估读的，是可疑数字。可见，有效数字反映了被测量的全部信息。因此，有效数字末位的“0”，我们千万不能随意增或减。

**2. 十进制单位换算时有效数字的位数不变**

由于测量值的有效数字的位数与量具的精度有关，因此在实行单位变换时，我们不能改变这个信息，即有效数字的位数应该与小数点的位置无关。例如，$30\text{cm}=3.0\times10^{2}\text{mm}=0.30\text{m}$，都是两位有效数字，但若写成 $30\text{cm}=300\text{mm}$ 则是错误的。为了满足这个要求，解决这个矛盾，引入了标准计数法，即以 10 的指数形式来表示小数点位置的改变：$30\text{cm}=0.30\times10^{-3}\text{km}=3.0\times10^{8}\text{nm}$。

## 三、测量结果及其不确定度的有效数字舍入规则

由于误差或不确定度是用统计和折合统计的方法估算的，因此其有效数字的位数过多并没有意义。计算过程中，可以先多保留几位数字，写结果表达时再按照有效数字的规则来截位。不确定度和测量值有两套不同的舍入规则，应注意区分。

**1. 不确定度有效数字的舍入规则**

实验教学中，标准不确定度 $U_C$ 通常取一位或两位有效数字（当 $U_C$ 的首位数是“1”或“2”时，取两位有效数字），并以只进不舍方式截位。

相对不确定度 $E$ 一般取两位或三位有效数字（当 $E$ 的首位数是“1”或“2”时，取三位有效数字），并以“%”的形式表示，也以只进不舍方式截位。

**【例】** $U_B(x)=\dfrac{\Delta_m}{\sqrt{3}}=\dfrac{0.18}{\sqrt{3}}\approx0.1039=0.11$

$$U_C(y)=\sqrt{U_A^2(y)+U_B^2(y)}=\sqrt{(0.3)^2+(0.08)^2}\approx0.3104=0.4$$

$$E_y=\frac{U_C(y)}{y}=\frac{0.4}{19.6}\approx2.0408\%=2.05\%$$

**2. 测量结果有效数字的舍入规则**

测量结果在计算过程中可先多保留几位，特别是数学常数 $\pi$、e、$\sqrt{2}$、$\sqrt{3}$、$\frac{1}{7}$等，其有效数字是无穷多位。待标准不确定度求出后，再截至与标准不确定度的末位对齐。

测量结果有效数值的舍入，首先要确定需要保留的有效数字的位数（与标准不确定度的末位对齐），其后面数的舍入要按照“小于五舍，大于五入，等于五时把尾数凑成偶数”的规则。若五右侧有非零数字，即为大于五；若五右侧无数字或均为零，即为等于五。

根据上述规则，将下列各数据保留三位有效数字，舍入后的数据为：

2.61499→2.61　　2.62499→2.62

2.61500→2.62　　2.62500→2.62

2.61501→2.62　　　　　2.62501→2.63

例如，$L=(28000\pm800)\mathrm{m}$，$M=(183.651\times10^{-2}\pm0.007)\mathrm{kg}$，$I=(3.905\times10^{-3}\pm4.011\times10^{-5})\mathrm{A}$ 的结果报道都是错误的。一个原因是标准不确定度的取位过多，另一个原因是测量结果的末位与标准不确定度的末位没对齐。应该改写为 $L=(2.80\pm0.08)\times10^4\mathrm{m}$，$M=(1.837\pm0.007)\mathrm{kg}$，$I=(3.90\pm0.05)\times10^{-3}\mathrm{A}$。

## 四、测量结果的正确报道

我们要注意结果报道的标准形式及其含义。

$$x=\overline{x}\pm U_C(x)\quad（单位）$$

$$E_x=\frac{U_C(x)}{\overline{x}}\times100\%$$

平均值是被测结果的最佳估计值，不确定度是被测结果可靠程度的估计。被测结果与标准不确定度之间用一个符号“±”联合报道，它指出了包含真值的范围。

例如，$L=\overline{L}\pm U_C(L)=(1.6575\pm0.0015)\mathrm{m}$，它表示被测量 $L$ 的真值落在 1.6560～1.6590m 范围内的可能性占 68.3%。千万不要认为 $L_{max}=1.6590\mathrm{m}$，$L_{min}=1.6560\mathrm{m}$，因为被测量的真值未知，误差是借助统计方法估算的，它只具有概率统计性的含义，所以理解为 $L_{max}$，$L_{min}$ 是错误的。

# 第五节　发现与减小系统误差的一般方法

系统误差往往是影响测量结果的主要因素，能否识别和减小系统误差，与操作者的理论知识水平和实践经验有关。学生在学习过程中要逐步积累这方面的感性认识，结合实验的具体情况对系统误差进行思考和讨论，要大致知道各系统误差的来源。实验安排的测量方法一般都考虑到减小某系统误差因素的影响，学生通过讨论要明白：这是什么因素？它的影响是如何被减弱的？对于无法消除或减小的系统误差，要恰当地估计其可能值的范围，特别是对于后续的设计性实验，要围绕目的要求选择仪器、确定测量方法，将系统误差减小到最小。

## 一、发现系统误差的方法

### 1. 理论分析法

分析理论公式所要求的条件与实际条件的差异。例如，气垫导轨实验中，滑块在导轨上的运动因受到空气阻力及气垫层的黏滞性摩擦阻力的作用会引起速度减小。瞬时速度测量公式 $v=\frac{\mathrm{d}s}{\mathrm{d}t}$，理论要求 $\mathrm{d}s$ 和 $\mathrm{d}t$ 均趋于零，而实验中只能做到两者均较小，即 $v=\frac{\Delta s}{\Delta t}$。

### 2. 对比法

（1）实验方法的对比。用不同方法测同一物理量，将所得结果进行分析对比。

（2）仪器对比。与标准仪器或准确度等级较高的仪器进行对比测量，有意识地改变实验条件（如温度、气压等）进行对比，观察条件对结果的影响。

（3）改变实验步骤进行对比。通过电表正偏与反偏、电流增大与减小、加砝码与减砝码等，观察结果是否一致。

（4）不同操作者进行对比。在实验方法及条件不变的前提下，换人测量可以发现个人误差。

（5）改变测量位置可以发现仪器结构不对称将产生系统误差。

（6）改变测量时间可以发现因弛豫时间也将产生系统误差。

**3. 数据分析法**

在相同条件下重复测得大量数据，若求得的偏差不随测量次数的增加而减小，或比较每次偏差的大小和正负的数目，呈单向分布或周期性变化，没有随机性，则说明存在系统误差。

## 二、减小系统误差的常用方法

**1. 消除产生系统误差的根源**

根据实际情况对理论公式进行修正，使其更接近实际条件；严格保证实验的测量条件；多人操作，重复实验。

**2. 对测量结果进行修正**

用标准仪器或准确度更高的仪器或用其他方法找出修正值，对测量结果进行修正。

**3. 选用恰当的测量方法减小系统误差对结果的影响**

（1）比较法。实验中将待测量与标准量进行比较测量，可减小系统所造成的系统误差。

（2）替代法。测量条件不变的情况下，寻找一个大小合适的已知标准量替代待测量，如果测量条件仍不变，则已知量就是待测量。如用电阻箱替代表头Ⓖ串入电路，调节电阻箱的值，使串联的(μA)表的满偏状态不变，从而避免了电表的示值不准和内阻的影响。

（3）异号抵消法。这种方法是将测量中的某些条件（位置、时间、状态等）人为地互换，使产生系统误差的原因对结果的影响刚好相反，从而抵消某些系统误差。例如，分析天平的复称法；电桥测量的换臂法；拉伸法测弹性模量时的加、减砝码；霍尔效应实验中，改变霍尔片上电流方向的重复测量；热学实验中，选择系统合适的初末温分布在室温两侧，使实验全过程中系统对环境的吸热和放热相近。

还有一些其他方法，留待同学们自己去查阅和总结。

为了达到预期的实验精度要求，选择恰当的仪器及合理的测量方案是设计性实验中的一个重要环节。其思路大致如下：

（1）利用均分不确定度原则进行测量不确定度的试分配，提出对各量测量的精度要求。

（2）根据现有仪器及条件，考虑仪器的性价比、寿命等因素，尽可能选择能基本满足要求的廉价或普通设备。

（3）选择测量方案，并进行初步的综合分析，考察方案的可信度。

【例 1-8】 测量某规则棒的密度 $\rho$，要求其相对不确定度不大于 0.2%。假设已初测棒直径 $D\approx1.5\text{cm}$，高 $H\approx15\text{cm}$，质量 $m\approx150\text{g}$，试选择仪器及确定测量方案。

【解】 柱状棒的密度为

$$\rho=\frac{4m}{\pi D^2 H}$$

据题意，其相对不确定度为

$$\left[\frac{U(\rho)}{\rho}\right]^2=\left[\frac{U(m)}{m}\right]^2+4\left[\frac{U(D)}{D}\right]^2+\left[\frac{U(H)}{H}\right]^2\leqslant\left(\frac{2}{1000}\right)^2$$

利用不确定度均分原则，有

$$\left[\frac{U(m)}{m}\right]^2=\left[\frac{U(D)}{D}\right]^2=\left[\frac{U(H)}{H}\right]^2\leqslant\frac{\left(\frac{2}{1000}\right)^2}{6}$$

由上式可得

$$U(m)\leqslant\sqrt{6}\cdot\frac{m}{3000}\approx0.12\text{g}$$

$$U(D)\leqslant\sqrt{6}\cdot\frac{D}{3000}\approx0.0012\text{cm}$$

$$U(H)\leqslant\sqrt{6}\cdot\frac{H}{3000}\approx0.012\text{cm}$$

（思考：上式中各不确定度的取位为什么在此处实行的不是“只进不舍”？）由均分结果可知质量称衡的要求不高，完全能够满足。物理天平的感量一般为 10mg/div，考虑到旧天平的灵敏度降低，取为 50mg/div（实际测量前应检测天平的感量，用于估计误差），即 $\Delta_{\max}\approx0.05\text{g}$，视为均匀分布，有

$$U_{仪}(m)=\frac{0.05\text{g}}{\sqrt{3}}\approx0.03\text{g}$$

对直径 $D$ 的测量，选用 0.02mm 的游标卡尺，有

$$U_{仪}(D)=\frac{0.0020\text{cm}}{\sqrt{3}}\approx0.0012\text{cm}$$

考虑到样品的直径不一定十分均匀，故应在不同方位多次测量。

对高 $H$ 的测量，若选用毫米分度的直尺测量，考虑到端部未严格对齐和尺分度误差，取 $\Delta_{\max}\approx0.10\text{cm}$，视为均匀分布，有

$$U_{仪}(H)=\frac{0.10\text{cm}}{\sqrt{3}}\approx0.06\text{cm}>0.012\text{cm}$$

因此不能用直尺测量，需选用游标卡尺测量。

如果要求棒密度 $\rho$ 的相对不确定度不大于 1.0%，则仪器的选择就更有宽松的余地。同理可得

$$\left[\frac{U(m)}{m}\right]^2=\left[\frac{U(D)}{D}\right]^2=\left[\frac{U(H)}{H}\right]^2\leqslant\frac{\left(\frac{1}{100}\right)^2}{6}$$

则

$$U(m)\leqslant m\times\frac{10^{-2}}{\sqrt{6}}\approx 0.6\text{g}$$

$$U(D)\leqslant D\times\frac{10^{-2}}{\sqrt{6}}\approx 0.006\text{cm}$$

$$U(H)\leqslant H\times\frac{10^{-2}}{\sqrt{6}}\approx 0.06\text{cm}$$

对质量 $m$ 的测量，选用物理天平，$U_{仪}(m)$ 远远小于 $U(m)$，完全能满足要求。

对 $H$ 的测量，若选用毫米分度的直尺，由前面的讨论知，基本能满足要求。

对直径 $D$ 的测量，考虑到 $U_{仪}(m)$ 远远小于 $U(m)$，我们可进行再分配，将 $\left[\frac{U(m)}{m}\right]^2$ 的占据份额给予 $\left[\frac{U(D)}{D}\right]^2$，有

$$U(D)\leqslant D\times\frac{10^{-2}}{\sqrt{3}}\approx 0.008\text{cm}$$

虽然宽松了一些，但仍不能用直尺测量，另外直尺测直径也不方便，因此，该“再分配”的思路无意义。选用 0.010cm 游标卡尺测量直径 $D$ 可基本满足要求，且要在不同方位、不同段位多测几次。

在实际问题的考虑中，不仅要注意函数关系中的各个量，还要注意测量方法上的误差来源。

### 三、思考题

1. 一个测量结果的不确定度，其 A 类分量明显大于 B 类分量，或者相反，如何正确理解或处理这样两种情况？

2. 单次测量的不确定度只有 B 类分量，因此单次测量结果的可靠程度比多次测量的高。此说法是否正确？如何理解？

## 第六节　实验数据的处理方法

数据处理是物理实验的一个重要组成部分，其目的是要找出各物理量之间的依赖关系和变化规律，以确定它们内在联系的函数表达式。

处理实验数据的方法很多，下面主要介绍列表法、作图法、逐差法、线性回归法等常用方法。

## 一、列表法

在数据处理中，常将原始数据、中间量或相关物理量设计成一个恰当的表格，简单、明确地表示出对应关系，一目了然，便于随时检查错误，及时发现问题和分析问题。

列表法的要求：

（1）要尽可能将相关数据、中间量等设计成一个综合表格。

（2）能简单明了地看出各量间的对应关系。

（3）表中所用量的符号代表的物理意义要写明，并在符号后注明单位。

（4）要求表中所列数据能正确反映相关量的有效数字。

（5）表旁要写明表中的中间量或相关物理量的计算公式。

（6）表的顶端要注明表的序号和表名。

## 二、作图法

作图法的要求如下：

（1）必须要用坐标纸。按实验参量的要求选择坐标纸的类型（毫米方格纸或单对数坐标纸或双对数坐标纸等），根据实验数据的有效数字位数和数值范围，确定坐标纸的大小。

（2）坐标轴及其分度值要设定恰当。坐标轴及其分度的选择原则是尽可能使图形布满整个坐标纸。一般横轴代表自变量，纵轴代表因变量，并标明箭头方向及轴所代表物理量的符号名、单位。要根据数据范围和按照便于描点、便于读数的原则选择轴上等间隔的分度点，并间一或间四地标明分度值。横纵轴的分度比例可以不同，坐标轴的起点也不一定从零开始。数据过大或过小，可以用“$\times 10^3$”或“$\times 10^{-5}$”附在坐标轴顶端的单位前面。

（3）标点和连线。数据的坐标点应该用削尖的铅笔以“×”、“+”、“·”等符号标出。同一条实验曲线用同一种符号，不同曲线应分别用不同符号标记以示区别。

连线一定要用直尺或曲线板等作图工具，根据不同情况将数据点连成直线或光滑曲线。连线时要使多数数据点在连线上，不在连线上的数据点大致均匀地分布在连线的两侧，这相当于数据处理中取平均值的思路。如果有个别点偏离太远，应仔细分析后决定连线是否考虑它的影响。画校准曲线要通过校准点连成折线，曲线或折线的线迹要细而清晰。

（4）标出图线的名称。一般在图纸的上部或下部的中间位置写明简洁完整的图名，并在恰当位置注明实验条件。

（5）求直线斜率的两个点要尽可能取在靠近直线的两端（一般不要用测量点的数据，且分辨率较低的坐标轴上的点取整数），用另一种小符号标示出所取坐标点的位置并标明坐标。

作图法形象、直观，在粗略探讨或验证函数关系时常采用。有时为了便于作图和讨论，还常常力求把曲线图变成直线图。例如：

$$L = \frac{g}{4\pi^2}T^2$$

两边取对数，得

$$\lg L = 2\lg T + \lg\left(\frac{g}{4\pi^2}\right)$$

令 $y = \lg L, x = \lg T, a = \lg\left(\frac{g}{4\pi^2}\right)$，有

$$y = 2x + a$$

又如：

$$q = q_0 e^{-\frac{t}{RC}}$$

两边取自然对数，得

$$\ln q = -\frac{t}{RC} + \ln q_0$$

令 $y = \ln q, x = t, a = \ln q_0, b = \frac{1}{RC}$，有

$$y = -bx + a$$

## 三、逐差法

**1. 适用条件**

（1）一元函数多项式：

$$y = a_0 + a_1 x$$

或

$$y = a_0 + a_1 x + a_2 x^2$$

（2）自变量等值变化。

**2. 逐项逐差法**

设自变量 $x$ 等值变化

$$x = m_0,\ 2m_0,\ 3m_0,\ \cdots$$

测得一组数据

$$y = y_1,\ y_2,\ y_3,\ \cdots$$

用数据的后项减前项，可用来验证多项式。

一次逐项逐差：若 $y_{i+1} - y_i = (\delta y)_i$ 近似为常数，则说明 $y = a_0 + a_1 x$ 成立。

二次逐项逐差：若上述一次逐项差的 $(\delta y)_i$ 不为常数，可再进行一次逐项逐差 $(\delta y)_{i+1} - (\delta y)_i = \delta(\delta y)_i$，若 $\delta(\delta y)_i$ 近似为常数，则说明 $y$ 与 $x$ 满足 $y = a_0 + a_1 x + a_2 x^2$。

**3. 对半分组逐差**

对半分组依序逐差，这是我们求逐差项平均值的一种基本方法。

设量 $x$ 每次改变量 $m_0$，测得 $2k$ 个数据 $y_i(i = 1, 2, \cdots, 2k)$，将 $y_i$ 前后对半分成两组，然后按两组的对应序号求出 $k$ 个差值：

$$y_{k+i}-y_i=(\delta y)_i \quad (i=1,2,\cdots,k)$$

若 $(\delta y)_i$ 近似为常数，则

$$\overline{(\delta y)_i}=\frac{1}{k}\sum_{i=1}^{k}(\delta y)_i \tag{1-18}$$

$$\overline{a_1}=\frac{\overline{(\delta y)_i}}{km_0} \tag{1-19}$$

$$\overline{a_0}=\frac{1}{2k}\sum_{i=1}^{2k}(y_i-\overline{a_1}im_0)=\frac{1}{2k}\left(\sum_{i=1}^{2k}y_i-\overline{a_1}m_0\sum_{i=1}^{2k}i\right) \tag{1-20}$$

视隔 $k$ 项的逐差结果 $(\delta y)_i$ 为 $k$ 次等精度测量，我们还可得到量 $(\delta y)_i$ 的平均值的标准偏差

$$s[\overline{(\delta y)_i}]=\sqrt{\frac{\sum_{i=1}^{k}[(\delta y)_i-\overline{(\delta y)_i}]^2}{k(k-1)}} \tag{1-21}$$

从而估算出量 $(\delta y)_i$ 的 A 类分量、B 类分量的标准不确定度，利用 $U=\sqrt{U_A^2+U_B^2}$ 可得量 $(\delta y)_i$ 的标准不确定度 $U[(\delta y)_i]$，再由不确定传递公式可求得 $\overline{a_1}$，$\overline{a_0}$ 的标准不确定度。

**【例 1-9】** 在光杠杆法测弹性模量的实验中，钢丝承受砝码连续增值 0.320kg 变化时，钢丝伸长的放大量 $L_i$(cm) 见表 1-8。试用逐差法计算钢丝承受单位拉力作用下的平均伸长放大量 $\overline{\delta_L}$。

**表 1-8 钢丝承受砝码增值时的伸长放大量**

| $i$ | 1 | 2 | 3 | 4 | 5 | 6 | 7 | 8 |
|---|---|---|---|---|---|---|---|---|
| $m_i$/kg | 0.320 | 0.640 | 0.960 | 1.280 | 1.600 | 1.920 | 2.240 | 2.560 |
| $L_i$/cm | 0.48 | 1.01 | 1.58 | 2.12 | 2.65 | 3.17 | 3.71 | 4.26 |

**【解】** (1) 求钢丝的平均伸长量 $\overline{L_j}$ 及其标准不确定度。对 $L_i$ 利用对半分组逐差求平均，即砝码每改变 4 个 0.320kg 的平均伸长量。由于

$$L_j=|L_{i+4}-L_i|$$

则 $L_j$ 分别为 2.17cm, 2.16cm, 2.13cm, 2.14cm, 故

$$\overline{L_j}=\frac{|L_5-L_1|+|L_6-L_2|+|L_7-L_3|+|L_8-L_4|}{4}=2.15\times10^{-2}\text{m}$$

$L_j$ 的 A 类分量的标准不确定度为

$$U_A(L_j)=s(\overline{L_j})=\sqrt{\frac{\sum_{j=1}^{4}(L_j-\overline{L_j})^2}{4\times3}}\approx0.10\times10^{-4}\text{m}$$

标尺分度不均匀，其极限误差取最小分度值的一半，即

$$\Delta(L_{i+4})=\Delta(L_i)=0.05\text{mm}$$

设其为均匀分布，则 $L_j$ 的 B 类分量的标准不确定度为

$$U_{\mathrm{B}}(L_j)=\sqrt{\left[\frac{\Delta(L_{i+4})}{\sqrt{3}}\right]^2+\left[\frac{\Delta(L_i)}{\sqrt{3}}\right]^2}\approx 0.5\times10^{-3}\mathrm{m}$$

则 $L_j$ 的标准不确定度为

$$U(L_j)=\sqrt{U_{\mathrm{A}}^2(L_j)+U_{\mathrm{B}}^2(L_j)}\approx 0.6\times10^{-3}\mathrm{m}$$

（2）求每牛顿拉力作用下的平均伸长放大量$\overline{\delta_L}$及其标准不确定度。

设重力加速度 $g=(9.793\pm0.002)\mathrm{m\cdot s^{-2}}$，砝码质量的极限误差 $\Delta(m_0)=1.5\mathrm{g}$，则

$$U(m_0)=U_{\mathrm{B}}(m_0)=\frac{1.5\times10^{-3}\mathrm{kg}}{\sqrt{3}}\approx 0.9\times10^{-3}\mathrm{kg}$$

$$\overline{\delta_L}=\frac{\overline{L_j}}{4m_0g}=\frac{2.15\times10^{-2}}{4\times0.320\times9.793}\mathrm{m\cdot N^{-1}}\approx 1.715192\times10^{-3}\mathrm{m\cdot N^{-1}}$$

$\overline{\delta_L}$的标准不确定度为

$$U(\delta_L)\approx 5\times10^{-5}\mathrm{m\cdot N^{-1}}$$

每牛顿拉力作用下，钢丝的平均伸长放大量的结果报道为

$$\delta_L=(1.72\pm0.05)\times10^{-3}\mathrm{m\cdot N^{-1}}$$

$$E_{\delta_L}=\frac{U(\delta_L)}{\bar{\delta}_L}=\sqrt{\left[\frac{u(L_j)}{L_j}\right]^2+\left[\frac{u(m_0)}{m_0}\right]^2+\left[\frac{u(g)}{g}\right]^2}\approx 2.81\%$$

## 四、最小二乘法求直线的回归方程

用作图法拟合直线，求经验方程，简便直观，但绘制过程中容易引入附加误差，因此作图法是一种很粗略的数据处理方法。用逐差法求经验方程，它要求自变量数据等间距变化，这是它的局限性之一。这里所介绍的回归法，即是用最小二乘法原理，寻求变量间合适的数学模型。本书所讨论的是最简单的形式，即函数的相关形式已知，自变量只有一个，并且自变量的误差很小，可以忽略。

设有一组等精度测量数据：$x_i, y_i(i=1,2,\cdots,n)$，并假定它们满足线性关系：

$$y=a+bx \tag{1-22}$$

且自变量 $x$ 的误差很小，可以忽略不计。由于 $y_i$ 存在测量误差，数据点（$x_i$，$y_i$）不可能全部落在式（1-22）所描述的直线上，$y_i$ 与 $y$ 总存在一个偏差 $\delta y_i$，即

$$\delta y_i=y_i-y=y_i-(a+bx_i)\quad(i=1,2,\cdots,n)$$

依据最小二乘法原理，偏差 $\delta y_i$ 的平方和为最小时，求得的系数（$a$，$b$）就是满足式（1-22）的最佳估计值，即

$$Q=\sum_{i=1}^{n}(\delta y_i)^2=\sum_{i=1}^{n}[y_i-(a+bx_i)]^2=\min$$

式中，$x_i$，$y_i$ 都是测量值，是已知量；待求量是 $a$ 和 $b$。因此，下面要讨论的数学问题是 $Q$ 是否有极小值，量 $a$ 和 $b$ 为多少时，$Q$ 取极小值。利用数学上求极值的方法，有

$$\frac{\partial Q}{\partial a}=-2\sum_{i=1}^{n}(y_i-a-bx_i)$$

$$\frac{\partial Q}{\partial b} = -2\sum_{i=1}^{n}[(y_i - a - bx_i)x_i]$$

$$\frac{\partial^2 Q}{\partial a^2} = 2n > 0$$

且

$$\frac{\partial^2 Q}{\partial b^2} = 2\sum_{i=1}^{n} x_1^2 > 0$$

因此 $Q$ 有极小值。令

$$\frac{\partial Q}{\partial a} = 0, \quad \frac{\partial Q}{\partial b} = 0$$

联立求解可得 $a$ 和 $b$ 的最佳估计值为

$$b = \frac{n\sum x_i y_i - \sum x_i \cdot \sum y_i}{n\sum x_i^2 - (\sum x_i)^2} \tag{1-23}$$

$$a = \frac{\sum y_i}{n} - b\frac{\sum x_i}{n} \tag{1-24}$$

关联系数 $r$ 的估计值为

$$r = \frac{\sum_{i=1}^{n}(x_i - \overline{x})(y_i - \overline{y})}{\sqrt{\sum_{i=1}^{n}(x_i - \overline{x})^2 \sum_{i=1}^{n}(y_i - \overline{y})^2}} \tag{1-25}$$

$r$ 值在 $-1$ 到 $+1$ 之间，$|r|$ 愈接近 1，各数据点就愈接近拟合直线，$x_i$，$y_i$ 间的线性相关程度就愈佳。那么关联系数 $|r|$ 的起码值 $r_0$ 为多少时，就可以认为相关程度较差呢？具体见表 1-9。

**表 1-9　不同测量次数、不同置信概率下关联系数起码值 $r_0$**

| $n$ | $r_0$ | | $n$ | $r_0$ | | $n$ | $r_0$ | |
|---|---|---|---|---|---|---|---|---|
| | $p=0.95$ | $p=0.99$ | | $p=0.95$ | $p=0.99$ | | $p=0.95$ | $p=0.99$ |
| 5 | 0.878 | 0.959 | 11 | 0.602 | 0.735 | 17 | 0.482 | 0.606 |
| 6 | 0.811 | 0.917 | 12 | 0.576 | 0.708 | 18 | 0.468 | 0.590 |
| 7 | 0.754 | 0.874 | 13 | 0.553 | 0.684 | 19 | 0.456 | 0.575 |
| 8 | 0.707 | 0.834 | 14 | 0.532 | 0.661 | 20 | 0.444 | 0.561 |
| 9 | 0.666 | 0.798 | 15 | 0.514 | 0.641 | 21 | 0.433 | 0.549 |
| 10 | 0.632 | 0.765 | 16 | 0.497 | 0.623 | 22 | 0.423 | 0.537 |

当 $|r| < r_0$ 时，则称测量数据点（$x_i$，$y_i$）在置信概率 $p$ 下线性相关较差，不适合用式（1-23）和式（1-24）求系数 $a$ 和 $b$。若 $|r|$ 接近 0，说明 $x$，$y$ 线性无关，拟合直线（1-22）将毫无意义。因此，用最小二乘法进行一元线性回归之前，必须先求出关联系数 $r$ 值，分析线性相关条件是否基本满足，否则就不能用该方法求回归直线方程。

利用数学方法，我们可求得系数 $a$，$b$ 的标准偏差为

$$s(b)=\sqrt{\frac{1-r^2}{n-2}}\cdot\frac{b}{r} \tag{1-26}$$

$$s(a)=\sqrt{\frac{\sum x_i^2}{n}}\cdot s(b) \tag{1-27}$$

由式（1-26）和式（1-27）可知，为使 $a$，$b$ 的标准偏差尽可能小，选择 $x$ 量时，除了应使 $x_i$ 较分散一些外，还要兼顾 $x_i$ 离原点不要太远。

系数 $a$，$b$ 的 A 类分量的标准不确定度为

$$U_A(b)=s(b)=\sqrt{\frac{1-r^2}{n-2}}\cdot\frac{b}{r} \tag{1-28}$$

$$U_A(a)=s(a)=\sqrt{\frac{\sum x_i^2}{n}}\cdot U_A(b) \tag{1-29}$$

求线性回归方程的相关计算比较烦琐，通常是由计算器或计算机完成。将测量数据输入 Excel，它可绘出直线图（包括网络坐标），并求出直线方程等相关参量。

## 五、思考题

1. 将下列函数关系线性化并说明如何用直线作图法求相关量。

（1）凹面镜成像公式为

$$\frac{1}{w}+\frac{1}{v}=\frac{2}{r}$$

式中，$w$ 为物距；$v$ 为像距。求凹面镜的曲率半径 $r$。

（2）弹簧振子作垂直振动。已知谐振周期 $T$ 与振子的质量 $m$、弹簧自身质量 $m_0$、劲度系数 $k$ 的关系为

$$T=2\pi\left[\frac{\left(m+\frac{m_0}{3}\right)}{k}\right]^{\frac{1}{2}}$$

求 $k$ 和 $m_0$。

（3）光电池释放的电流 $I$ 与光源到光电池间的距离 $r$ 满足

$$I=ar^{-n}$$

求常量 $a$ 和 $n$。

（4）已知

$$V=\frac{I}{a+bI}$$

求常量 $a$ 和 $b$。

2. 在拉伸法测弹性模量的实验中，依次加、减等量砝码和望远镜视场的读值见表 1-10。

**表 1-10 加减等量砝码和望远镜视场读值**

| $M_i$/kg | (+)$L_i$/cm | (−)$L_i'$/cm | $M_i$/kg | (+)$L_i$/cm | (−)$L_i'$/cm |
|---|---|---|---|---|---|
| $m$(托盘) | 0.83 | 0.80 | +1.600 | 2.22 | 2.20 |
| +0.320 | 1.04 | 1.02 | +1.920 | 2.56 | 2.54 |
| +0.640 | 1.23 | 1.19 | +2.240 | 2.90 | 2.87 |
| +0.960 | 1.55 | 1.53 | +2.560 | 3.23 | 3.21 |
| +1.280 | 1.89 | 1.87 | +2.880 | 3.57 | |

由表格的数据分析确定钢丝刚好拉直时的本底砝码量 $M_0$ 是[$m$(托盘)+？kg]。用逐差法求单位牛顿拉力作用下 $L_i$ 的改变量的平均值。(取 $g=9.793\text{m}\cdot\text{s}^{-2}$)

3. 热敏电阻

$$R_T = R_0(1+\alpha T)$$

式中，$R_0$ 为 $T=0$℃时的阻值；$\alpha$ 为电阻的温度系数。实验测得 $R_T$ 与 $T$ 的数据见表 1-11。

**表 1-11 热敏电阻 $R_T$ 与温度 $T$ 的数据关系表**

| $T$/℃ | 23.3 | 32.0 | 41.0 | 53.0 | 62.0 | 71.0 | 87.0 | 99.0 |
|---|---|---|---|---|---|---|---|---|
| $R_T$/Ω | 71.2 | 73.0 | 75.0 | 78.1 | 80.0 | 82.0 | 86.2 | 89.1 |

试用线性回归法求出 $R_0$ 和 $\alpha$，并检验测量数据能否满足 $R_T$ 与 $T$ 的相关性要求。

(聂宜珍)

# 第二章　基本物理量的测量

本章安排了三个与基本物理量测量有关的实验项目。通过对基本物理量的测量，掌握一些基本物理量的测量方法和常用仪器设备的使用方法，学会读取数据、记录数据并对数据进行处理。

## 实验一　长度、质量、密度的测量

长度是物理学中 7 个最基本的物理量之一，在 SI 制中，长度的国际单位是米（m）。1983 年，第 17 届国际计量大会正式通过米的新定义：

1 米 = 平面电磁波在真空中 1/299793458 秒内所通过的距离

常用的长度测量仪器有米尺、游标卡尺、螺旋测微计等，掌握这些基本仪器的使用方法是一切长度测量的基础。在科学实验中，许多物理量都可以化为长度来测量。例如，拉伸法测定钢丝弹性模量、干涉法测声速等，许多测量仪器的显示部分都是用长度的标尺来表示的。

质量也是物理学中基本物理量之一，在 SI 制中，质量的国际单位是千克（kg）。质量测量的范围很广，小到基本粒子，大到宇宙天体，约横跨 $10^{72}$ 数量级。但我们日常用的测量量一般不超出 $10^{-7} \sim 10^{6}$kg 的范围。最常用的测量仪器就是各种秤和天平。秤和天平的测量原理都是基于引力平衡，因而测量的质量都是引力质量。

### 一、实验目的

（1）学会正确使用游标卡尺、螺旋测微计和物理天平的方法，了解它们的结构和原理。

（2）掌握测量规则形状物体的密度的方法。

（3）学习正确处理实验数据和估算实验结果的不确定度。

### 二、实验原理

若待测物体是一直径为 $d$、高度为 $h$ 的圆柱体，则体积为

$$V = \frac{1}{4}\pi d^2 h \tag{2-1}$$

若待测物体质量为 $m$，体积为 $V$，密度为 $\rho$，则

$$\rho = \frac{m}{V} \tag{2-2}$$

## 三、实验仪器

游标卡尺、螺旋测微计、物理天平、待测圆柱体。

**1. 游标卡尺**

(1) 游标和游标卡尺原理。在普通的米尺上装一个可滑动的有刻度的副尺，使原尺的测量精度提高，副尺就叫游标。利用游标可以把米尺估计的数值准确地读出。

通常使用的游标卡尺的外形结构如图 2-1 所示，它可以用来测量物长、孔深及内、外圆直径。图中 D 称为游标卡尺的主尺，是一根钢制的毫米分度尺，主尺头上有钳口 A 和刀口 A′，主尺上套有一个滑框，其上装有钳口 B、刀口 B′和尾尺 C，滑框上刻有游标 E。当钳口 A 与 B 靠拢时，游标的零线刚好与主尺上的零线对齐，这时游标尺的读数为零。测量物体的外直径时，用 A,B 刀口(也叫外卡）把物体夹住，但不要过分用力，这时游标零线在主尺上的指示值就是被测物体的长度。同理，测物体的内直径时，可以用 A′,B′刀口（也叫内卡）。测量物体内部尺寸和小孔的深度时可以用尾尺 C。几种常用游标卡尺的基本参数见表 2-1。

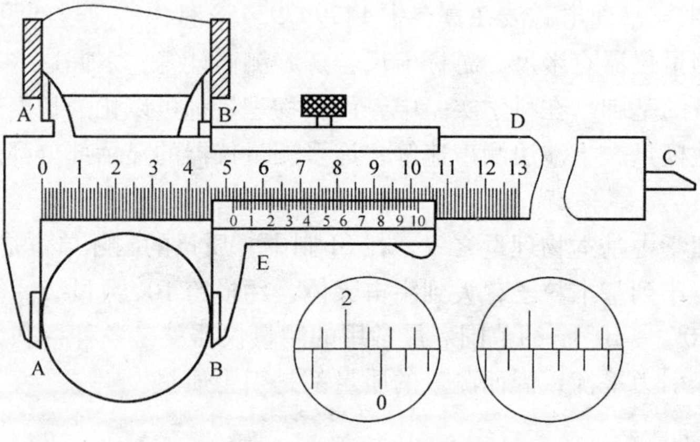


图 2-1 游标卡尺结构图

**表 2-1 几种常用游标卡尺的基本参数** （单位：mm）

| 游标精度 | 游标格数 | 主尺刻度间距 | 游标刻度间距 | 游标刻度总长 |
|---|---|---|---|---|
| 0.1 | 10 | 1 | 0.9 | 9 |
| 0.05 | 20 | 1 | 0.95 | 19 |
| 0.02 | 50 | 1 | 0.98 | 49 |

一般说来，游标上有 $m$ 个小分度（格数)，它的总长度与主尺上（$m-1$）个最小分度的总长度相等。若主尺上最小分度的长度为 $a$，游标上每一分度的长度为 $b$，则

$$(m-1)a = mb \tag{2-3}$$

即

$$a - b = \frac{a}{m} \tag{2-4}$$

副尺上有多少格，就将主尺的一格分成多少份，每一份（$a-b$）或$\frac{a}{m}$称为游标的分度值，即游标精度。

（2）游标卡尺的使用。使用前首先识别游标卡尺的规格、量程、游标精度，并明白读数方法。当钳口 A 与 B 靠拢时，游标的零线与主尺上的零线对不准，在测量前应将此读数记下，称为零点偏差，然后再由测量所得的读数减去零点偏差才是长度的实际测量值（**注意**：若游标上“0”线在主尺上“0”线的右方则零点偏差为正，在左方则为负），即

$$\text{实测值} = \text{读数} - \text{零点偏差}$$

在读游标卡尺时，应先从游标尺“0”线在主尺的位置读出毫米的整数位（不必估读），然后在游标卡尺上读出毫米以下的读数。设游标上第 $n$ 条刻线与主尺上某一条刻线相重合，则游标的读数为

$$\text{游标的读数} = n \times \text{游标精度}$$

主尺的读数加上游标的读数，即为游标卡尺的读数。

使用游标卡尺时，应注意：

（1）测量时，游标卡尺的拿法要正确。

（2）测量前，记下零点偏差（可正可负）。

（3）移动游标时，不应过松或过紧，也不能有晃动现象。

（4）待测物体应放在刀口 A 和 B 之间。

（5）注意保护测量刀口。例如，不要去测硬而粗糙的物体，也不要让被测物体来回摩擦或有摩擦的趋势。

**2. 螺旋测微计**

螺旋测微计又叫千分尺，主要是利用螺旋放大原理来测量精确到 0.01mm 的精度（即最小分度值为 0.01mm），量程一般是 25mm。它由一个主尺和一个圆形副尺组成，如图 2-2 所示。它的构造是一螺杆 A 套在螺母内，螺母连接旋柄 C，旋柄一周通常刻成 50 等分（即副尺，也称为微分筒），转动旋柄 C 则螺杆 A 沿螺母移动。若旋柄 C 旋转一周，螺杆 A 就在主尺上移动 0.5mm；若旋柄 C 旋转一分格，则螺杆 A 移动的距离为 $0.5\text{mm} \times \frac{1}{50} = 0.01\text{mm}$，也就是说螺旋测微计的精度是 0.01mm，可以估计至 0.001mm，即 1μm。

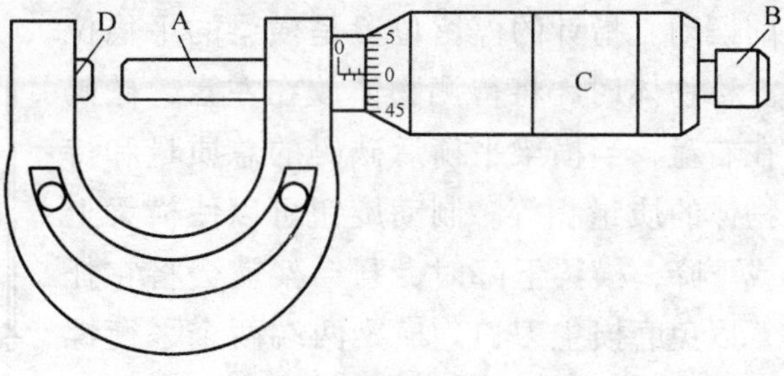

图 2-2 螺旋测微计结构图

读数时，先从主尺上读数，然后读出副尺上的分度数，副尺的分度数乘以螺旋测微计的精度即为副尺的读数，主尺和副尺的读数相加结果就是待测物的长度。例如，图 2-3a 中的读数是 5.373mm，图 2-3b 中的读数是 5.873mm，二者的差别就在于副尺的端面位置，前者没有超过 5.5mm，而后者超过了 5.5mm。

使用螺旋测微计时，应注意：

（1）测量前检查零点读数，如图 2-4 所示。零点读数是测量面 A 和 D 刚好接触时副尺零刻线相对于主尺上主轴线的偏差。如果零点读数不是零，进行测量时，测出的读数应减去这一零点读数才是实际的测量值；如果零点读数是负值，实际的测量值就是测出的读数加上该零点读数的绝对值。

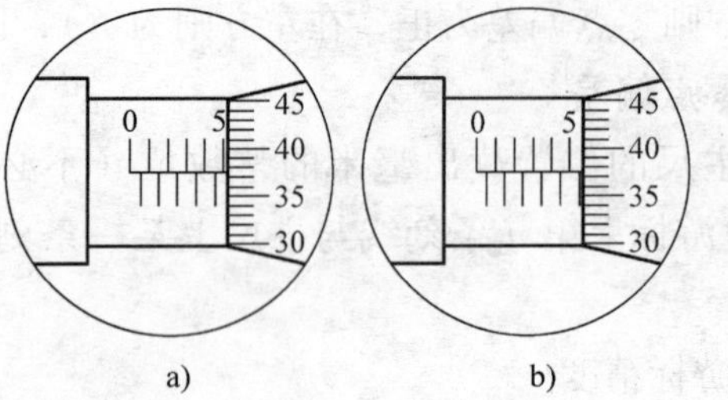


图 2-3 螺旋测微计读数示意图

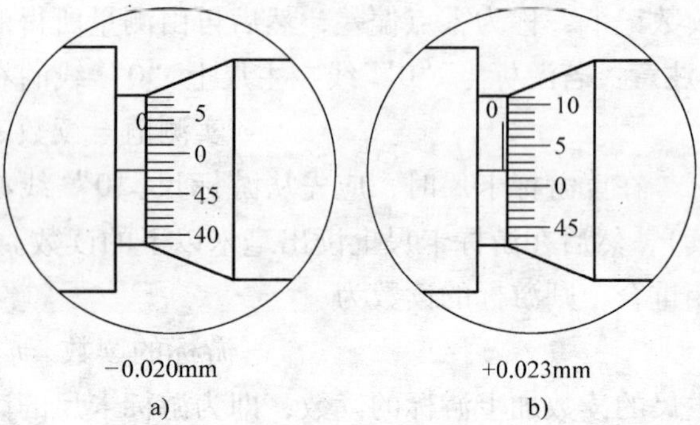


图 2-4 螺旋测微计的零点读数

（2）测量面 A 和 D 与被测物体间的接触压力应当微小，以保护螺纹不受损坏。在旋柄 C 后附一小柄 B，在测量时，当 A 与待测物体接近时，应该旋转小柄 B。它是靠摩擦带动微分筒的，当测杆接触待测物体时，它会自动打滑，达到保护螺纹的目的。

（3）测量完毕后，应使测量面 A 和 D 间留出空隙，以免因热膨胀而损坏螺纹。

**3. 物理天平**

物理天平是测量物体质量的常用仪器，其结构如图 2-5 所示。物理天平的横梁上装有三个刀口，中间刀口置于支柱上，两侧刀口各悬挂一个秤盘。横梁下面固定一个指针，当横梁摆动时，指针尖端就在支柱下方的标尺前摆动。指针的停留位置是横梁的平稳位置。称物体时，将待测物体放在左盘，砝码放在右盘，当横梁平衡后砝码的总质量和待测物体的质量相等。制动旋钮可以使横梁上升或下降，横梁下降时，制动架就会将它托住，以免磨损主刀口。横梁两端两个平衡螺母是物理天平空载时调平衡用的。横梁上装有游码，用于1g 以下待测物体的称衡。支柱左边的托盘，可以放待测物体。

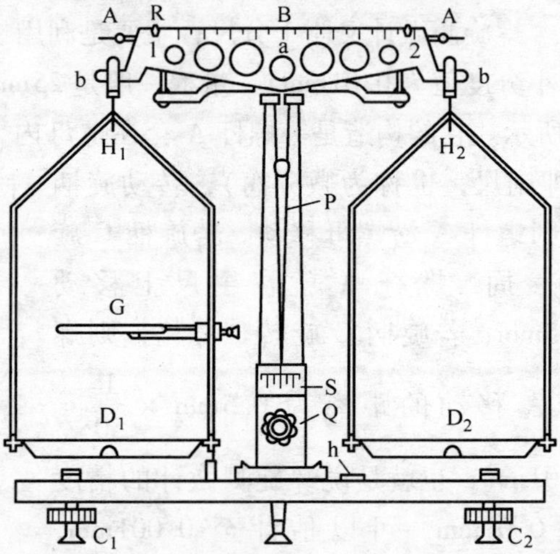


图 2-5 物理天平结构图

a—主刀口 A—平衡螺母 b—边刀 B—横梁

$C_1$，$C_2$—底脚螺钉 $D_1$，$D_2$—秤盘

G—小平台 h—水准器 $H_1$，$H_2$—挂钩

P—指针 Q—制动旋钮 R—游码 S—标度尺

物体天平的规格由以下两个参量表示：

（1）感量。感量是物理天平指针从标尺的平衡位置偏转一小格时，两称盘上的质量差。物理天平的仪器误差，一般是指感量的

一半。感量的倒数为物理天平的灵敏度，感量越小，物理天平的灵敏度越高。本实验的物理天平的感量是0.1g。

（2）称量。称量是允许称衡的最大质量。本实验的物理天平的称量为1000g。

使用物理天平，应注意：

（1）称衡物体之前，应首先调节物理天平底脚螺钉，使底座上的气泡位于窗口中间位置，以保证支柱铅直。

（2）使用天平之前，应先将两个秤盘挂到相应的刀口上，使用完毕，应取下。

（3）调准零点。先将游码移到横梁左端零刻线上，空载缓慢支起横梁，观察指针是否明显单偏，若有，迅速降下横梁，调节平衡螺母，使指针指向标尺的中间位置。

（4）称衡物体时，被称物体放在左盘，砝码放在右盘，加、减砝码时，必须使用镊子，严禁用手，加、减动作要轻缓。

（5）中间刀口仅仅判别左右是否平衡才支起，刀口受力应尽可能在刀口面上，且受力时间尽可能短。

（6）取、放待测物体和砝码，移动游码或调节物理天平时，都必须将横梁制动，以免损坏刀口。

（7）称衡完毕后，要检查称盘是否从刀口上取下，横梁是否放下，盒中砝码和镊子是否齐全。

## 四、实验内容与要求

（1）用游标卡尺测量铜质圆柱体的高度10次（选择不同位置）。

（2）用螺旋测微计测量铜质圆柱体的直径10次（选择不同位置）。

每次测量前均要记录零点读数，并将测量的结果记入表2-2中。

**表2-2　铜圆柱直径和高度测量记录表**

| 次数 | 铜圆柱体的直径 $d$/mm | | | 铜圆柱体的高度 $h$/mm | | |
|---|---|---|---|---|---|---|
| | 零点偏差 | 读数 | 实测值 $d_i$ | 零点偏差 | 读数 | 实测值 $h_i$ |
| 1 | | | | | | |
| 2 | | | | | | |
| 3 | | | | | | |
| 4 | | | | | | |
| 5 | | | | | | |
| 6 | | | | | | |
| 7 | | | | | | |
| 8 | | | | | | |
| 9 | | | | | | |
| 10 | | | | | | |

（3）用物理天平称衡铜柱体的质量1次。

（4）数据处理。计算出各量的平均值$\bar{d}$，$\bar{h}$，$\bar{\rho}$，并估算测量不确定度。

## 五、思考题

1. 已知游标卡尺的测量准确度为0.01mm，其主尺的最小分度的长度为0.5mm。试问游标的分度数（格数）为多少？

2. 如何确定螺旋测微计的零点读数的正负？如何确定游标卡尺负的零点读数？

3. 简述物理天平的调整步骤，并说明如何测量不规则物体的密度。

（张甫宽）

# 实验二　常用电学基本仪器介绍

电磁测量是现代生产和科学研究中应用很广的一种实验方法和实用技术。除了测量电磁量外，它还可通过换能器将非电量变为电量来进行测量。物理课程中电磁学实验的目的，是学习电磁学中常用的典型测量方法（如伏安法、电桥法、电位计法、冲击法等），进行实验方法和实验技能的训练，培养看图、正确连接线路和分析判断实验故障的能力，同时，通过实际的观测，深入认识和掌握电磁学理论的基本规律。

电磁学实验离不开电源和各种电测仪表，为此，必须事先了解常用基本仪器的性能，掌握仪器布置和线路连接的要领。下面简单介绍一些常用的基本仪器的使用方法及接线要领。

## 一、电源

电源是将其他形式的能量转变为电能的装置，分为直流电源和交流电源两类。

**1. 直流电源**

常用的直流电源有干电池、晶体管直流稳压电源和铅蓄电池。

（1）干电池。电压标称值为1.5V，提供的电流视电池的容量来定，如一号电池提供数十毫安的电流，五号电池提供十几毫安的电流，七号电池提供的电流更小。

（2）直流稳压电源。一般由变压器、晶体管、电阻和电容等电子元件按一定的线路组装而成。它的电压稳定性好，内阻小，功率较大，使用方便，只要接到交流220V电源上，就能输出连续可调的直流电压。使用时，要注意它的最大容许输出电压和电流，切不可超出。

稳流源与稳压源近似，其输出电流不变，而输出电压是可变的。

（3）蓄电池。为可充电电池，特性指标有标称值、额定放电电流和容量，容量用安时数表示。

**2. 交流电源**

常用的电网电源是交流电源。交流电的电压可通过变压器来调节。交流仪表的读数一般指有效值。例如，交流220V就是有效值，其峰值为$\sqrt{2}\times220\text{V}\approx310\text{V}$。

使用交流或直流电源时，应特别注意不能使电源短路，即不能将电源两极直接接通，使外电路电阻等于零。

## 二、电阻

为了改变电路中的电流和电压，或作为特定电路的组成部分，在电路中经常需要接入各种不同大小的电阻。电阻分为固定的和可变的两类，不论是固定电阻还是可变电阻，使用时除注意其阻值的大小外，还应注意其额定功率，即容许通过的电流 $I=\sqrt{\frac{W}{R}}$。在额定功率下，固定电阻接于电路中比较简单；而可变电阻接法不同，其功用也不一样。下面着重介绍两种可变电阻——滑线变阻器和旋转式电阻箱的结构及用法。

**1. 滑线变阻器**

滑线变阻器的外形和结构如图 2-6 所示，将电阻丝（如镍铬丝）绕在瓷筒上，然后将电阻丝两端和接线柱 $A$,$B$ 相连,因此 $A$,$B$ 之间的电阻即为总电阻。在瓷筒上方的滑动接头 $C$ 可在粗铜棒上移动，它的下端在移动时始终和瓷筒上的电阻丝接触。铜棒的一端（或两端）装有接线柱 $C'$，$C''$，用来代表接头 $C$ 以利于连线。改变滑动接头 $C$ 的位置，就可以改变 $AC$ 之间和 $BC$ 之间的电阻。

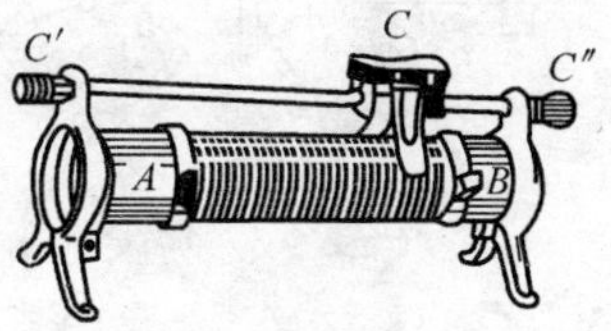

图 2-6 滑线变阻器

滑线变阻器在电路中有变流接法和分压接法两种接法。

（1）变流接法（限流器）。用滑线变阻器改变电流的接法，如图 2-7 所示，即将变阻器中的任一个固定端 $A$（或 $B$）与滑动端 $C$ 串联在电路中。当滑动接头 $C$ 向 $A$ 移动时，$AC$ 间的电阻减小；当滑动接头 $C$ 向 $B$ 移动时，$AC$ 间的电阻增大。可见，移动滑动接头 $C$ 就改变了 $AC$ 间的电阻，也就改变了电路中的总电阻，从而使电路中的电流发生变化。

（2）分压接法（分压器）。用滑线变阻器改变电压的接法，如图 2-8 所示，即变阻器的两个固定端 $A$,$B$ 分别与电源的两极相连，由滑动端 $C$ 和任一固定端 $B$（或 $A$）将电压引出来。由于电流通过变阻器的全部电阻丝，故 $AB$ 之间任意两点都有电位差。当滑动接头 $C$ 向 $A$ 移动时，$BC$ 间电压 $U_{BC}$ 增大；当滑动头 $C$ 向 $B$ 移动时，$BC$ 间的电压 $U_{BC}$ 减小。可见，改变滑动接头 $C$ 的位置，就改变了 $BC$（或 $AC$）间的电压。

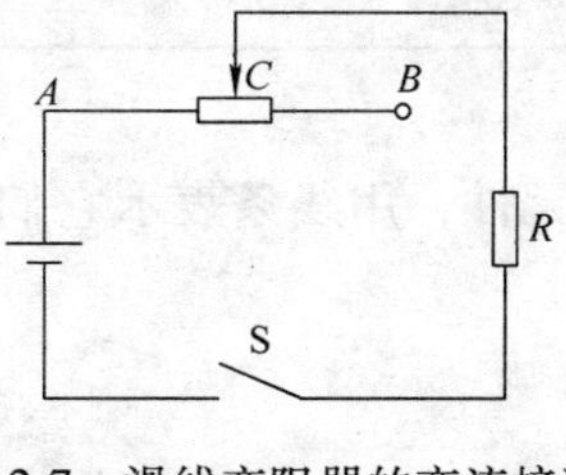

图 2-7 滑线变阻器的变流接法

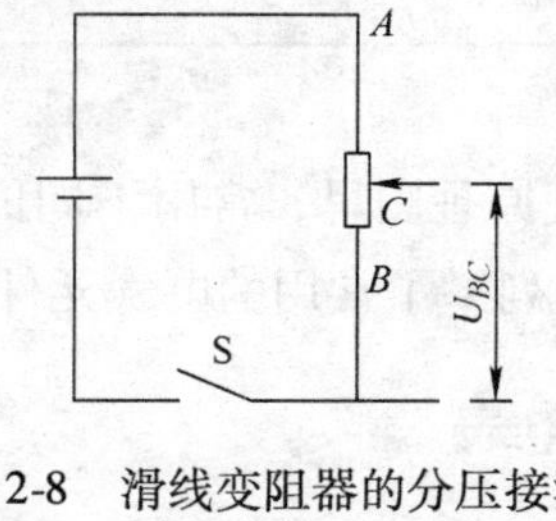

图 2-8 滑线变阻器的分压接法

使用滑线变阻器应注意：

（1）滑线变阻器作限流和作分压使用时，接法是不相同的，一定不能弄混。

（2）通电之前，滑动端置于何处应分析清楚。在限流接法中，变阻器的滑动端应放在电阻最大的位置；在分压接法中，变阻器的滑动端应放在输出电压最小的位置。

**2. 旋转式电阻箱**

电阻箱是由若干个准确的固定电阻按照一定的组合方式接在特殊的变换开关上构成的。利用电阻箱可以在电路中准确调节电阻值。准确度级别高的电阻箱还可作任意值的电阻标准量具。图 2-9 为某一种电阻箱的内部电路和面板示意图。

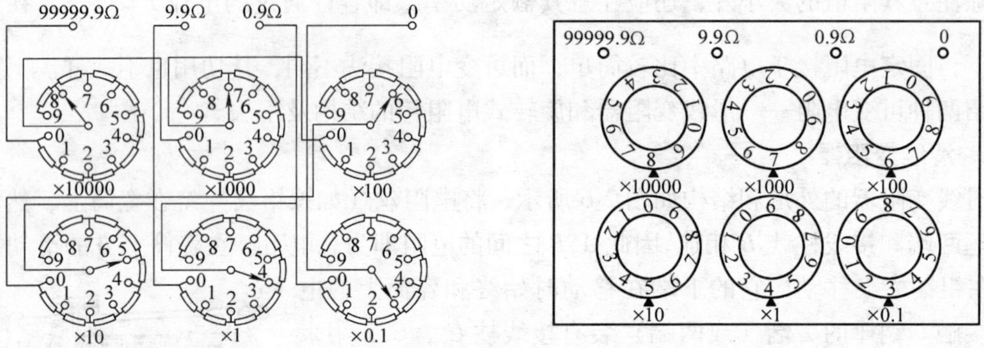


a)　　b)

图 2-9　旋转式电阻箱

a）内部线路示意图　b）面板示意图

电阻的调节可以通过电阻箱面板上的旋钮的转动来实现，总电阻等于各旋钮示数与相应倍率乘积之和，图 2-9 中总电阻为

$$3\times0.1\Omega+4\times1\Omega+5\times10\Omega+6\times100\Omega+7\times1000\Omega+8\times10000\Omega=87654.3\Omega$$

使用多挡电阻箱选挡位接线时，应注意电阻箱其余部分的接触电阻和导线电阻的影响，根据需要选择合适的挡位，同时要注意电阻箱各挡电阻容许通过的电流是不同的。现以 ZX21 型电阻箱为例说明各挡电阻容许通过的电流，见表 2-3。

**表 2-3　ZX21 型电阻箱倍率与容许电流**

| 旋钮倍率 | ×0.1 | ×1 | ×10 | ×100 | ×1000 | ×10000 |
|---|---|---|---|---|---|---|
| 容许负载电流/A | 1.5 | 0.5 | 0.15 | 0.05 | 0.015 | 0.005 |

在电气原理图里，常用不同的图形符号来代表各个元件，用线条表示它们之间的联系。表 2-4 列举了常用的电气元件符号。

## 三、电表

电测仪表的种类很多。在物理实验中常用的绝大多数电表都是磁电式仪表，其读数靠指针在标尺上的偏转来显示。这种仪表只适用于直流的测量，具有灵敏度高、刻度均匀、便于读数等优点。下面对磁电式仪表作简单介绍。

表 2-4　常用的电气元件符号

| 名　称 | 符号 | 名　称 | 符号 |
|---|---|---|---|
| 原电池或蓄电池 | 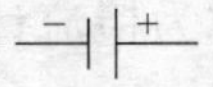 | 单极开关 | 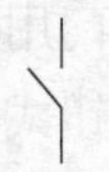 |
| 电阻器的一般符号（固定电阻） |  | 双极转换开关 |  |
| 变阻器（可调电阻） | | | |
| （1）一般符号 |  | | |
| （2）可断开电路的 | 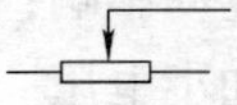 | 指示灯泡 | 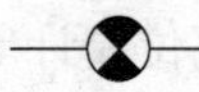 |
| （3）不断开电路的 | 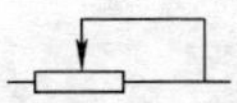 | 不连接的交叉导线 | 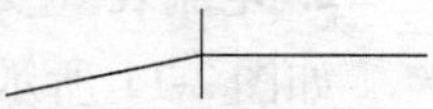 |
| 电容器的一般符号 | 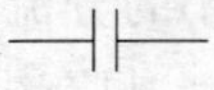 | 连接的交叉导线 |  |
| 可变电容器 |  | | |
| 电感线圈 |   | 晶体二极管 | 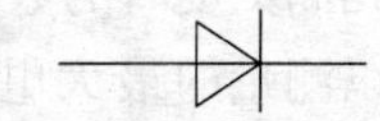 |
| 有铁心的电感线圈 |  | | |
| 有铁氧体心不可调线圈 | 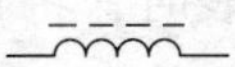 | 稳压管 | 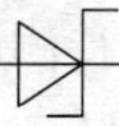 |
| 有铁心的单相双线变压器 | 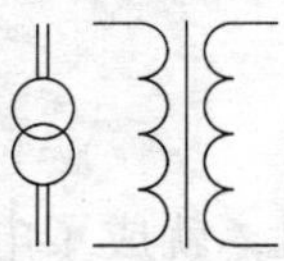 | 晶体三极管（P-N-P） | 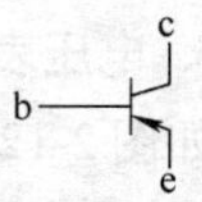 |

**1. 电流计**（表头）

电流计是利用通电流的线圈在永久磁铁的磁场中受到一力偶作用发生偏转的原理制成的。在磁场、线圈面积和线圈匝数一定时，偏转角度与电流的大小成正比。它的结构如图 2-10 所示。当通有电流的线圈受到磁力矩的作用绕轴转动时，游丝随着发生扭转变形。由于游丝是螺旋形弹簧，有力图恢复原状的特性，因而对转轴产生一个反作用力矩。当反作用力矩与磁力矩平衡时，线圈停止转动，指针指在一定的位置。螺旋方向相反的两个游丝还兼作将电流引入线圈的引线。

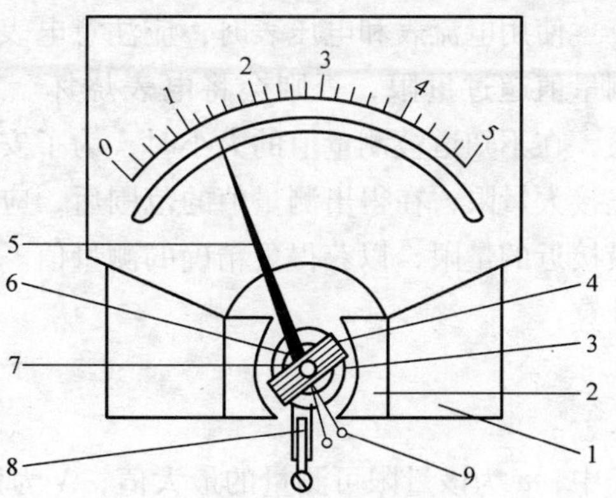


图 2-10　磁电系电表的结构
1—永久磁铁　2—极掌　3—圆柱形铁心　4—线圈
5—指针　6—游丝　7—半轴　8—调零螺杆
9—平衡锤

为了使仪表指针开始在零的位置，通常还有一个“调零器”，它的一端与游丝相连。如果使用前仪表的指针不指零位，可用螺钉旋具轻轻调节露在表壳外面的调零螺杆，使仪表指针逐渐趋近于零位。

电流计也可用于检验电路中有无电流通

过，能直接测量出几十微安到几十毫安的电流。如果用它来测量较大的电流，必须加分流器。

专门用来检验电路中有无电流通过的电流计称为检流计，分为按钮式和光点反射式两类。按钮式检流计的特点是其零点位于刻度盘中央，未通电流时，指针正对零点，通电流后，随电流方向的不同可以左右偏转。检流计常处于断开状态，仅当按下按钮时，检流计才接入电路中，因此用它来检验电路中有无电流十分方便。光点反射式检流计可分为墙式和便携式两种，墙式检流计灵敏度高，易受外界震动影响；便携式使用较方便，常用作电桥、电位差计等的指零仪器，或用来测量小电流和小电压。

**2. 电流表**（安培表）

如图 2-11 所示，在检流计上并联一个阻值很小的分流电阻，就成了电流表。分流电阻的作用是使线路中的电流大部分通过自身流过去，只有少量的电流才通过检流计，这样就扩大了电流的量限（指电表可测量的最大值，用电表指针指到满刻度时的数值来表示）。检流计并联的分流电阻不同，可以测量的最大电流也就不同，即得到不同量限的电流表。此时，量限不同，电表的内阻也不同。使用电流表时，将它串联在待测电流的电路中，注意正负端，应使电流从电流表的正端流入，负端流出。

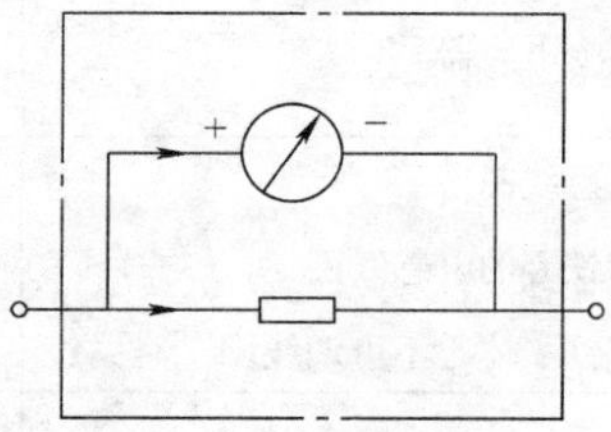


图 2-11　电流表的构造

**3. 电压表**（伏特表）

如图 2-12 所示，在检流计上串联一个高电阻，就成了电压表。当测量电压时，附加的高电阻起限制电流的作用，并使绝大部分的电压降落在电阻上，只有很小一部分电压降落在检流计上。在检流计上串联的电阻不同，可以测量的最大电压也不同，即得到不同量限的电压表。因串联电阻大小不一，故不同量限的电压表，其内阻也不同。使用时，应把电压表并联在待测电压的两端，并将电压表的正端接在电位高的一端，负端接在电位低的一端。

使用电流表和电压表时，应注意电表的量限，不得使测量值超过量限，否则会将电表烧坏。对于多量限的电表，在不知道被测量值的大小时，为了安全起见，一般应先接大量限，在得出测量值的范围后，应换接与被测量值最接近的量限，以获得更精确的测量值。测量值 $A$ 按下式计算：

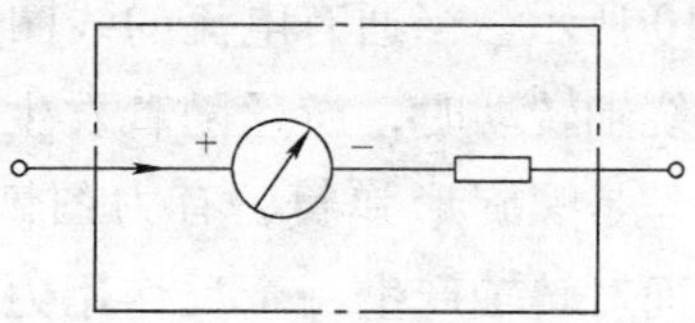


图 2-12　电压表的构造

$$A = n\frac{a}{N}$$

式中，$a$ 为该量限可测量的最大值；$N$ 为该量限对应的标度尺的总分度数；$n$ 为电表指针指示的读数（分度数）。

根据我国的规定，电气仪表的主要技术性能都以一定的符号来表示，并标记在仪表的面板上。表 2-5 中给出了一些常见电气仪表面板上的标记。在使用仪表时，应参照这些标记正确使用仪表。

**表 2-5　常见电气仪表面板上的标记**

| 名　称 | 符号 | 名　称 | 符号 |
|---|---|---|---|
| 指示测量仪表的一般符号 | ○ | 静电式仪表 | ╪ |
| 检流计 | ⊙↑ | 直流 | — |
| | | 交流(单相) | ～ |
| 安培表 | A | 直流和交流 | ≃ |
| 毫安表 | mA | 以标度尺量限百分数表示的准确度等级,例如 1.5 级 | 1.5 |
| 微安表 | μA | | |
| 伏特表 | V | 以指示值的百分数表示的准确度等级,例如 1.5 级 | (1.5) |
| 毫伏表 | mV | | |
| 千伏表 | kV | 标度尺位置为垂直的 | ⊥ |
| 欧姆表 | Ω | 标度尺位置为水平的 | ⊓ |
| 兆欧表 | MΩ | 绝缘强度试验电压为 2kV | ☆2 |
| 负端钮 | − | 接地用的端钮 | ⏚ |
| 正端钮 | + | | |
| 公共端钮 | * | 调零器 | ⌒ |
| 磁电式仪表 | ∩ | Ⅱ级防外磁场及电场 | [Ⅱ] [Ⅱ] |

根据 GB/T 776—1976 有关规定，电表的准确度等级分为 0.1,0.2,0.5,1.0,1.5,2.5 和 5.0。电表指针指示任一测量值所包含的最大基本误差为

$$\Delta_m = \pm A_m \cdot K\%$$

式中，$\Delta_m$ 为绝对误差；$A_m$ 为电表的量程；$K$ 是电表的准确度等级。

例如，准确度等级为 0.5 级的电表，在规定的条件下工作时，它所显示出的数值可能包含的最大基本误差是该电表量限的 ±0.5%。

## 四、仪器布置与线路连接

电磁测量常需带电操作，且使用仪器众多，所以，在实验中稍有不慎就会造成设备损坏，甚至人身事故，因此操作时，必须严格遵守操作规程，把安全置于首位，绝不可掉以轻心。

（1）连线前，先将仪器按电路图摆放好，将经常要调整或者要读数的仪器放在近处，其他仪器放在远处，使用高压电源时，要远离人体。连线时，先接线路，后接电源；拆线时，先断电源，后拆线路。在实验电路中，电源与电路间必须加接开关。

（2）参照电路图接线时，要求按回路接线，即从电源正极开始按回路对点接线以利于电路检查。当线路复杂时，可把它按图形分成几个回路，先接完一个回路，再分别地一一连接其他回路。接线时应充分利用电路中的等位点，避免在一个接线柱上集中过多的导线或接线片（最好不超过三个）。

（3）所接线路须经严格检查无误和教师审查认可后，方可闭合电源开关。闭合开关时，注意观察整个线路上的所有仪器，如发现有不正常现象（如指针超出电表的量限、指针反转等）应立即切断电源，重新检查线路，分析原因，排除故障，再进行实验。若电路正常，可用较小的电压或电流先观察实验现象，然后再开始测读数据。

（4）测得实验数据后，须经教师复核签字后，方可拆除线路，并整理好仪器用具。

（周　芹）

# 实验三　常用电学量的测量

欧姆定律是电路中最基本的定律，在电路计算中应用最广，也是分析电路问题的基础。它反映了电流、电压和电阻之间相互联系的规律，在电流、电压、电阻这三个物理量中，只要知道其中的任意两个量，就可以求出第三个量。例如，若知道了某段导体两端的电压和通过它的电流，就可以求出这段导体的电阻，这就是通常所谓的伏安法测电阻。此种方法原理简单，测量方便，尤其适用于测量非线性电阻的伏安特性；但要取得较好的结果，除了要选择精度较高的仪表外，还必须注意测量方法的分析，设法消除系统误差的影响。

## 一、实验目的

（1）学习按电路图连接线路的技能和规程。

（2）掌握用伏安法测电阻的方法。

（3）学会电压表、电流表、电阻箱和滑线变阻器的正确用法。

（4）学习系统误差的分析和修正方法。

## 二、实验原理

由欧姆定律知，通过一段导体的电流 $I$ 与导体两端的电压 $U$ 成正比，与导体的电阻成反比，即

$$I=\frac{U}{R} \tag{2-5}$$

式中，电流 $I$ 单位是 A；电压 $U$ 单位是 V；电阻 $R$ 单位是 Ω。式（2-5）也可写成

$$R=\frac{U}{I} \tag{2-6}$$

若用电压表测得电阻两端的电压值，同时用电流表测出通过该电阻的电流值，由式（2-6）即可求得电阻值。用这种方法进行测量时，电表的内阻会影响测量结果。下面对电表内阻的影响进行分析讨论。

用伏安法测量电阻，可采用图 2-13 所示的两种接线方法。

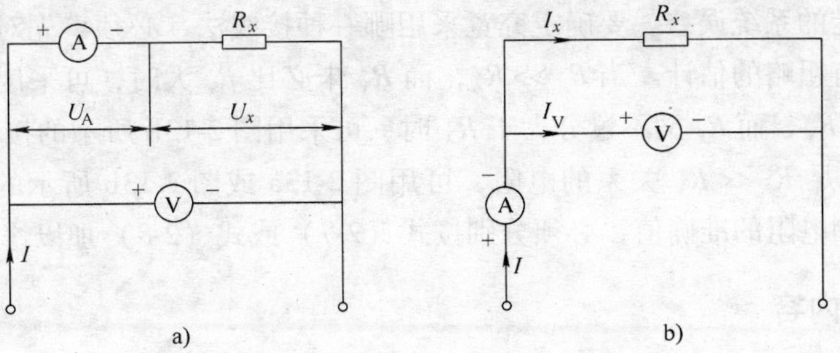


图 2-13　用伏安法测电阻的两种接法

在图 2-13a 中，电流表的读数 $I$ 为通过待测电阻 $R_x$ 的电流 $I_x$；电压表的读数 $U$ 并不是 $U_x$，而是 $U=U_x+U_A$。如果将电表的指示值 $I,U$ 代入式（2-6），则得到待测电阻的测量值为

$$R=\frac{U}{I}=\frac{U_x+U_A}{I_x}=R_x+R_A=R_x\left(1+\frac{R_A}{R_x}\right)$$

式中，$R_A$ 为电流表的内阻；$\frac{R_A}{R_x}$是电流表内阻给测量带来的相对误差。可见，采用图 2-13a 所示的接法时，测得的电阻值 $R$ 比实际值偏大。如果知道 $R_A$ 的数值，则待测电阻 $R_x$ 为

$$R_x=\frac{U-U_A}{I}=R-R_A=R\left(1-\frac{R_A}{R}\right) \tag{2-7}$$

在图 2-13b 中，电压表的读数 $U$ 等于电阻 $R_x$ 两端的电压 $U_x$，电流表的读数 $I$ 不等于 $I_x$，而是 $I=I_x+I_V$。如果将电表的指示值 $U,I$ 代入式（2-6），则得到待测电阻的测量值为

$$R=\frac{U}{I}=\frac{U_x}{I_x+I_V}=\frac{U_x}{I_x\left(1+\frac{I_V}{I_x}\right)}$$

将$\left(1+\frac{I_V}{I_x}\right)^{-1}$用二项式定理展开，上式可写为

$$R\approx\frac{U_x}{I_x}\left(1-\frac{I_V}{I_x}\right)=R_x\left(1-\frac{R_x}{R_V}\right)$$

式中，$R_V$ 为电压表的内阻；$\frac{R_x}{R_V}$是电压表内阻给测量带来的相对误差。可见，采用图 2-13b 所示的接法时，测得的电阻值 $R$ 比实际值 $R_x$ 偏小。如果知道 $R_V$ 的数值，则待测电阻 $R_x$ 可由下式计算：

$$R_x=\frac{U_x}{I-I_V}=\frac{U_x}{I\left(1-\frac{I_V}{I}\right)}\approx\frac{U_x}{I}\left(1+\frac{I_V}{I}\right)=R\left(1+\frac{R}{R_V}\right) \tag{2-8}$$

概括地说，用伏安法测电阻时，由于线路方面的原因，测得的电阻值总是偏大或者偏

小，即存在一定的系统误差。要确定究竟采用哪一种接线法，必须事先对 $R_x$, $R_A$ 和 $R_V$ 三者的相对大小有粗略的估计。当 $R_x >> R_A$，而 $R_V$ 未必比 $R_x$ 大时，可采用图 2-13a 所示的接法；当 $R_x << R_V$，而 $R_x$ 又不过分大于 $R_A$ 时，可采用图 2-13b 所示的接法；对于既满足 $R_x >> R_A$，又满足 $R_x << R_V$ 关系的电阻，可用图 2-13a 或图 2-13b 所示的接法进行测量。如果要得到待测电阻的准确值，必须分别按式（2-7）或式（2-8）加以修正。

## 三、实验内容

（1）将 $S_1$ 断开，按照图 2-14 所示，连接线路并将滑线变阻器滑键调到输出电压最小的位置后请教师检查线路。

（2）首先用低电阻作为待测电阻（电源电压 2.0V），分别用内接和外接法测量，测量时调节滑线变阻器，使其中一个表满偏，另一个表达到或超过 2/3 量程（若不能满足这个条件，调节滑线变阻器使输出电压为零，然后调整电流表和电压表的量程，直到满足条件）方可记录数据。数据记入表 2-6 中。

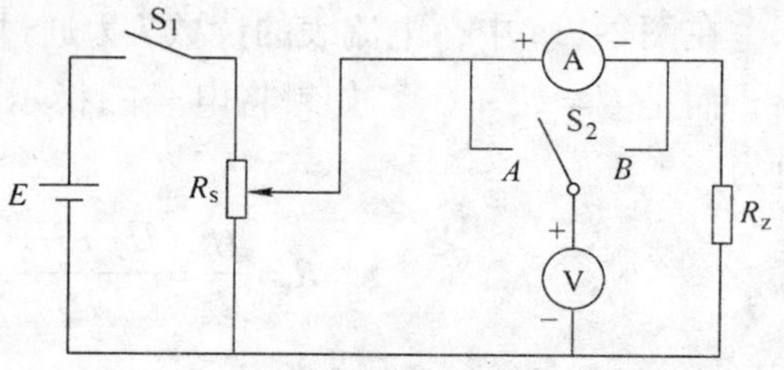


图 2-14　用伏安法测电阻的电路图

**表 2-6　用伏安法测电阻的数据记录表**

| 电阻 | 接法 | 电压表（$K=$　　） | | | 电流表（$K=$　　） | | | $R=\frac{U}{I}/\Omega$ | $R_{修}/\Omega$ |
|---|---|---|---|---|---|---|---|---|---|
| | | 读数/V | 量程/V | 内阻/kΩ | 读数/mA | 量程/mA | 内阻/Ω | | |
| 低电阻 | 内接法 | | | | | | | | |
| | 外接法 | | | | | | | | |
| 高电阻 | 内接法 | | | | | | | | |
| | 外接法 | | | | | | | | |

（3）换用高电阻作为待测电阻（电源电压 8.0V），重复步骤（2）的内容。

## 四、注意事项

（1）在每次改换线路或调节电表量程之前，都应将滑线变阻器（分压器）的输出电压调至最小，并将 $S_1$ 断开。

（2）在实验操作时，应注意电压表和电流表的指示，不要超过量限。

## 五、思考题

1. 滑线变阻器在电路中可以起哪些作用？试画图说明。

2. 若用修正式（2-7）、式（2-8）计算待测电阻，还需要用电流表内接法测高电阻、外接法测低电阻吗？

3. 在伏安法测电阻中，如何减小误差以提高实验精度？

（周　芹）

# 实验四　速度、加速度的测定

气垫导轨上的实验利用气垫导轨表面和滑块之间形成的气垫效应，大大地减少了相对滑行的摩擦力，使过去许多难度较大的实验易于进行，并能较精确地定量研究物体运动的规律。本实验提供了学习测量速度和加速度的一种方法，通过研究滑块的匀加速直线运动规律可用来验证牛顿第二定律。

## 一、实验目的

（1）学习使用气垫导轨和计时、计数、测速仪。

（2）验证牛顿第二定律。

## 二、实验原理

**1. 速度的测量**

当物体作直线运动时，其瞬时速度的定义为

$$v=\lim_{\Delta t\to 0}\frac{\Delta x}{\Delta t}=\frac{\mathrm{d}x}{\mathrm{d}t} \tag{2-9}$$

因为在测量上不易做到 $\Delta t\to 0$，$\Delta x\to 0$，所以我们可以用很小的 $\Delta t$ 和 $\Delta x$ 取代 $\mathrm{d}t$ 和 $\mathrm{d}x$。取短距离的平均速度代替瞬时速度，有

$$v=\frac{\Delta x}{\Delta t} \tag{2-10}$$

式中，$\Delta x$ 为遮光板的宽度；$\Delta t$ 为遮光时间。

**2. 加速度的测量**

若用一个恒力在水平方向作用于滑块，则滑块将作匀加速运动。在气轨中间选一段距离 $s$，在 $s$ 两端设置两个光电门，分别测出滑块通过 $s$ 两端的始末速度 $v_1$ 和 $v_2$，则滑块的加速度为

$$a=\frac{v_2^2-v_1^2}{2s} \tag{2-11}$$

**3. 验证牛顿第二定律**

气轨调平后，将砝码盘用细线跨过滑轮，穿过端盖上小孔与滑行器相连，如图 2-15 所示。设滑块的质量为 $m_1$，砝码盘与盘中砝码质量合计为 $m_2$，细线中张力为 $F_T$，则有

$$\begin{cases}m_2g-F_T=m_2a\\F_T=m_1a\end{cases}$$

则

$$m_2g=(m_1+m_2)a$$

令 $m=m_1+m_2$，$F=m_2g$，则有

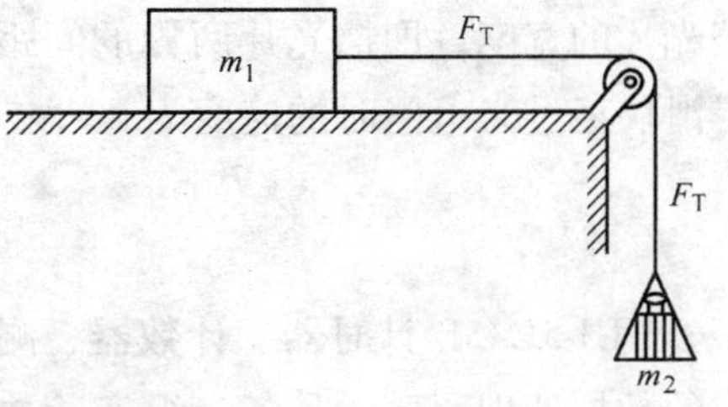


图 2-15　验证牛顿第二定律

$$F = ma \tag{2-12}$$

式中，$a$ 的数值可由式（2-11）求得。当合外力 $F$ 不变（即 $m_2$ 不变）时，如果改变滑块质量 $m_1$（此时系统质量 $m$ 也随之改变），测出相应的加速度，可以验证，当物体所受合外力不变时，物体运动的加速度与其质量成反比；若将滑块上的砝码移至砝码盘中（系统质量 $m$ 未变），物体所受作用力改变，测出相应的加速度，可以验证，当物体质量一定时，物体运动的加速度与其受合外力成正比。

## 三、实验仪器

气垫导轨是一种力学实验装置，由导轨、滑块和光电测量系统组成。

### 1. 导轨

导轨（见图2-16）是一根固定在钢架上的三角形金属空腔管，在空腔管的侧面钻有数排等距离的小孔，空腔管的一端封闭，另一端通过塑料管与气泵相连。气泵将压缩空气送入空腔管后，再从小孔高速喷出。在导轨上安放滑块，在导轨下装有调节水平用的底脚螺钉和用于测量光电门位置的标尺。

图2-16 导轨的剖面

### 2. 滑块

滑块由角铁制成，其内表面可以与导轨的两个侧面密合。当气流从导轨上的小孔中高速喷出时，在滑块和导轨之间形成很薄的空气层，使滑块悬浮在导轨上，故此滑块可以在导轨上作近似无摩擦的直线运动。滑块中部的上方水平安装着挡光片，与光电门和计数器相配合，测量滑块经过光电门的时间或速度。滑块上还可以安装配重块（即矩形金属片，用于改变滑块的质量）、弹性碰撞器（弹簧）、非弹性碰撞器（尼龙搭扣）等配件，用于完成不同的实验。

### 3. 光电测量系统

光电测量系统由光电门和MUJ-5C/5B计时器、计数器、测速仪组成，其结构和测量原理如图2-17所示。当滑块从光电门旁经过时，安装其上方的挡光片穿过光电门，从发射器射出的红外光被挡光片遮住而无法照到接收器上，此时接收器产生一个脉冲信号。在滑块经过光电门旁的整个过程中，挡光片两次挡光，则接收器共产生两个脉冲信号，计数器将测出这两个脉冲信号之间的时间间隔 $\Delta t$。如果预先确定了挡光片的宽度，即挡光片两翼的间距 $\Delta l$，则可求得滑块经过光电门时的速度为

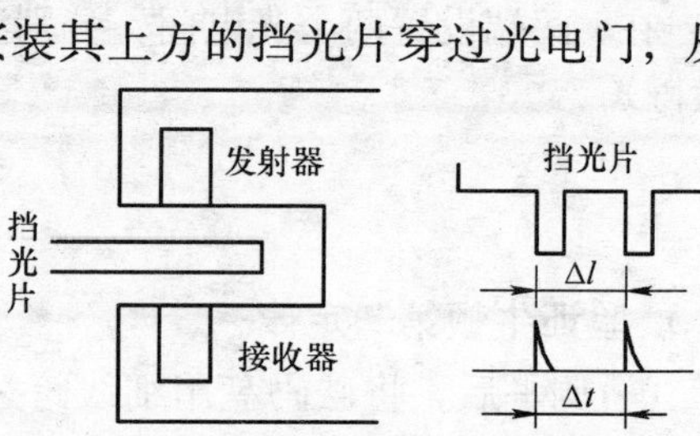

图2-17 光电测量系统的原理图

$$v = \frac{\Delta l}{\Delta t}$$

MUJ-5C/5B计时器、计数器、测速仪用51系列单片机作为中央处理器，并编入了相应的数据处理程序，具备多组实验数据的记忆存储功能。从 $P_1, P_2$ 两个光电门（光电门接在通用计数器背面的插座上）采集数据信号，经中央处理器处理后，在LED数码显示

屏上显示出测量结果。主要的按键如下：

（1）功能键。多次按下功能键，选择要使用的功能。本实验主要使用“计时 2”功能，记录滑块经过 $P_1$ 和 $P_2$ 两光电门时，滑块上挡光片挡光的时间间隔 $\Delta t$ 或滑块的速度 $v$（视设定的单位而定）。按下取数键，再按下功能键，仪器将清除之前所记录的测量结果。

（2）转换键。按下转换键大于 1s，选择所用挡光片的宽度（1cm，3cm，5cm 或 10cm），在显示的宽度值与所用挡光片的宽度相同时，放开此键即可。每次开机时挡光片的宽度自动设定为 1cm（测量速度前，请确认所用挡光片的宽度与设定挡光片的宽度相等）。在选择好“计时 2”功能后，按下转换键（小于 1s），设定显示的测量结果是时间还是速度（相应的时间单位 s 或速度单位 cm/s 前的指示灯点亮）。

（3）取数键。本仪器会自动保留前 20 组测量结果（自上一次清零后开始记录），按下取数键，可依次显示存储的测量结果。当显示“E×”时，提示将显示存入的第×组测量结果，每个测量结果将显示约 10s，然后再显示下一组测量结果。

## 四、实验内容与要求

首先，将两个光电门分别固定在气轨左右两端约 30cm 处。熟悉用 MUJ-5C/5B 计时器、计数器、测速仪测量遮光时间的方法，并将气垫导轨调至水平。

**1. 观察匀速直线运动——测量速度**

（1）接通气源，轻轻推动滑块，分别记下滑块遮光板经过两个光电门时 MUJ-5C/5B 仪器显示的时间间隔 $\Delta t_1$ 和 $\Delta t_2$，并根据挡光片的宽度，按式（2-10）算出速度 $v_1$ 和 $v_2$，填入表 2-7 中。

**表 2-7 滑块在气轨上运动的数据表**

$\Delta x =$ ________ cm

| 滑块向左方运动 | | | | | 滑块向右方运动 | | | | |
|---|---|---|---|---|---|---|---|---|---|
| $\Delta t_1$/s | $\Delta t_2$/s | $v_1$ /cm·s$^{-1}$ | $v_2$ /cm·s$^{-1}$ | $(v_2-v_1)$ /cm·s$^{-1}$ | $\Delta t_1$/s | $\Delta t_2$/s | $v_1$ /cm·s$^{-1}$ | $v_2$ /cm·s$^{-1}$ | $(v_2-v_1)$ /cm·s$^{-1}$ |
| | | | | | | | | | |
| | | | | | | | | | |

（2）用比前次稍大的力推动滑块，重复步骤（1）。

**2. 验证质量不变的物体在恒力作用下作匀加速直线运动**

（1）将系有砝码盘的轻胶带通过气垫轴承与滑块相连，再把滑块移至远离轴承的一端，释放滑块后，它从静止开始作加速运动。

（2）确定光电门 1 和光电门 2 之间的距离（如分别为 40cm 和 60cm）。依次在表 2-8 中记下遮光板通过光电门 1 和光电门 2 的时间 $\Delta t_1$ 和 $\Delta t_2$，以及相应的两个光电门之间的距离 $s$，计算 $v_1 = \dfrac{\Delta x}{\Delta t_1}$，$v_2 = \dfrac{\Delta x}{\Delta t_2}$与 $a = \dfrac{v_2^2 - v_1^2}{2s}$的各次数值。若$\dfrac{v_2^2 - v_1^2}{2s}$的各次数值相同，就可以

证明滑块在作匀加速直线运动，且加速度为$\dfrac{v_2^2-v_1^2}{2s}$。

**表 2-8　验证恒定质量的物体在恒力作用下作匀加速运动的数据表**

$\Delta x=$________cm；$m=m_1+m_2=$________g

| 次数 | $s_1=40.0\text{cm}$ | | | | | $s_2=50.0\text{cm}$ | | | | | $s_3=60.0\text{cm}$ | | | | |
|---|---|---|---|---|---|---|---|---|---|---|---|---|---|---|---|
| | $\Delta t_1$/s | $\Delta t_2$/s | $v_1$/cm·s$^{-1}$ | $v_2$/cm·s$^{-1}$ | $\frac{v_2^2-v_1^2}{2s}$/cm·s$^{-2}$ | $\Delta t_1$/s | $\Delta t_2$/s | $v_1$/cm·s$^{-1}$ | $v_2$/cm·s$^{-1}$ | $\frac{v_2^2-v_1^2}{2s}$/cm·s$^{-2}$ | $\Delta t_1$/s | $\Delta t_2$/s | $v_1$/cm·s$^{-1}$ | $v_2$/cm·s$^{-1}$ | $\frac{v_2^2-v_1^2}{2s}$/cm·s$^{-2}$ |
| 1 | | | | | | | | | | | | | | | |
| 2 | | | | | | | | | | | | | | | |

**3. 验证牛顿第二定律**

（1）将系有砝码盘的轻胶带通过气垫轴承与滑块相连，将滑块移至远离轴承的一端，松手后滑块从静止开始作匀加速运动。分别记下遮光板通过两个光电门的时间$\Delta t_1$和$\Delta t_2$，重复数次。测出遮光板的宽度$\Delta x$和两个光电门之间的距离$s$后，由式（2-10）和式（2-11）计算加速度。

（2）分两次从滑块上将两个砝码移至砝码盘中（如每个砝码的质量取为5.0g），重复步骤（1），将测量结果填入表2-9中。验证当物体质量不变时，物体的加速度与所受外力成正比。

**表 2-9　验证物体质量不变时，物体的加速度与所受外力成正比的数据表**

$s=$________cm；$\Delta x=$________cm；$m=m_1+m_2=$________g

| 次数 | $m_2=5.0\text{g}$ | | | | | $m_2=10.0\text{g}$ | | | | | $m_2=15.0\text{g}$ | | | | |
|---|---|---|---|---|---|---|---|---|---|---|---|---|---|---|---|
| | $\Delta t_1$/s | $\Delta t_2$/s | $v_1$/cm·s$^{-1}$ | $v_2$/cm·s$^{-1}$ | $a_1$/cm·s$^{-2}$ | $\Delta t_1$/s | $\Delta t_2$/s | $v_1$/cm·s$^{-1}$ | $v_2$/cm·s$^{-1}$ | $a_1$/cm·s$^{-2}$ | $\Delta t_1$/s | $\Delta t_2$/s | $v_1$/cm·s$^{-1}$ | $v_2$/cm·s$^{-1}$ | $a_1$/cm·s$^{-2}$ |
| 1 | | | | | | | | | | | | | | | |
| 2 | | | | | | | | | | | | | | | |

（3）保持砝码盘与砝码的总质量（约为10.0g不变），改变滑块的质量，重复步骤（1），算出滑块具有不同质量时的加速度，将测量结果填入表2-10中。验证当物体所受外力不变时，其加速度与本身质量成反比。

**表 2-10　验证物体所受外力不变时，物体的加速度与质量成反比的数据表**

$s=$________cm；$\Delta x=$________cm；$m_1=$________g；$m'=$________g

| 次数 | $M_1=m_1+10.0\text{g}$ | | | | | $M_2=m_1+m'+10.0\text{g}$ | | | | |
|---|---|---|---|---|---|---|---|---|---|---|
| | $\Delta t_1$/s | $\Delta t_2$/s | $v_1$/cm·s$^{-1}$ | $v_2$/cm·s$^{-1}$ | $a_1$/cm·s$^{-2}$ | $\Delta t_1$/s | $\Delta t_2$/s | $v_1$/cm·s$^{-1}$ | $v_2$/cm·s$^{-1}$ | $a_1$/cm·s$^{-2}$ |
| 1 | | | | | | | | | | |
| 2 | | | | | | | | | | |

## 五、思考题

1. 如何调整气垫水平？气垫不水平时对实验结果有什么影响？
2. 在验证牛顿第二定律时，如何保持运动体系的质量恒定？
3. 该实验的指导思想是什么？采用了什么技术和测量方法来提高测量精度？

（张甫宽）

# 第三章　基本测量方法的应用

本章安排了8个典型实验方法应用的实验项目。在实验中，为了得到尽可能精确的实验结果，往往采用最快捷、最经济、最简便的方法。本章的实验内容非常广泛，包括力学量、分子物理与热学量、电学量和光学量的测量。基本测量的方法很多，本章将介绍6种常用的方法，并通过具体的实验应用，使学生掌握每种方法的使用条件、注意要点及对测量结果的影响等。

**1. 模拟法**

**模拟法**是指不能直接研究某物理现象或物理过程的本身，而是用与物理现象或过程相似的模型来进行研究的一种方法。许多难以测量、甚至无法测量的物理量，可以通过模拟法进行测量，它的基本条件是模拟量与被模拟量必须是等效或类似的。模拟法分为物理模拟和数学模拟两个类型。物理模拟就是保持同一物理本质的模拟；数学模拟又称类比，它在物理形式上和实质上均毫无共同之处，就是把两个不同本质的物理现象和过程，用同一个数学形式来描述，例如，常用稳恒电流场来模拟静电场。

**2. 比较法**

**比较法**是物理实验中最普遍、最基本的测量方法，它是将待测物理量与选作标准单位的物理量进行比较而得到测量值的。在比较法中，被选作比较用的标准单位与待测量必须是同类物理量。在直接比较中，标准单位一般可选标准单位和标准量具，这样，测量的准确度主要决定于标准量具的准确度。有些物理量难以制成标准量具，可先制成与标准量值相关的仪器，再用这些仪器与待测量进行比较，这种仪器也可称为量具，比如温度计、电表等。有时仅有标准量具还不够，还要配置“比较系统”，使被测量和标准量都能实现比较。例如，只有标准电池还不能测量电压，还需要由比较电阻等附属装置组成电位差计来测量电压，这些装置便称为比较系统。

**3. 放大法**

在物理实验的测量中，有时由于被测量太小，以至无法被实验者或仪器直接反应，这时可以先通过某种途径将被测量放大，然后再进行测量。放大被测量所用的原理和方法称为**放大法**，放大法有光学放大、电放大、积累放大等。例如，在“拉伸法测定钢丝弹性模量”和“固体线膨胀系数的测定”实验中，利用光杠杆原理将被测长度的微小变化量进行放大，使测量微小长度的变化成为可能，并能达到一定的测量精确度。

**4. 非电量的电测法**

**非电量的电测法**是将某种其他形式的物理量（比如尺寸、形状、速度等力学量，湿度、压力、流量等热学量）变成电信号形式的物理量进行测量的方法。在物理实验和现代工程技术的应用中，此方法被广泛应用。测量系统的主要部分由传感器和测量装置组成。传感器种类很多，常用的有压电传感器、光电传感器、霍尔元件传感器等。例如，液体表面张力的测量。

**5. 干涉法**

光的干涉是光的波动性的一种表现，**干涉法**是利用光的干涉现象测量某些物理量的方法。干涉测量技术一般涉及所谓的薄膜干涉，薄膜干涉是光通过薄膜两个表面反射后在空间同一区域相遇干涉叠加。干涉分为等倾干涉和等厚干涉，其应用有迈克耳孙干涉仪调整及其应用和等厚干涉及其应用。

**6. 补偿法**

**补偿法**是某系统受某种作用产生 A 效应，受另一种同类作用产生 B 效应，如果由于 B 效应的存在而使 A 效应显示不出来，就叫 B 对 A 进行了补偿，其应用如热电偶的研究。

# 实验五　模拟法测静电场

静电场是用空间各点的电场强度和各点的电势来描述的。为了形象地表示静电场中各点的电场强度和电势的分布情况，人们人为地用电力线和等势面来描述静电场。任一带电系统所产生的静电场一般比较复杂，很难用理论公式准确计算其电场强度和电势的分布，因此，用实验方法测绘静电场分布是十分必要的。

如果直接用静电仪表测试静电场中各点的电场强度和电势，由于探测元件的介入，受静电场的作用将会产生感应电荷或束缚电荷导致原静电场发生显著变化。这样，就必须建立一个静电场的相似模型进行模拟实验，达到间接地测量原静电场分布的目的。这种用相似模型模拟原型的研究方法称为**模拟法**。

模拟法在科学与工程技术上有着极其广泛的应用，其本质是用一种易于实现、便于测量的物理状态或过程的研究去代替另一种不易实现、不便测量的状态或过程的研究。本实验用稳恒电场模拟静电场。

## 一、实验目的

（1）学习用稳恒电场模拟静电场的原理和方法。

（2）测绘几种不同形状带电电极的电场分布，加深对电场强度和电势概念的理解。

## 二、实验原理

在稳恒电场中，自由电荷有定向运动，但空间某点处如果有电荷移走，同时必有等量的电荷来补充，因而在客观上达到动态平衡，即形成了不随时间变化的电荷空间分布，以及各点的电场强度或电势也不随时间变化，从这个意义上说，稳恒电场也是一种静电场。描述静电场性质的两条基本定理（高斯定理与环路定理）对于稳恒电场完全适用，故在稳恒电场中同样也可以引入电势的概念，可以用稳恒电场模拟静电场。下面通过一个特例来证明稳恒电场与静电场的电场强度和电势分布的相似性。

真空中有两个同轴的长圆柱面极板 A 和 B，如图 3-1 所示。设圆柱面极板的半径分别

为 $R_A$ 和 $R_B$，两极板各带等量异号电荷，单位长度的带电量为 $\lambda$，则在两极板间产生静电场。又设两极板 A 和 B 的电位分别为 $U_A$ 和 $U_B=0$（接地）。根据高斯定理可知，两圆柱面间的电场强度的大小为

$$E=\frac{\lambda}{2\pi\varepsilon_0 r}\quad(R_A<r<R_B)$$

令 $K=\dfrac{\lambda}{2\pi\varepsilon_0}$，则有

$$E=\frac{K}{r}\tag{3-1}$$

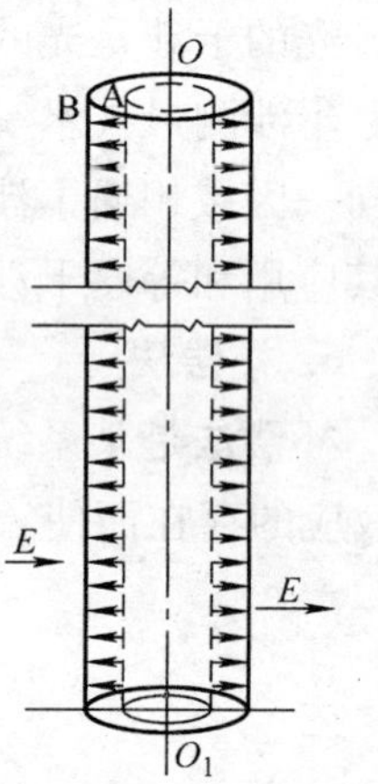


图 3-1 长直同轴圆柱面电场分布图

由 $U_P=\int_P^{\infty}\boldsymbol{E}\cdot \mathrm{d}\boldsymbol{l}$，得

$$U_r-U_A=\int_r^{R_A}E\cdot \mathrm{d}r$$

将式（3-1）代入上式积分，得

$$U_r=U_A-K\ln\frac{r}{R_A}\tag{3-2}$$

由式（3-2）可得

$$U_B=U_A-K\ln\frac{R_B}{R_A}=0\tag{3-3}$$

联立式（3-2）和式（3-3），消去 $K$，得

$$U_r=U_A\frac{\ln\dfrac{R_B}{r}}{\ln\dfrac{R_B}{R_A}}\tag{3-4}$$

两个同心的环形电极间填入一层均匀电介质，当两电极加上稳定的直流电压时，在电介质中就建立起稳恒电场，并产生直流电流，如图 3-2 所示。设电介质的电阻率为 $\rho$，电介质的厚度为 $l$，内外电极的半径分别为 $R_A$ 和 $R_B$，内极板的电位为 $U_A$，外极板的电位 $U_B=0$。设内、外极板间的漏电总电流为 $I$，由于漏电电流（从内极板流向外极板）是沿径向对称分布的，而在距离圆柱轴线 $r$ 处，总电流 $I$ 所通过的截面积 $S=2\pi rl$，所以该处电流密度 $\delta$ 的大小应为

$$\delta=\frac{I}{S}=\frac{I}{2\pi rl}$$

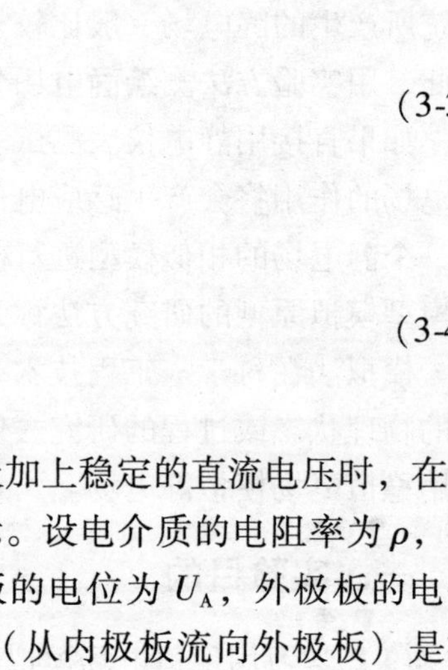


图 3-2 长直同轴圆柱面电极电场分布测绘图

应用欧姆定律的微分形式，可求得介质中各点处电场强度的大小为

$$E=\rho\delta=\frac{I\rho}{2\pi l}\cdot\frac{1}{r}$$

令 $K'=\dfrac{I\rho}{2\pi l}$，得

$$E = K'\frac{1}{r} \tag{3-5}$$

对于 $r \to r + \mathrm{d}r$ 的圆柱形薄层来说，相应的电阻为

$$\mathrm{d}R = \rho\frac{\mathrm{d}r}{S} = \frac{\rho \mathrm{d}r}{2\pi rl}$$

对于从内到外的一系列圆柱形薄层来说，各层相应的电阻是相互串联的，因此可求得内外电极间的漏电电阻值为

$$R = \int_{R_A}^{R_B}\frac{\rho \mathrm{d}r}{2\pi lr} = \frac{\rho}{2\pi l}\ln\frac{R_B}{R_A}$$

同理，可得到半径为 $r$ 的圆周到外电极之间的漏电电阻值为

$$R' = \frac{\rho}{2\pi l}\ln\frac{R_B}{r}$$

由欧姆定律求得

$$I = \frac{U_A - U_B}{R} = \frac{2\pi l}{\rho\ln\frac{R_B}{R_A}}U_A$$

$$U_r = IR' = U_A\frac{\ln\frac{R_B}{r}}{\ln\frac{R_B}{R_A}} \tag{3-6}$$

式（3-5）与式（3-1）相拟，式（3-6）与式（3-4）相同，这就证明了稳恒电场与静电场的分布相同，也是用稳恒电场模拟静电场的依据。式（3-6）可改写为

$$\ln r = \ln R_B + \frac{U_r}{U_A}\ln\frac{R_A}{R_B} \tag{3-7}$$

由式（3-7）不难看出，$\ln r$ 与 $\frac{U_r}{U_A}$ 呈线性关系。

## 三、实验仪器

静电场描绘仪、静电场描绘专用电源、毫米方格纸及游标卡尺等。

静电场描绘仪采用双层式支架及同心探针结构，实验装置如图 3-3 所示。实验时将两电极置于水中，由电源提供两电极的电压，利用探针，通过高阻电压表可以方便地测出电流场中各点的电势。移动探针，以此寻找电流场中的等势点，与下探针同步移动的上探针可以在记录纸上记录下探针探出的等势点的位置，从而描绘出一簇不同电势的等势

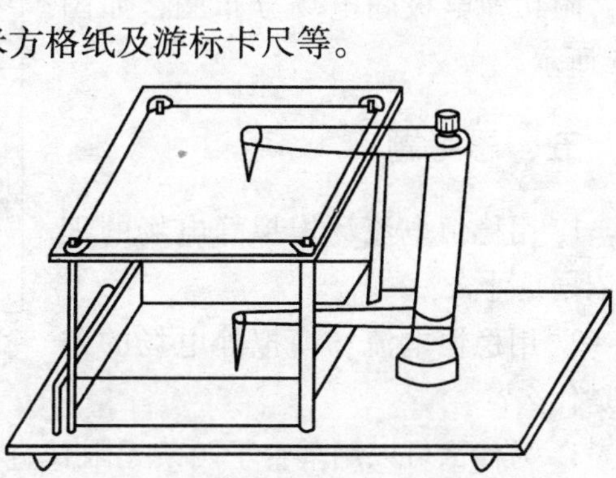
图 3-3　静电场描绘仪

面，再依据电力线与等势面垂直的特点，画出被模拟空间的电力线。

## 四、实验内容与要求

**1. 两平行板电极间的电场分布**

（1）将两平行板电极放入水槽中，按图3-4连接电路，接通电源。

（2）将选择开关置于内侧位置，旋转电压调节旋钮选择一个合适的电压：10V。

（3）将坐标纸或白纸平铺于上层板并夹紧，将选择开关置于外侧位置。

（4）测量并描绘6~8条不同电势的等势线，要求相邻两等势线间的电势差为0.5V或1V，每种电势在不同方向上测定8个均匀分布的等势点，用探针记下它们的位置。

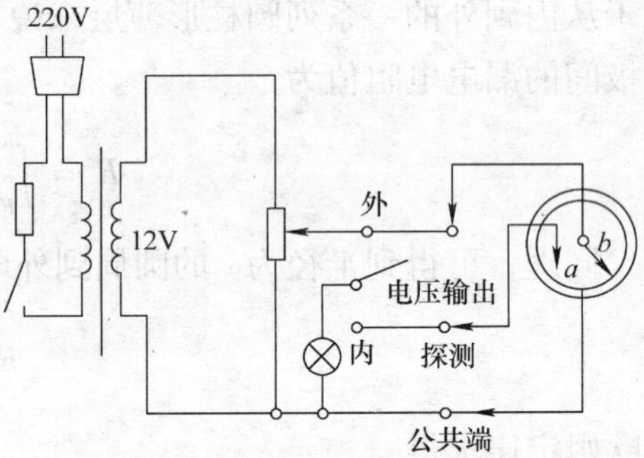

图3-4 电路连接图

**2. 长同轴圆柱面电极间的电场分布**

（1）从水槽中取出平行板电极板，换上同轴电极板，实验内容和要求与1相同，按实验室规定测出6~8条等势线。

（2）用游标卡尺测出两电极的半径 $R_A, R_B$。

**3. 数据处理**

（1）根据电力线与等势面垂直的特点，画出平行板电极、同轴电极间的电力线。

（2）对于同轴电极板，求出各条等势线的平均半径 $r$，并估算出误差。

（3）对于同轴电极板，作 $\ln r - \frac{U_r}{U_A}$ 图像，考察它是否是一条直线，根据该直线的截距和斜率求出内外电极半径 $R_A', R_B'$，并与实测值比较，以判断实验的准确程度。

附几种电极间电场分布图，如图3-5所示。

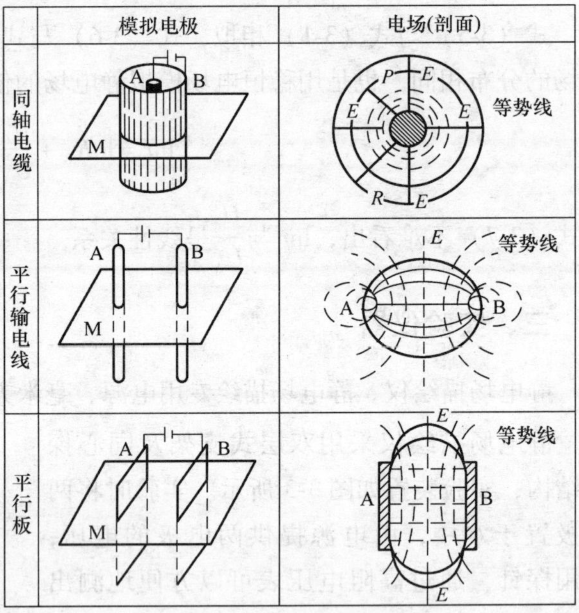

图3-5 几种电极间电场分布图

## 五、思考题

1. 用稳恒电流场模拟静电场的理论依据是什么？

2. 用稳恒电流场模拟静电场的条件是什么？

3. 为什么可以用垂直于两条无限长直导线的平面上的电流场模拟描绘一正一负两个点电荷所在平面上的静电场？

4. 改变电极间的电压，电场中的等势线与电力线的分布是否改变？为什么？

（张甫宽）

# 实验六　电位差计测电动势

用电位差计测量未知电动势（电压），就是将未知电压与电位差计上的已知电压相比较，并使被测的未知电压回路无电流，测量的结果仅仅依赖于准确度极高的标准电池、标准电阻以及高灵敏度的检流计。电位差计的测量精度度可达到0.01%或更高。

由于上述优点，电位差计是精密测量中应用最广的仪器之一，不但用来精确测量电动势、电压、电流和电阻等，还可以用来校准精密电表和直流电桥等直读式仪表，在非电参量（如温度、压力等）的电测法中也占有重要地位。

## 一、实验目的

（1）掌握电位差计的工作原理和结构特点。

（2）学习用线式电位差计测电动势。

（3）了解热电偶测温度的原理，练习用箱式电位差计测量热电偶的温差电动势。

## 二、实验原理

电位差计是应用补偿法（又称比较法）准确测量电源电动势的仪器，也可用它来准确测量电压、电流和电阻。

**1. 补偿原理**

若将电压表并联到电池两端（见图3-6），就有电流$I$通过电池的内部。由于电池有内电阻$r$，在电池内部不可避免地存在电势降落$Ir$，因而电压表的指示值只是电池端电压$U=E_x-Ir$的大小。显然，只有当$I=0$时，电池两端的电压$U$才等于电动势$E_x$。怎样才能使电池内部没有电流通过而又能测定电池的动势$E_x$呢？这就需要采用补偿法。

如图3-7所示，接通$S_1$后，有电流$I$通过电阻丝$AB$，并在电阻丝上产生电势降落$IR$，如果再接通$S_2$，可能出现以下三种情形：

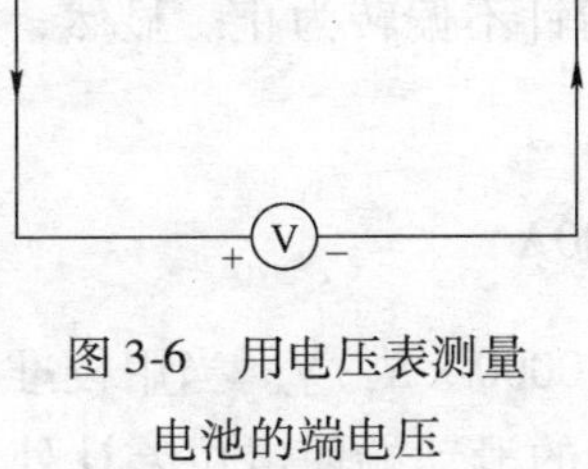


图3-6　用电压表测量电池的端电压

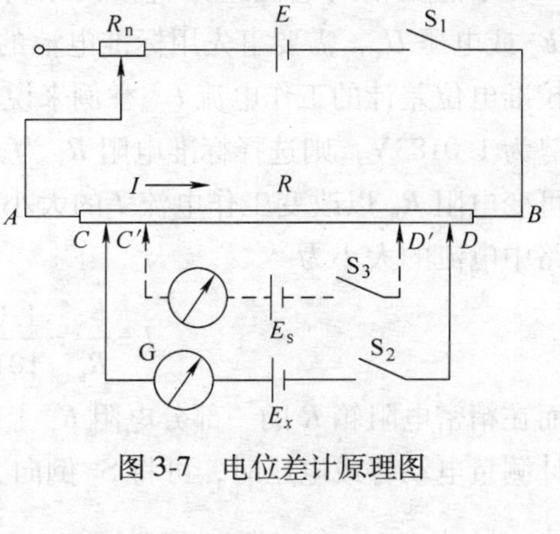


图3-7　电位差计原理图

（1）当 $E_x > U_{CD}$时，G 中有自右向左流动的电流（指针偏向一侧）。

（2）当 $E_x < U_{CD}$时，G 中有由左向右流动的电流（指针偏向另一侧）。

（3）当 $E_x = U_{CD}$时，G 中无电流，指针不偏转。我们将这种情形称为电位差计处于补偿状态，或者说待测电路得到了补偿。

在补偿状态时，$E_x = IR_{CD}$。设每单位长度电阻丝的电阻为 $r_0$, $CD$ 段电阻丝长为 $L_x$，于是

$$E_x = Ir_0L_x \tag{3-8}$$

将可变电阻 $R_n$ 的滑动端固定，即保持工作电流 $I$ 不变，再用一个电动势为 $E_s$ 的标准电池替换图3-7 中的 $E_x$，适当地将 $C,D$ 调至 $C',D'$，刚好可使检流计 G 的指针不偏转，达到补偿状态。设这时 $C'D'$段电阻丝的长度为 $L_s$，则

$$E_s = IR_{C'D'} = Ir_0L_s \tag{3-9}$$

将式（3-8）和式（3-9）相比，得到

$$E_x = E_s\frac{L_x}{L_s} \tag{3-10}$$

式（3-10）表明，待测电动势 $E_x$ 可用标准电池的电动势 $E_s$ 在同一工作电流下电位差计处于补偿状态时测得的 $L_x$ 和 $L_s$ 值来确定。

**2. 箱式电位差计的工作原理**

箱式电位差计是利用补偿测量法原理做成的一个精密而使用方便的仪器。它虽有多种型号，但一般都包括三个部分，如图3-8 所示。

（1）工作电流调节电路：主要由 $E,R_n,R_1,R,S_0$ 等组成。

（2）校正工作电流电路：主要由 $E_s,R_s$,G, $S_1,S_2$(S)等组成。

（3）待测电路：主要由 $E_x,R_x$,G,$S_1,S_2$(X)等组成。

这三部分构成一个有机的整体，缺任何一部分都不能完成测量电动势或电压的职能。

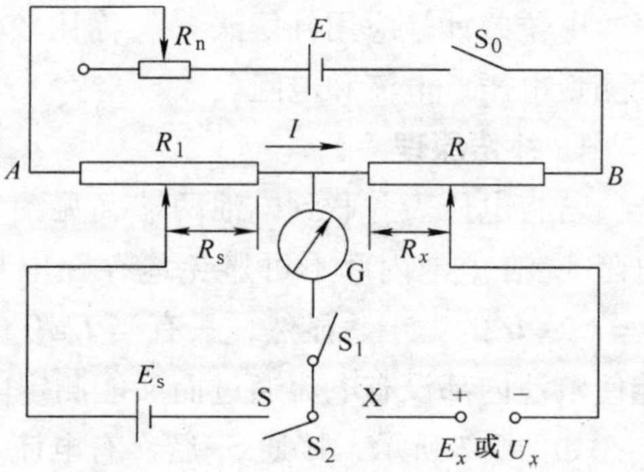

图3-8 箱式电位差计原理图

为了能从箱式电位差计直接读出待测电动势 $E_x$ 或电压 $U_x$，需要事先用标准电池的电动势来校准电位差计的工作电流 $I$。举例来说，若测量时温度为 20℃，查得此时标准电池的电动势为 1. 0183V，则选择标准电阻 $R_s$ 为 101. 83Ω。然后接通开关 $S_0,S_1$,将 $S_2$ 倒向 S，调节可变电阻 $R_n$ 以改变工作电流 $I$ 的大小，直到检流计指针不偏转为止。显然，这时工作电路中电流的大小为

$$I = \frac{E_s}{R_s} = \frac{1.0183\text{V}}{101.83\Omega} = 0.010000\text{A}$$

因而在精密电阻箱 $R$ 的一部分电阻 $R_x$ 上电位差为（$0.010000 \times R_x$）V。当用校准过的电位差计测量电动势或电压时，可将 $S_2$ 倒向 X，调节电阻 $R$ 的滑动端使电位差计处于补偿状

态，则从电阻 $R$ 的转盘上可直接读出欲测的电动势或电压。

## 三、实验内容与要求

在实验教学中常用的电位差计有线式和箱式两种，它们的结构不同。为了便于进行实验，现根据仪器设备情况，将实验分为两部分内容，以供选择。

**1. 用线式电位差计测电池的电动势**

**【装置介绍】**

（1）线式电位差计具有结构简单、直观、便于分析讨论等优点，而且测量结果亦较准确。具体结构如图 3-9 所示。

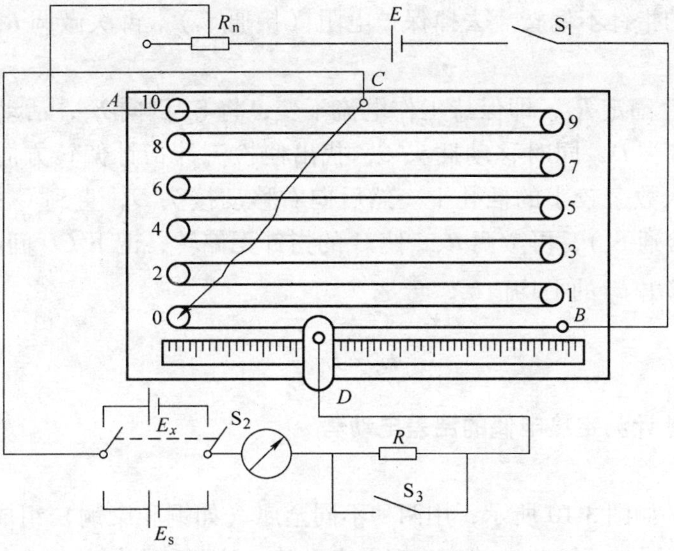


图 3-9　十一线电位差计实验线路

图中的电阻丝 $AB$ 长 11m，绕在木板的 11 个接线插孔 0,1,2,…,10 上，每两个插孔间电阻丝长为 1m；插头 $C$ 可选插在插孔 0,1,2,…,10 中任一位置；电阻丝 $B0$ 旁边附有带毫米刻度的米尺，接头 $D$ 在它上面滑动；$CD$ 间的电阻丝长度可在 0 ~ 11m 间连续变化；$R_n$ 为可变电阻，用来调节工作电流；双极转换开关 $S_2$ 用来选择接通标准电池 $E_s$ 或待测电池 $E_x$；电阻 $R$ 是用来保护标准电池和检流计的，在电位差计处于补偿状态进行读数时，必须接通 $S_3$，使电阻 $R$ 短路，以提高测量的灵敏度。

（2）标准电池。这是一种用来作电动势标准的原电池。由于内电阻高，在充放电情况下会极化，不能用它来供电。当温度恒定时，它的电动势稳定。在不同温度（0 ~ 40℃）时，标准电池的电动势 $E_s(t)$ 要按下述公式换算：

$$E_s(t) = E_s(20) - 39.94 \times 10^{-6}(t-20) - 0.929 \times 10^{-6}(t-20)^2 + 0.0090 \times 10^{-6}(t-20)^3\,(\mathrm{V})$$

式中，$E_s(20)$ 是 +20℃ 的标准电池的电动势，其值应根据所用标准电池的型号确定。

使用标准电池时要注意：①必须在温度波动小的条件下保存，应远离热源，避免太阳光直射；②正负极不能接错，通入或取自标准电池的电流不应大于 $10^{-5} \sim 10^{-6}$ A，不允许将两电极短连线或用电压表去测量它的电动势；③标准电池内是装有化学物质溶液的玻璃容器，要防止振动和摔坏，一般不可倒置。

【实验内容】

（1）按图 3-9 所示线路连接电路。接线时需断开所有开关，并特别注意工作电池的正、负极应与标准电池 $E_s$ 和待测电池 $E_x$ 的正、负极相对；否则，检流计 G 的指针总不会指到零。

（2）校准电位差计，即固定 $R_s$，调节工作电流 $I$ 的大小使得 $E_s$ 被补偿。例如，首先选取一定的 $R_s$（$L_s$ 为 5m 左右），然后接通 $S_1$，将 $S_2$ 倒向 $E_s$，调节 $R_n$，同时断续按下滑动接头 $D$，直到 G 的指针不偏转。去掉保护电阻（接通 $S_3$），再次微调 $R_n$，使 G 的指针无偏转。

（3）断开 $S_3$，固定 $R_n$，即保持工作电流不变，将 $S_2$ 倒向 $E_x$，活动接头 $D$ 移至米尺左边 0 处，按下接头 $D$，同时移动插头 $C$，找出使检流计指针偏转方向改变的两相邻插孔，将插头 $C$ 插入数字较小的插孔上。然后向右移动接头 $D$，直到 G 的指针不偏转时，去掉保护电阻（接通 $S_3$），再微调 $R_n$，使 G 的指针无偏转，记下 $CD$ 间电阻丝的长度 $L_x$。重复这一步骤，求出 $L_x$ 的平均值 $\overline{L_x}$，于是

$$E_x = E_s \frac{\overline{L_x}}{L_s}$$

**2. 用箱电位差计测定热电偶的温差电动势**

【装置介绍】

（1）热电偶。如图 3-10 所示，用两种不同金属（如铜和康铜）组成闭合电路，当两个接触点的温度不同时，回路中就产生温差电动势，这两种金属的组合体称为热电偶。对于确定的两种金属而言，温差电动势跟两个接触点的温度有如下关系：

$$E = \alpha t + \beta t^2$$

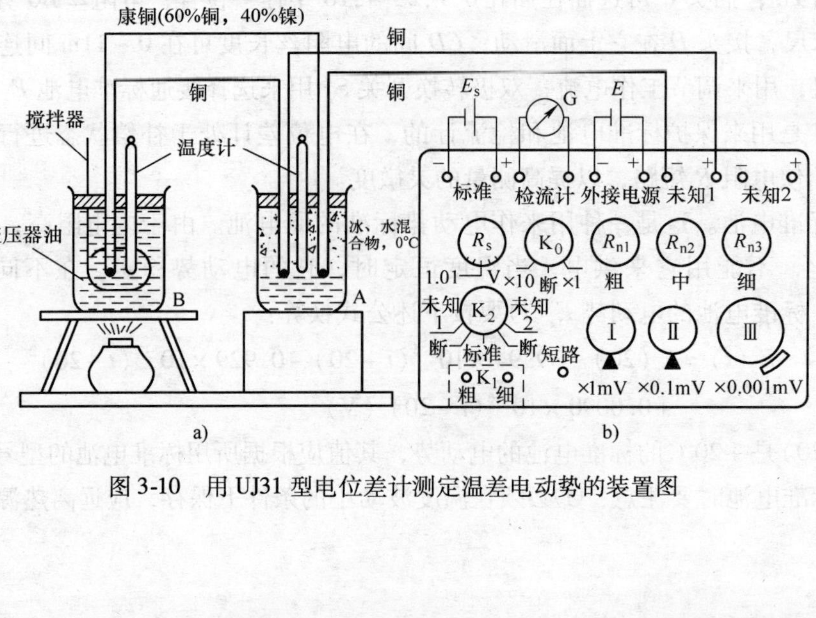


图 3-10　用 UJ31 型电位差计测定温差电动势的装置图

式中，$t=t_2-t_1$。如果将一端 A 的温度 $t_1$（通常取 $t_1=0℃$）固定，另一端 B 的温度 $t_2$ 变化，则可画出温差电动势 $E$ 与工作端温度 $t_2$ 的关系图线。利用此图线（通常称为校正图线）可由温差电动势 $E$ 查出对应的热电偶工作端温度 $t_2$。

要说明的是：对于特定金属，$\alpha,\beta$ 为常数，且在多数情况下，$\beta$ 为负数。如果以 $E$ 作纵轴，$t$ 作横轴，按照上式得到一条抛物线，抛物线的顶点（即温差电动势具有极值）对应的温度 $t_n$ 称作该热电偶的中性温度，超过 $t_n$ 时，随着温度差的增加，温差电动势反而下降。在 $\alpha>>\beta$ 的场合下，我们总希望选取 $E$ 与 $t$ 的关系几乎接近直线的两种金属组成热电偶，并且根据它的中性温度 $t_n$，确定该热电偶的使用温度范围。

（2）箱式电位差计。箱式电位差计的类型很多，现以 UJ31 型为例加以说明，这是一种测量低电势的电位差计。它的测量范围是 $1\mu V\sim17mV$（$K_0$ 旋至 ×1）或 $10\mu V\sim170mV$（$K_0$ 旋至 ×10）。使用 5.7～6.4V 的外接工作电源，总工作电流为 10mA，测量的准确度为 ±0.05%。现将面板图 3-10b 和工作原理图 3-8 相应部分对照列表说明于表 3-1 中。

**表 3-1　面板图 3-10b 和工作原理图对照表**

| 原理图 3-8 | UJ31 型电位差计面板图 3-10b |
| --- | --- |
| $R_n$ | $R_n$ 被分成 $R_{n1}$（粗调），$R_{n2}$（中调）和 $R_{n3}$（细调）三个电阻转盘，以保证迅速准确地调节工作电流 |
| $R_s$ | 标有 $R_s$ 的旋钮是为补偿温度不同时标准电池电动势的变化而设置的。当温度不同引起标准电池电动势变化时，通过调节 $R_s$，进而调节 $R_s$ 两端的电压，使标准电池得到补偿 |
| $R_x$ | $R_x$ 被分成Ⅰ（×1），Ⅱ（×0.1），Ⅲ（×0.001）三个电阻转盘，并在转盘上标示出电压。电位差计处于补偿状态时可以从三个转盘读出未知电动势 |
| $K_1$ | 标有 $K_1$ 的按钮有两个，分别标记为“粗”和“细”。按下“粗”，保护电阻与检流计串联；按下“细”，保护电阻被短路。操作时应先按“粗”，在检流计几乎不偏转时，再按“细” |
| $K_2$ | 标有 $K_2$ 的旋钮的使用方法是：校准电位差计时，应旋至“标准”；测定未知电动势时，旋至“未知 1”或“未知 2” |

图 3-10b 面板上方一排接线柱分别外接标准电池 $E_s$、检流计 G、工作电源 $E$ 和两个未知电动势。左下方的“短路”钮能使检流计两端连通，按下“短路”钮，能使摆动的检流计指针迅速停下来。

【实验内容】

（1）按图 3-10 安排仪器、用具，连接线路。注意区分热电偶两个接触端的正负极性。

（2）测量前先调整检流计指针正对“零位”，将 $K_0$ 旋至“×1”处，$K_2$ 指在“标准”处，再根据标准电池电动势的值调定 $R_s$。

（3）校准工作电流：断续按下 $K_1$ 的“粗”按钮，先调 $R_{n1}$（粗），再调 $R_{n2}$（中），最后调 $R_{n3}$（细），使 G 的指针无偏转。关键在于找出检流计指针偏转方向反转时 $R_{n1}$ 和 $R_{n2}$ 的位置。最后按“细”按钮，用 $R_{n3}$ 来精确调至补偿状态。

（4）一边加热，一边搅拌。当油的温度上升到接近玻璃温度计的最大刻度时停止加热。让油自然冷却，在冷却过程中进行测量。

（5）测量未知电动势：不要调动 $R_{n1}$，$R_{n2}$ 和 $R_{n3}$ 转盘（为什么?），将 $K_2$ 指向“未知

1”，依次调节转盘Ⅰ,Ⅱ,Ⅲ,使电位差计处于补偿状态（注意“粗”“细”按钮的使用次序）。从转盘Ⅰ,Ⅱ,Ⅲ上读出温差电动势，同时记下热电偶热端B和冷端A的温度。

（6）重复步骤（3），（5），测得8～10组数据，并绘出温差电动势-温度差的关系图线。用图解法算出温度每升高一度温差电动势的增量，即算出常数$\alpha$(单位为μV/℃)。

**表3-2 温差电动势与温度变化的关系**

| 热端温度/℃ | 90 | 85 | 80 | 75 | 70 | 65 | 60 | 55 | 50 | 45 | 40 |
|---|---|---|---|---|---|---|---|---|---|---|---|
| 温差电动势/mV | | | | | | | | | | | |

## 四、思考题

1. 在测量过程中工作电路的工作电流$I_0$为什么一定要保持恒定？

2. 如果工作电源的电动势$E$小于被测电池的电动势，将会产生什么效果？被测电池的极性与工作电源极性接反后，将有什么现象发生？为什么？

3. 图3-11为电位差计补偿原理图，图中$AB$为一均匀电阻丝，电源电压大于被测电压，即$E>E_x$。

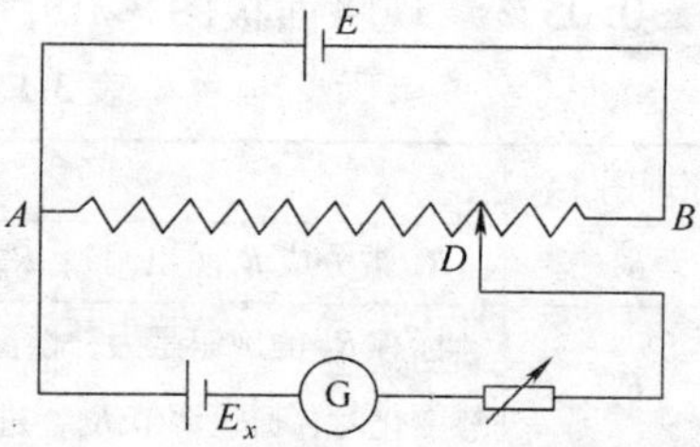


图3-11 电位差计补偿原理图

（1）滑动触点$D$从$B$移向$A$时，在正常的情况下G的指针有何变化？

（2）滑动触点$D$从$B$移向$A$时，G的指示总是一个方向增大，其故障出在什么地方(一般指断路)？若此时G的指示总是向一个方向减小，其故障又出现在何处？

（辛旭平）

# 实验七 电表的改装与校正

电表在电测量中得到广泛的应用，因此了解电表和使用电表就显得十分重要。检流计用来测量微小电流，它是非数字式测量仪器的一个基本组成部分，具有灵敏度高、功率消耗小、受磁场影响小、刻度均匀和读数方便等优点。我们用它来改装成毫安表和电压表，在工程技术上很有意义，本实验着重研究微安表的改装及校正。

## 一、实验目的

（1）学会测量表头内阻的方法——半值法。

（2）掌握电表改装的基本原理和方法。

（3）将一只微安表改装成一只两用表（即单量程的伏特表和毫安表），并进行校正。

## 二、实验原理

实验用的直流电流表都是磁电式电表，它的构造特点是在固定的均匀辐射磁场内装有活动的线圈，流过线圈电流的大小与线圈偏转角度成正比，故可用线圈的偏转角度来标志流过线圈电流的大小。微安表只允许通过微小的电流，一般只能测量微小的电流和电压，若用它来测量较大的电流和电压，就必须进行改装，以扩大其量程，经过改装的微安表具有测量较大的电流和电压等多种用途。实用中的各种量程的微安表、毫安表、安培表和伏特表就是根据各种测量的需要，将小量程的微安表（即表头）并联或串联一定大小的电阻而改装成的。改装好的电表还得经过刻度校准，将改装的电表与一个精确的电表比较，从而确定电表刻度的误差。

**1. 扩大微安表的量程**

用来改装的微安表习惯上称为表头，使表针偏转到满刻度所需要的电流 $I_g$ 称为表头的量程（或称量限）。电流值 $I_g$ 越小，电表的灵敏度越高。表头内线圈的电阻 $R_g$ 称为表头的内阻。表头能够测量的电流是很小的，为了测量较大的电流，就需要扩大表头的量程。扩大量程的办法是在表头上并联一个适当的分流电阻 $R_s$，如图 3-12 所示，这样就使被测电流大部分从分流电阻流过，而表头允许通过的最大电流仍然为 $I_g$。

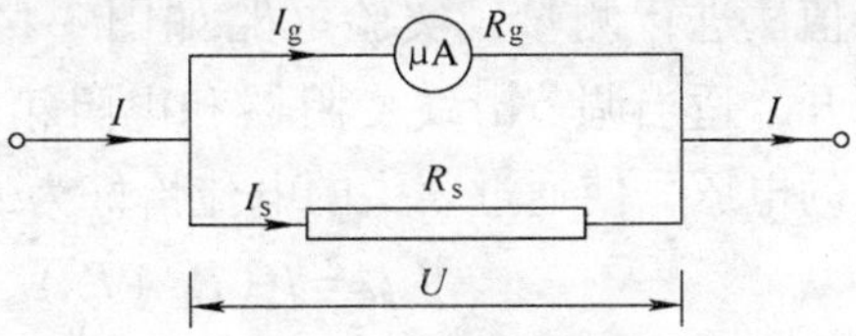

图 3-12　改装电流表原理图

若表头改装后的量程为 $I$，根据欧姆定律，有

$$(I-I_g)R_s=I_gR_g$$

或

$$R_s=\frac{I_gR_g}{I-I_g}=\frac{R_g}{\dfrac{I}{I_g}-1}$$

设 $\frac{I}{I_g}=n$，称为扩大倍数，上式改写为

$$R_s=\frac{R_g}{n-1} \tag{3-11}$$

可见，将微安表的量程扩大 $n$ 倍，只需要在该表头上并联一个阻值为 $\frac{1}{n-1}R_g$ 的分流电阻。

**2. 微安表改装成伏特表**

微安表所能测量的电压是很低的。例如，一个量程 $I_g=500\mu A$、内阻 $R_g=100\Omega$ 的微安表头能够测量的最高电压为

$$I_gR_g=500\times10^{-6}\mathrm{A}\times100\Omega=0.05\mathrm{V}$$

这显然不能满足实际需要。为了能够测量较高的电压，可在微安表上串联一个适当的分压电阻 $R_H$，如图 3-13 所示，这样就可以使被测电压大部分降落在串联的分压电阻上，而微安表仍保持原来的量程 $I_gR_g$。

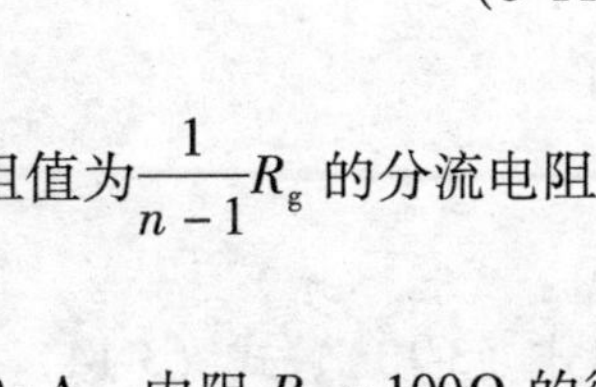

图 3-13　改装电压表原理图

将量程为 $I_g$、内阻为 $R_g$ 的微安表改装成量程为 $U$ 的电压表。根据欧姆定律，有

$$U=I_g(R_g+R_H)$$

故
$$R_{\mathrm{H}}=\frac{U}{I_{\mathrm{g}}}-R_{\mathrm{g}}$$

而 $I_{\mathrm{g}}=\dfrac{U_{\mathrm{g}}}{R_{\mathrm{g}}}$，并设 $\dfrac{U}{U_{\mathrm{g}}}=n$ 为扩大倍数，则上式变为

$$R_{\mathrm{H}}=\left(\frac{U}{U_{\mathrm{g}}}-1\right)R_{\mathrm{g}}=(n-1)R_{\mathrm{g}} \tag{3-12}$$

可见，要将量程为 $I_{\mathrm{g}}$、内阻为 $R_{\mathrm{g}}$ 的微安表改成量程为 $U$ 的电压表，只需在表头上串联一个 $(n-1)R_{\mathrm{g}}$ 的分压电阻。

**3. 表头内阻的测定**

表头内阻 $R_{\mathrm{g}}$ 主要是表头线圈的电阻，它是电表改装的重要参量之一，必须事先测定好。由于表头允许通过的电流很小，其内阻 $R_{\mathrm{g}}$ 通常采用半值法进行测量。实验电路如图 3-14 所示，将开关 $S_1$ 断开，适当调节滑线变阻器和电阻箱 $R'$，以改变 $AC$ 两点的电压，使通过表头的电流恰好为 $I_{\mathrm{g}}$，于是

$$U_{AC}=I_{\mathrm{g}}(R_{\mathrm{g}}+R') \tag{3-13}$$

然后闭合开关 $S_1$，在保持 $AC$ 两点电压和 $R'$ 不变的情况下，调节电阻箱 $R_{\mathrm{m}}$，使表头指针偏转至满刻度的一半，此时流过表头的电流为 $\dfrac{1}{2}I_{\mathrm{g}}$，于是

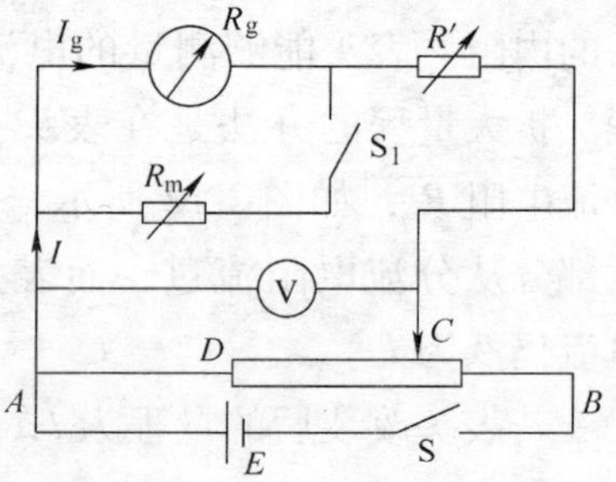


图 3-14 半值法测内阻原理图

$$U_{AC}=I\left(R'+\frac{R_{\mathrm{m}}R_{\mathrm{g}}}{R_{\mathrm{m}}+R_{\mathrm{g}}}\right) \tag{3-14}$$

由于

$$\frac{1}{2}I_{\mathrm{g}}R_{\mathrm{g}}=I\frac{R_{\mathrm{m}}R_{\mathrm{g}}}{R_{\mathrm{m}}+R_{\mathrm{g}}}$$

则

$$\frac{1}{2}I_{\mathrm{g}}=\frac{R_{\mathrm{m}}}{R_{\mathrm{m}}+R_{\mathrm{g}}}I \tag{3-15}$$

由式（3-13）、式（3-14）和式（3-15）解得

$$R_{\mathrm{g}}=\frac{R'R_{\mathrm{m}}}{R'-R_{\mathrm{m}}} \tag{3-16}$$

可见，只要测出 $R'$ 和 $R_{\mathrm{m}}$ 就能计算出表头内阻 $R_{\mathrm{g}}$ 的数值。

**4. 电表的标称误差与校准曲线**

标称误差指的是电表的读数和准确值的差异，它包括了电表在构造上由各种不完善因素引起的误差，如活动部分在轴承里的摩擦、游丝的弹性不均匀、磁铁间隙中磁场不均匀、表盘分度不准确等，由上述因素引起的误差常称为电表的仪器误差。将电表与一标准电表同时测量一定的电流或电压，称为校准，两电表在各个刻度上读数差值称为绝对误差。选取其中最大的绝对误差除以电表的量程，就是该电表的**标称误差**，即

$$标称误差=\frac{最大绝对误差}{量程}\times 100\% \tag{3-17}$$

根据标称误差的大小将电表分为不同等级，称为电表的准确度等级。设电表的量程为 $A_m$，最大绝对误差为 $\Delta_m$，准确度等级为 $K$，则

$$K=\frac{\Delta_m}{A_m}\times 100 \tag{3-18}$$

电表的准确度等级一般为 0.1,0.2,0.5,1.0,1.5,2.5,5.0，共 7 级。例如，0.1 表示该表为 0.1 级，其标称误差不大于 0.1%，依此类推。如果电表经校准后，求得的标称误差与上述值有差异，根据误差取大不取小的原则，该表的级别应定低一级，例如，电表校准后求得的标称误差为 0.6%，则该表应定为 1.0 级。电表的等级常标在电表的表盘上。

用电表测量时，可根据所用电表的准确度级别计算测量的最大绝对误差，即

$$\Delta_m=K\% A_m \tag{3-19}$$

相对误差为

$$E_r=\frac{\Delta_m}{A}=\frac{KA_m}{A}\% \tag{3-20}$$

式中，$A$ 为电表测量时的指示值。对于选定的电表，其级别和量程是确定的。因而测量的绝对最大误差 $\Delta_m$ 也是固定的。这样，用大量程的表测量小的量值就会产生相当大的相对误差，选用电表时应注意，一般以指针偏过满刻度的 2/3 为好，否则不能达到应有的准确度。

长期使用的电表、经过修理后的电表或经改装的电表一般都要经过校准才能使用，常用校准电表的方法有直接比较法和直流补偿法两种。前者是让标准表与待校表同时测量电流或电压，用标准表的读数 $I_s$ 或 $U_s$ 及待校表的读数 $I_x$ 或 $U_x$ 作出校准曲线，如图 3-15 所示，以待校表的读数 $I_x$ 作横轴，标准表与待校表的读数差 $\Delta I_x$ 作纵轴。在一般情况下，将两个相邻的校准点之间近似视为线性关系来看待，即相邻校准点间以直线连接，故校准曲线一般以折线来表示，校准点间隔越小，其可靠程度就越好。校准曲线将随被校电表一起使用，被校仪表指示某一值，从校准曲线上就可查出它的实际数值为 $I_x+\Delta I_x$。由校准曲线找出最大误差 $\Delta_m$ 即可按式（3-17）算出被校电表的准确度等级 $K$。

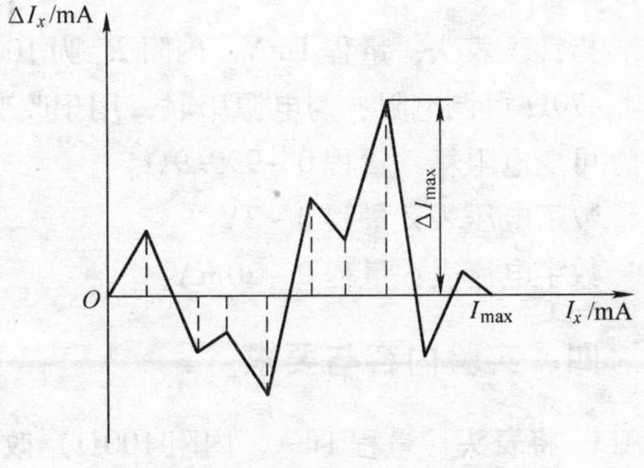

图 3-15 电表的校正曲线图

## 三、实验仪器

### 1. 实验装置

实验装置面板如图 3-16 所示。

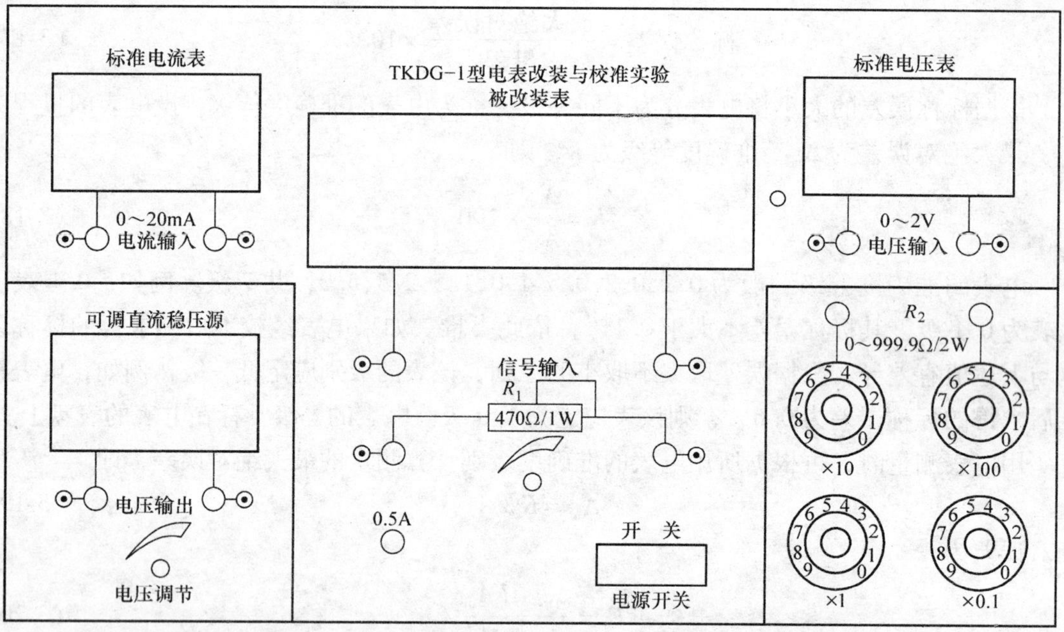


图 3-16　TKDG-1 型电表改装与校准实验仪面板结构图

**2. 技术指标**

可调直流电压源：0 ~ 2V 输出可调，$3\frac{1}{2}$数字显示。

指针表表头：量程 1mA，内阻 $R_g$ 为 100Ω。

470Ω 可调电阻：与电源串联，用于改变电压和保护表头。

可变电阻箱：量程 0 ~ 999. 9Ω。

数字电压表：量程 0 ~ 2V。

数字电流表：量程 0 ~ 20mA。

## 四、实验内容与要求

**1. 将表头（量程 1mA，内阻 100Ω）改装成 10mA 的电流表并进行校准**

（1）按式（3-11）计算分流电阻的理论值 $R_{s0}$。

（2）按图 3-17 接好线路，取 $R_s = R_{s0}$。

（3）调节电压输出和可调电阻，使标准毫安表示数 $I = 10\text{mA}$，这时表头的指针应当偏转到最大刻度。如果指针不是刚好指在最大刻度（偏大或偏小），可调 $R_s$ 使指针恰好偏到最大刻度，记下此时的 $R_s$ 值，这就是分流电阻的实验值。

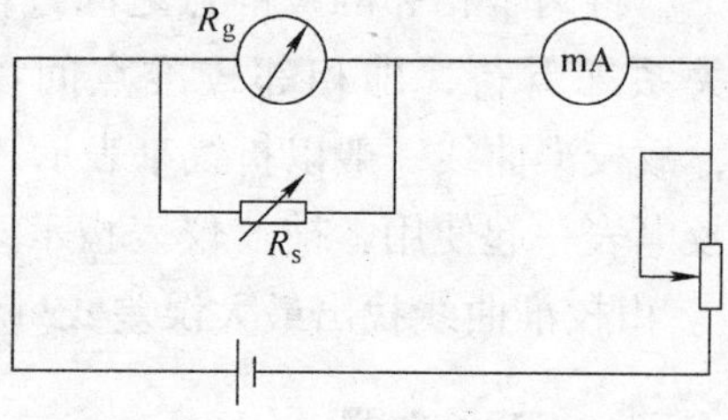


图 3-17　改装电流表接线图

（4）毫安表校准。调节可调电阻，使表头表示数逐渐减小（取整数读数），记下对应的标准毫安表读数，将校正误差列表表示，并作出校正曲线 $\Delta I - I_{改}$。

**2. 将表头（量程 1mA，内阻 100Ω）改装成 1V 的电压表并进行校准**

（1）按式（3-12）计算分压电阻的理论值 $R_{H0}$。

（2）按图 3-18 接好线路，取 $R_H = R_{H0}$。

（3）调节电压输出和可调电阻，使标准电压表示数为 $U = 1V$，这时表头指针应偏转到最大刻度。如果不是刚好偏到最大刻度（偏大或偏小），可调节 $R_H$ 使指针恰好偏到最大刻度，记下此时的 $R_H$ 值，这就是分压电阻的实验值。

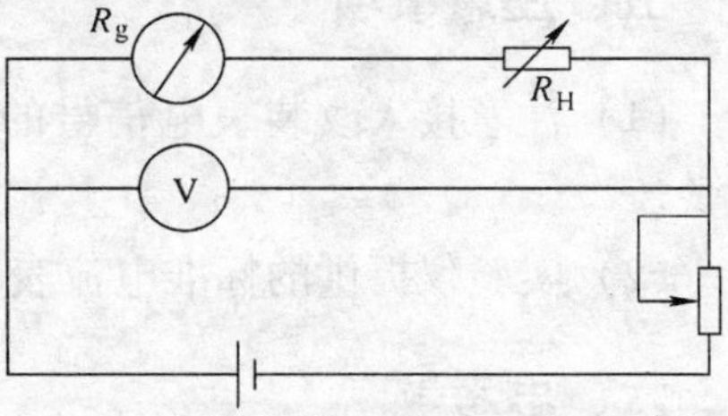

图 3-18　改装电压表接线图

（4）伏特表校准（与毫安表校准步骤相同），并作出校正曲线 $\Delta U\text{-}U_{改}$。

**3. 表头内阻的测定**

（1）按图 3-14 接好线路，其中 $AD$ 段不接，将滑线变阻器替代为实验仪上的 470Ω 可调电阻。

（2）将开关 $S_1$ 断开，适当调节 470Ω 可调电阻，以改变 $AC$ 两点的电压，同时适当调节电阻箱 $R'$，使通过表头的电流恰好为 $I_g$。

（3）闭合开关 $S_1$，在保持 $AC$ 两点电压（必要时可调节 470Ω 可调电阻）和 $R'$ 不变的情况下，调节电阻箱 $R_m$，使表头指针偏转至满刻度的一半，此时流过表头的电流为 $\frac{1}{2}I_g$。

（4）记录 $R'$ 和 $R_m$，用式（3-16）计算出 $R_g$。

**4. 数据记录**

标准毫安表量程________mA；标准伏特表量程________V；

待改装的表头内阻________Ω；量程________mA。

将改装成毫安表的相关数据记录在表 3-3 中。

**表 3-3　电流表校正数据记录表**

量程 =____mA；计算值 $R_{s0}$ =____Ω；实验值 $R_s$ =____Ω

| 改装表读数 $I_{改}$/mA | 10.00 | 8.00 | 6.00 | 4.00 | 2.00 | 1.00 |
|---|---|---|---|---|---|---|
| 标准表读数 $I_{标}$/mA | | | | | | |
| $\Delta I = (I_{标} - I_{改})$/mA | | | | | | |
| 准确度等级 | $K = \frac{\Delta_m}{A_m} \times 100 =$　　级 | | | | | |

将改装成伏特表的相关数据记录在表 3-4 中。

**表 3-4　电压表校正数据记录表**

量程 =____V；计算值 $R_{H0}$ =____Ω；实验值 $R_H$ =____Ω

| 改装表读数 $U_{改}$/V | 1.000 | 0.800 | 0.600 | 0.400 | 0.200 | 0.100 |
|---|---|---|---|---|---|---|
| 标准表读数 $U_{标}$/V | | | | | | |
| $\Delta U = (U_{标} - U_{改})$/V | | | | | | |
| 准确度等级 | $K = \frac{\Delta_m}{A_m} \times 100 =$　　级 | | | | | |

## 五、注意事项

（1）注意接入改装表电信号的极性与大小，以免指针反偏或过量程时出现“打针”现象。

（2）实验仪提供的标准电流表和标准电压表仅作校准时的标准。

## 六、思考题

1. 校正毫安表时，如果发现改装表的读数相对于标准表的读数偏高，试问要达到标准表的读数，此时改装表的分流电阻应调大还是调小？校正电压表时，如发现改装表读数相对于标准表的读数偏低，试问要达到标准表的数值，此时改装表的分压电阻应调大还是调小？

2. 将量程 $I_g=100\mu A$、内阻 $R_g=1.5k\Omega$ 的表头改装成量程 $U=150V$ 和 $U=300V$ 双量程电压表，试画出改装电路（不必画校准电路），并计算分压电阻值。

3. 题2的表头如改装成量程 $I=50mA$ 和 $I=500mA$ 双量程电流表，试画出改装电路（不画校准电路），并计算分流电阻值。

4. 要测量0.5A的电流，用下列哪个安培表测量误差最小？

（1）量程 $I_m=3A$，等级 $K=1.0$ 级；

（2）量程 $I_m=1.5A$，等级 $K=1.5$ 级；

（3）量程 $I_m=1A$，等级 $K=2.5$ 级。

从结果的比较中可得出什么结论？

（辛旭平）

# 实验八　拉伸法测定钢丝弹性模量

弹性模量是描述固体材料力学性质的重要物理量，它反映了固体材料的抵抗外力产生拉伸（或压缩）形变的能力，是选择机械构件材料的依据之一。弹性模量是固体材料在弹性形变范围内正应力与相应正应变的比值，其数值大小跟材料的结构、化学成分和加工制造方法有关。

弹性模量的测量方法很多，从被测物的运动形态来划分，可分为静力学方法和动力学方法两大类。在静力学方法中，根据被测材料的几何特征，又可分为拉伸法和梁弯曲法两种，前者适用于丝状材料，后者适用于片（梁）状材料。弹性模量的动力学测量方法可分为振动法和共振法两种，前者一般用于测量片（梁）状材料；后者则用于测量棒状材料，且测量精度高。

本实验采用了拉伸法，其设计思想是利用应力和应变的关系测量弹性模量，用测量物理量的变化量代替测量物理量，用机械和光学放大原理测量微小长度的变化。在实验安排上运用了误差分配的原理，采用不同的测量方法和测量仪器来测量不同尺度范围的长度量。在数据处理上采用逐差法和作图法。

## 一、实验目的

（1）掌握用光杠杆测量微小长度变化的原理和方法。

（2）用伸长法测定钢丝的弹性模量。

（3）学会用逐差法处理数据，了解逐差法的优点。

## 二、实验原理

任何固体在外力作用下都会发生形变，若外力作用停止，则形变随之消失，这种形变叫弹性形变。在弹性限度范围内，物体的形变遵从胡克定律，即物体的应力和应变成正比。

若钢丝原长为 $L$，截面积为 $A$，沿长度方向的受力为 $F$，受力后伸长量为 $\Delta L$，则其应力为$\frac{F}{A}$，应变为$\frac{\Delta L}{L}$。胡克定律表明，钢丝的应力与应变的比值是一个常数 $E$，则

$$E=\frac{FL}{A\Delta L} \tag{3-21}$$

式中，$E$ 为钢丝的**弹性模量**，又称杨氏模量。实验表明，弹性模量与外力 $F$、物体的长度 $L$ 及截面积 $A$ 的大小无关，仅由固体材料的性质决定。设钢丝的直径为 $d$，则钢丝弹性模量的计算公式为

$$E=\frac{4FL}{\pi d^2\Delta L} \tag{3-22}$$

由式（3-22）可见，只要测得钢丝原长 $L$、直径 $d$、外力 $F$ 和伸长量 $\Delta L$，则可求得弹性模量 $E$。本实验采用一般方法测出 $F,L$ 和 $d$。由于伸长量 $\Delta L$ 之值甚小，准确测定 $\Delta L$ 是测量钢丝弹性模量的关键，因此本实验利用光杠法测量 $\Delta L$。

## 三、实验仪器

弹性模量仪、光杠杆、砝码一套、望远镜及标尺、螺旋测微计、游标卡尺、米尺。

**1. 弹性模量仪**

光杠杆法测定弹性模量的仪器装置由支架 E、待测钢丝 L、固定平台 B、带有平面反射镜 M 的光杠杆、望远镜 R 和标尺 S 构成，如图 3-19 所示。钢丝 L 的上端固定于支架上的 A 点，下端夹在圆柱体 C 下端的螺旋夹头上。圆柱体 C 随着钢丝的伸长或缩短可在固定平台 B 中间的孔中上下自由移动。在砝码重力 $F$ 的作用下，钢丝伸长 $\Delta L$，圆柱体随之下降 $\Delta L$。

图 3-19 右边部分是望远镜和标尺，其结构如图 3-20 所示。望远镜由物镜、目镜、叉丝环、镜筒与套筒组成，物镜使入射光聚焦在目镜的焦平面上；目镜将物镜所成的像进行放大，以便观察；十字叉丝固定在叉丝环上，其横线作为读数准线。使用时，先调节目镜，改变目镜到叉丝的距离，由目镜可看到清晰的叉丝像，然后调节物镜，改变物镜与目

镜间的距离，使物镜产生的实像恰好处在叉丝环上，因而，从目镜中可以同时看到叉丝和物像。为了测量方便，仪器分划板上刻有视距丝，上下两条视距丝读数之差 $\Delta L'$ 和视距常数 100 之乘积除以 2 即为标尺到平面反射镜 M 之间的距离 $D$。

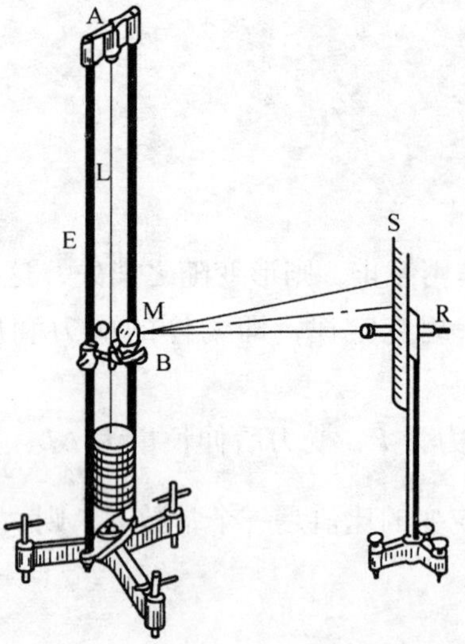


图 3-19 弹性模量测定仪器装置图

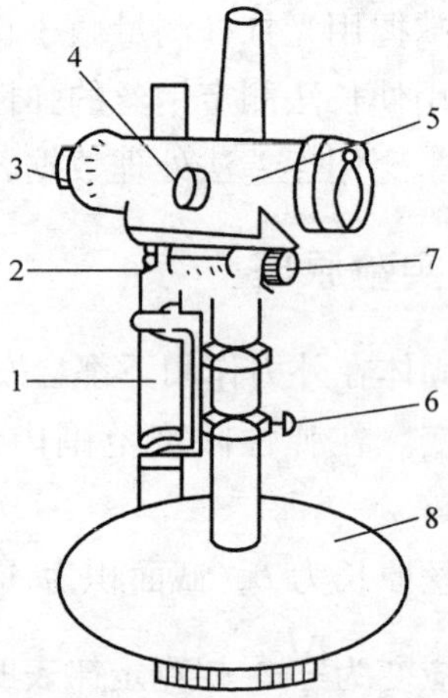


图 3-20 望远镜尺组结构图

1—标尺 2—微动手轮 3—目镜 4—调焦手轮
5—望远镜 6,7—锁紧手轮 8—底座

**2. 光杠杆**

带有平面反射镜 M 的光杠杆、固定平台 B、望远镜 R 和标尺 S 组成光杠杆测微系统，其结构如图 3-21 所示。光杠杆的三个脚尖 1,2,3 构成等腰三角形，从后脚尖 1 到两前脚尖 2,3 连线的距离为 $b$。实验时将两前脚尖 2,3 置于固定平台 B 的沟槽内，后足 1 置于圆柱体 C 上，如图 3-22 所示。

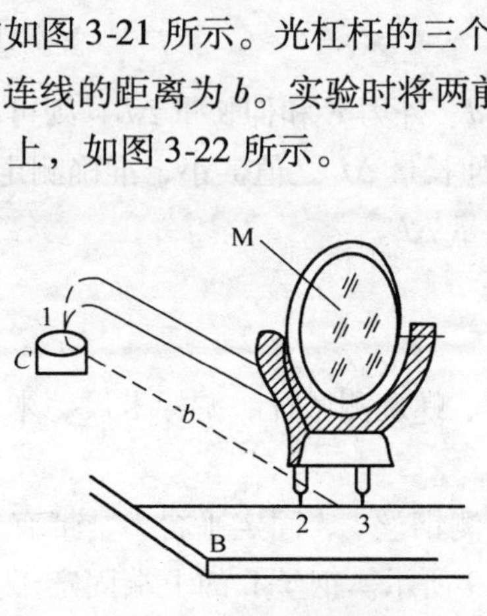


图 3-21 光杠杆结构图

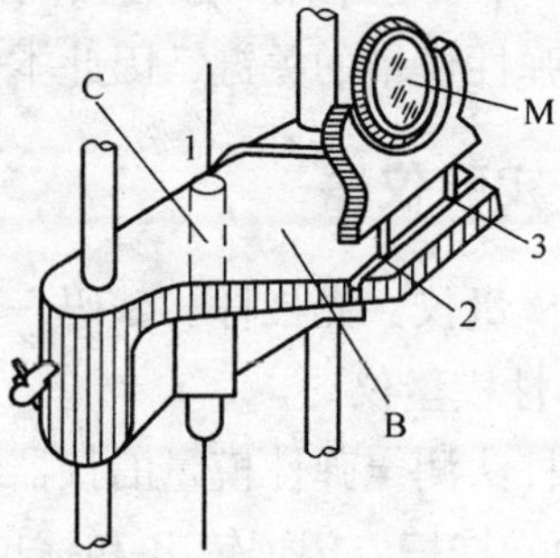


图 3-22 平台放大图

光杠杆的测微原理：当钢丝在砝码的重力作用下被拉伸发生形变时，光杠杆的后足 1 将随着圆柱体 C 上下移动，于是平面反射镜的仰角随之改变。在平面反射镜前方竖直放置一标尺 S，标尺旁边有一架望远镜，适当调节后，从标尺 S 上的标度线发出的光线通过平面反射镜 M 反射，进入望远镜，在望远镜中形成标尺像而被观察到，可以读出与望远镜叉丝相重合的标尺读数。当平面反射镜的仰角发生变化时，通过望远镜读出的标尺读数也会改变。

光杠杆测量微小长度变化的原理图如图 3-23 所示。图中 $D$ 是光杠杆的两个前脚连线中点到标尺 S 的距离，$b$ 是光杠杆的两个前脚连线中点到后脚的距离。初始时钢丝受到预负荷 $m_0g$ 的作用（$m_0$ 为框架、砝码托盘、挂钩、预加砝码的质量之和）已伸直。设平面反射镜 M 的法线与望远镜轴处于同一水平线，此时从望远镜中看到标尺像的读数为 $n_0$。当钢丝在增加的砝码重力作用下，由 $L$ 伸长到 $L+\Delta L$ 时，光杠杆后脚 1 随圆柱体下降 $\Delta L$，平面反射镜面由 $M_0$ 变到 M 位置，其法线转过的角度为 $\theta$。根据光的反射定律可以证明：当平面反射镜面旋转一角度 $\theta$ 时，在反射方向不变的情况下，入射线将转过 $2\theta$。这时，只有从标尺 $n_1$ 处发出的光线才能经过平面镜反射到望远镜内叉丝的水准线上，即读数为 $n_1$。

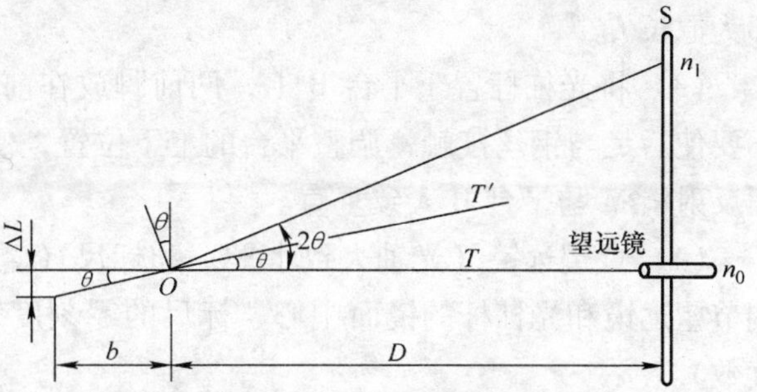


图 3-23　光杠杆测微原理

由图 3-23 的几何关系，有

$$\theta \approx \tan\theta = \frac{\Delta L}{b} \tag{3-23}$$

$$2\theta \approx \tan 2\theta = \frac{n_1 - n_0}{D} = \frac{\Delta n}{D} \tag{3-24}$$

由式（3-23）和式（3-24）消去 $\theta$，可得

$$\Delta L = \frac{b\Delta n}{2D} \tag{3-25}$$

或

$$\frac{\Delta n}{\Delta L} = \frac{2D}{b} \tag{3-26}$$

式中，$2D/b$ 称光杠杆装置的放大倍数。式（3-26）表明，由于 $D$ 远大于 $b$，所以 $\Delta n$ 必定远大于 $\Delta L$。这样，利用光杠杆的原理就可以把测量微小的长度变化量 $\Delta L$ 转换成测量一个数值较大的标尺读数变化量 $\Delta n$，这就是光杠杆测微系统的放大原理。

由上面的推导可知，式（3-25）成立的条件是 $\theta$ 角很小，光杠杆的初始状态必须是三脚尖在一水平面上和平面镜竖直以及标尺保持竖直；否则，测出的 $\Delta L$ 误差较大。实验时只要通过测量 $b, D, \Delta n$ 这些比较容易测准的量便可间接地测出 $\Delta L$。

将式（3-25）代入式（3-22）可得

$$E = \frac{8FLD}{\pi d^2 b\Delta n} \tag{3-27}$$

## 四、实验内容与要求

### 1. 仪器调整

（1）将待测钢丝装于架上，上端要特别注意固定牢固，调节支架底脚螺钉使支架两支柱及待测钢丝处于铅直状态。

(2) 调节钢丝下端圆柱体 C，使钢丝能在平台 B 中间的孔中上下自由滑动，以免因摩擦影响钢丝的伸长。在砝码钩上加一个砝码使钢丝伸直，此时上下夹头之间的钢丝长度即为原长 $L$。

(3) 将光杠杆置于平台 B 上，两前脚放在前面的沟槽内，后脚放在夹头上，且注意不要使后足与钢丝接触，调整平台的上下位置，使光杠杆三脚尖位于同一水平面上，让平面反射镜 M 与平台 B 大致垂直。

(4) 置望远镜（光轴大致水平）和标尺（竖直）在平面反射镜前方约 1.5 ~2m 处，调节望远镜和光杠杆的镜面中心、标尺的零刻度线处于同一高度（要求此高度便于观察读数）。

(5) 确定标尺的像。先沿望远镜筒外缘水平方向在平面反射镜中找标尺的像，若找不到，应左右移动望远镜尺组，直到能在平面镜中看到标尺。然后用望远镜去观察，先调节望远镜目镜，能清晰地看到望远镜的十字叉丝后，再利用调焦手轮进行调焦，使标尺的反射像在望远镜内的十字叉丝平面上，并做到无视差，即当眼睛上下移动时，十字叉丝与标尺像之间没有相对移动。

(6) 仔细调节光杠杆上平面镜的倾角，使望远镜十字叉丝的横线与标尺零刻度线上下 1cm 附近的某一刻线重合。

**2. 测量**

(1) 按上述步骤调整好仪器，注意在下面测量标尺读数的全过程中不能移动光杠杆测微系统。

(2) 记下标尺的初始读数 $n_1$，此时砝码钩悬挂重量为 $mg$。依次每加载一个砝码，等稳定后，记下望远镜中的标尺读数 $n_2, n_3, n_4, n_5, n_6, n_7, n_8$，填入表 3-5 中。然后逐次减砝码，记下望远镜中相应的标尺读数 $n'_7, n'_6, \cdots, n'_1$，两组读数 $n_i$ 和 $n'_i$ 对应着相同的砝码重量，填入表 3-5 中。

**表 3-5　标尺读数记录表**

$m =$ 　　kg

| 测量次数 $i$ | 砝码质量 | 增砝码时 $n_i$/cm | 减砝码时 $n'_i$/cm | $\overline{n}_i = \frac{n_i + n'_i}{2}$ /cm | $\Delta n_i = (\overline{n}_{i+4} - \overline{n}_i)$/cm | $\Delta(\Delta n) = \lvert\overline{\Delta n} - \Delta n_i\rvert$/cm |
|---|---|---|---|---|---|---|
| 1 | $m$ | | | | | |
| 2 | $2m$ | | | | | |
| 3 | $3m$ | | | | | |
| 4 | $4m$ | | | | | |
| 5 | $5m$ | | | | | |
| 6 | $6m$ | | | | | |
| 7 | $7m$ | | | | | |
| 8 | $8m$ | | | | | |
| 平均值/cm | | | | | $\overline{\Delta n} =$ | $\overline{\Delta(\Delta n)} =$ |

(3) 用钢卷尺测量钢丝原长 $L$。

(4) 测量平面反射镜到标尺的垂直距离 $D$：

$$D = \frac{1}{2}\Delta L' \times 100$$

式中，$\Delta L'$为十字叉丝平面上上下两条水平线对应的标尺上的读数差。或者直接用钢卷尺测量 $D$。

(5) 测量光杠杆常数 $b$。将光杠杆取下放在平坦的纸上，轻压出三个脚尖的印迹，用米尺或游标卡尺测出后脚到两前脚连线之间的垂直距离 $b$。

(6) 用螺旋测微计在钢丝的不同方向和部位多次测量其直径 $d$，共测 6 次，取 $d$ 的平均值，填入表 3-6 中。

**表 3-6　钢丝直径测量表**

螺旋测微计零点读数 $d_0$ = ______ mm

| 测量次数 | 1 | 2 | 3 | 4 | 5 | 6 | 平均值/mm |
|---|---|---|---|---|---|---|---|
| 读数/mm | | | | | | | |
| 实测值/mm | | | | | | | $\overline{d}$ = |

**3. 数据处理**

(1) 用逐差法计算 $\Delta n$ 的平均值$\overline{\Delta n}$，然后计算弹性模量的量值和误差。

(2) 用作图法计算出钢丝的弹性模量 $E$。

## 五、注意事项

(1) 光杠杆测微系统一经调好，在测量标尺读数变化的全过程中不能碰动，否则，必须重新调节仪器，重新测量。为此，在增减砝码时务必轻拿轻放，并严防碰动仪器。

(2) 检查待测钢丝上、下端是否固定牢固，使之在加砝码时不会产生任何微小位移，并加上一定砝码使之伸直。

(3) 圆柱体 C 要能自由地在平台孔中上下移动，光杠杆必须按要求放在指定的位置，切忌接触钢丝。

## 六、思考题

1. 光杠杆法测量有什么优点？怎样提高光杠杆测量微小长度变化的灵敏度？

2. 用光杠杆法能否测量一块薄板的厚度？若能，应如何测量？若用光杠杆装置来测量一微小角度 $\theta$，试推导其计算公式。

3. 为了能在望远镜中观察到清晰的标尺像，标尺中点、望远镜轴线及反射镜面高度之间应有怎样的关系？

4. 为什么本实验中各个长度量要使用不同的仪器来测量，若采用同一工具（米尺）

来测 $L$，$D$，$b$，$d$，哪个测量值对弹性模量的误差影响最大？为什么？

（张甫宽）

# 实验九　固体线胀系数的测定

一般物体都具有热胀冷缩的特性，因此在机械与材料、精密仪表、医疗和医药器械、化工、建筑等工程设计中都必须充分考虑物体的这一特性。实验测量结果可靠性的关键是待测体受热均匀和微小长度改变量的准确测量，目前这两方面都有较大的改进，特别是后者。本实验采用电热丝加热，由数字式温度计显示温度。微小长度改变量用光杠杆和尺组望远镜进行测量。

## 一、实验目的

（1）进一步掌握用光杠杆测定微小长度改变量的原理和方法。

（2）测量金属杆的线胀系数。

## 二、实验原理

固体的长度 $L$ 一般随温度 $t$ 的升高而增加，理论和实践表明，$L$ 和 $t$ 的关系为

$$L = L_0(1 + \alpha t + \beta t^2 + \cdots) \tag{3-28}$$

式中，$L_0$ 为 $t = 0$℃时的长度；$\alpha$，$\beta$，…是与被测物质有关的常数，都是很小的数值。在常温附近不大的温度范围内，$t^2$ 及以上各高次项的系数 $\beta$ 等均远远小于 $\alpha$，完全可以忽略其影响，于是式（3-28）可写为

$$L = L_0(1 + \alpha t) \tag{3-29}$$

式中，$\alpha$ 就是通常所称的**线胀系数**，单位是℃$^{-1}$。此时，$L \propto t$。

设物体在 $t_1$（℃）时的长度为 $L$，温度升到 $t_2$（℃）时，其长度增加 $\delta$，由式（3-29），有

$$L = L_0(1 + \alpha t_1)$$

$$L + \delta = L_0(1 + \alpha t_2)$$

上两式相比消去 $L_0$，整理后有

$$\alpha = \frac{\delta}{L(t_2 - t_1) - t_1\delta} \tag{3-30}$$

由于 $\delta$ 与 $L$ 相比甚小，$L(t_2 - t_1) >> t_1\delta$，式(3-29)可近似简化为

$$\alpha = \frac{\delta}{L(t_2 - t_1)} \tag{3-31}$$

利用光杠杆和尺组望远镜测量 $\delta$。待测金属杆直立在下端垫有隔热垫片的固定端，光杠杆的丁足尖搁在可自由伸长的杆的上端面。

设在温度 $t_1$ 时，通过望远镜和光杠杆的平面镜，看见望远镜视场中叉丝横线所对准

的直尺刻度为 $n_1$；当温度升高到 $t_2$ 时，视场中叉丝横线所对准的直尺刻度为 $n_2$。根据光杠杆的测微放大原理（参阅实验八的仪器），有

$$\delta = \frac{|n_2 - n_1| b}{2D} \tag{3-32}$$

式中，$D$ 为光杠杆镜平面到直尺平面的距离；$b$ 为光杠杆的丁足尖到镜面下两足尖连线的垂直距离。将式（3-32）代入式（3-31），得

$$\alpha = \frac{|n_2 - n_1| b}{2DL(t_2 - t_1)} \tag{3-33}$$

## 三、实验仪器

**GXC-S 型控温式固体线胀系数测定仪、光杠杆和尺组望远镜装置**

仪器结构如图 3-24 所示。本仪器名称中所说的“控温”是指对预先设定的最高温度（称为“预置”）实行自动控制，当数显表达到设定的 $t_{max}$ 时，加热电路的电源被切断，以保护系统。本装置的 $t_{max} \leqslant 110℃$，否则数显表会溢出，无法测量。

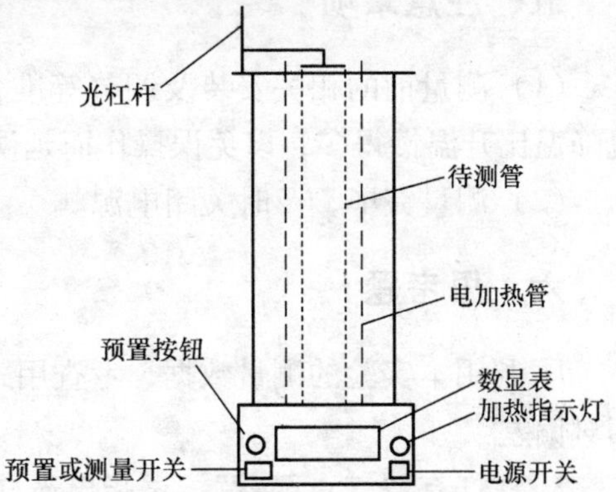


图 3-24　GXC-S 型固体线胀系数测定仪结构示意图

## 四、实验内容与要求

**利用 GXC-S 型线胀系数测定仪测待测杆的 $\alpha$**

（1）将望远镜和标尺安装架放在离测试仪约 1.6m 的等高桌面处。在测试仪上端面合适位置放上光杠杆（光杠杆的说明见实验八），并使杠杆的 $b$ 臂与待测棒、镜平面垂直。将望远镜的轴线、标尺的零刻度线安装在与镜面中心相等的高度，望远镜轴大致垂直镜平面和标尺平面。

（2）左右微移望远镜尺组架，使眼沿望远镜的准心能看到镜中标尺的像。

（3）望远镜的目镜调焦：顺时针或逆时针旋转目镜头，以分划板上的坐标丝清晰、没有双影为目的。

望远镜的物镜调焦：拉伸或压缩目镜套筒组，或拧动物镜调焦手轮，使视场中标尺的像最清晰、无视差。

（4）微调镜平面的铅直或望远镜的轴线，使标尺的零刻度线大致位于视场中央，调节标尺刻度线的水平方位，使视场中标尺的刻度线与水平坐标丝平行。

（5）记录实验室给定的待测杆的长度及不确定度。将测试仪开关压向“预置”端，开启测试仪电源，此时温度表左下角显示“LO”符号，按住预置调节按钮（用力不要过大，更不能用指甲等锐利的器件），待数字表到预置值附近（70℃）后，再点击按钮到预置值。调节完毕，压向测量端，仪器约 1min 后开始加热。

（6）在望远镜视场中观察标尺刻度线的变化，并注意读标尺刻度与读温度值同步进

行。每隔5℃读记$n_i$，填入表3-7中。

**表3-7　温度与视场中标尺刻度数据**

| $i$ | $t$/℃ | $n$/cm | $i$ | $t$/℃ | $n$/cm | $n_{i+4}-n_i$ | $\overline{n_{i+4}-n_i}$ |
|---|---|---|---|---|---|---|---|
| 1 | 40 | | 5 | 60 | | | |
| 2 | 45 | | 6 | 65 | | | |
| 3 | 50 | | 7 | 70 | | | |
| 4 | 55 | | 8 | 75 | | | |

（7）仿实验八测记$D$，$b$量。

（8）计算待测件的$\alpha$及其标准不确定度$U(\alpha)$。

## 五、注意事项

（1）测量前的相关安装及调节等准备工作还未完成时，不要给待测件加热，因为装置降温比升温慢得多，以免误操作而延误时间。

（2）测量完毕，及时关闭电源。

## 六、思考题

1. 利用本实验的测量数据，考查用式（3-31）代替式（3-30）计算$\alpha$，将引入多大的相对偏差？

2. 杠杆有“三点两臂”，试指出光杠杆的“三点两臂”。如果不用望远镜，如何通过简单设计，使本装置仍能正常测量？

3. 光杠杆调节过程中，有时会出现视场中的标尺像一端清晰，靠向另一端逐渐模糊不清。这是什么原因引起的？应该如何调节？

（王相奇）

# 实验十　液体表面张力系数的测量

液体表面张力系数是表征液体性质的一个重要参数，在工业、医学和科学研究中有着重要应用。以往普通物理实验中测量表面张力的大小常采用焦利秤方法进行测量，这种测量方法一般准确度较低，稳定性不高；本实验采用硅压阻式力敏传感器来测量液体的表面张力系数，可实现非电量电测且准确度高、稳定性好。

## 一、实验目的

（1）了解力敏传感器的工作原理。

（2）学习用传感器将非电量转化为电学量测量的方法。

（3）用拉脱法测量液体的表面张力系数。

## 二、实验原理

### 1. 力敏传感器测量拉力的原理

力敏传感器由弹性梁和贴在梁上的 4 块电阻应变片组成，如图 3-25a 所示，由电阻应变片构成桥式电路，如图 3-25b 所示。当外界力作用于梁上时，电阻应变片相应地产生电阻值的改变，使电桥失去平衡，产生信号输出，输出电压与所加外力成线性关系，即

$$U = BF \tag{3-34}$$

式中，$F$ 为所加的外力；$B$ 为力敏传感器的灵敏度（单位：mV/N），$B$ 的大小与输入的工作电压有关；$U$ 为相应的电压输出量。要用力敏传感器测量微小的力，首先要求出灵敏度 $B$。

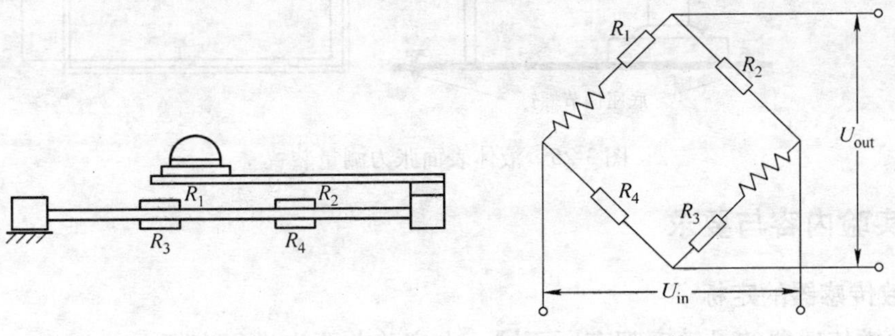


a)　b)

图 3-25　力敏传感器原理图

### 2. 拉脱法测量液体的表面张力系数

一个金属环挂在传感器横梁端部的金属挂钩上，将金属环的底边少许浸入液体中，并慢慢下降液面，当金属环的底边高出液面时，底边与液面间就会挂上一圈液体环，如图 3-26 所示。继续下降液面，当液体环被拉脱前一瞬间传感器受到的拉力

$$F = \pi(D_1 + D_2)\alpha + mg \tag{3-35}$$

式中，$m$ 为金属环的质量，$D_1, D_2$ 分别为金属圆环的外径和内径；$\alpha$ 为表面张力系数；$g$ 为重力加速度。所以液体的表面张力系数为

$$\alpha = \frac{F - mg}{(D_1 + D_2)\pi} \tag{3-36}$$

在拉断液体环前一瞬间传感器的输出电压值为 $U_1$，且

$$U_1 = BF = B[\pi(D_1 + D_2)\alpha + mg]$$

拉断液体环后，传感器输出电压值为 $U_2, U_2 = Bmg$，则式（3-36）又可表示为

$$\alpha = \frac{U_1 - U_2}{\pi B(D_1 + D_2)} \tag{3-37}$$

由式（3-37）可求出表面张力系数 $\alpha$ 的大小。

## 三、实验仪器

图 3-26 为实验装置图，其中液体表面张力测定仪包括硅扩散电阻非平衡电桥的电源

和测量电桥失去平衡时输出电压大小的数字电压表，其他装置包括铁架台、微调升降台、装有力敏传感器的固定杆、盛液体的玻璃皿和金属圆环。

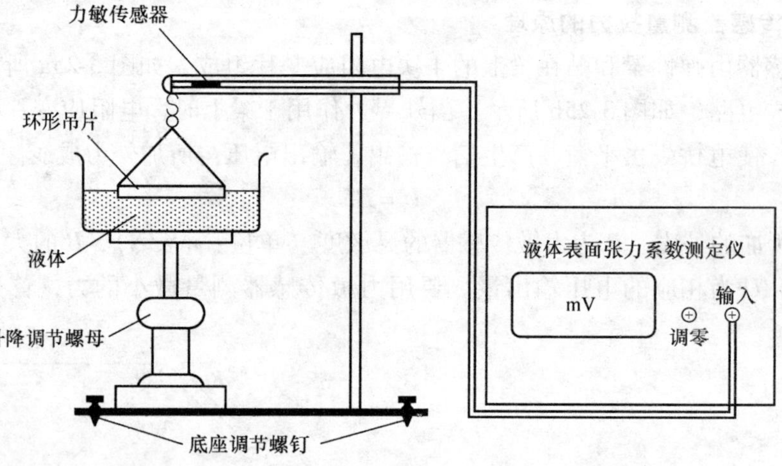


图 3-26　液体表面张力测量装置

## 四、实验内容与要求

### 1. 力敏传感器的定标

每个力敏传感器的灵敏度都有所不同，在实验前要先进行定标。

（1）打开仪器的电源开关，将仪器预热 15min 以上。

（2）在传感器梁端头小钩上挂上砝码盘，调节调零旋钮，使数字电压表显示为零。

（3）在砝码盘中分别放上 0. 5g，1. 0g，1. 5g，2. 0g，2. 5g，3. 0g 等质量的砝码，在这些砝码重力作用下，数字电压表有相应的读数值 $U$。将数据记录于表 3-8 中。

**表 3-8　力敏传感器的定标**

| 质量/g | 0.5 | 1.0 | 1.5 | 2.0 | 2.5 | 3.0 |
|---|---|---|---|---|---|---|
| 电压/V | | | | | | |

（4）用最小二乘法作直线拟合（或用作图法），求出传感器灵敏度 $B$。

### 2. 环的测量与清洁

（1）用游标尺测量金属圆环的外径 $D_1$ 和内径 $D_2$，各量重复测量 6 次。记录测量数据于表 3-9 中。

**表 3-9　金属环参数的测量**

零点读数 $D_0$ = _____ cm

| 次数 | | 1 | 2 | 3 | 4 | 5 | 6 | 平均 |
|---|---|---|---|---|---|---|---|---|
| 外径 $D_1$/cm | 读数 | | | | | | | |
| | 实测值 | | | | | | | |
| 内径 $D_2$/cm | 读数 | | | | | | | |
| | 实测值 | | | | | | | |

（2）环的表面状况与测量结果有很大的关系，实验前应将金属环在 NaOH 溶液中浸泡 20～30s，然后用清水洗净。

**3. 测量液体的表面张力系数**

（1）将金属环挂在传感器的小钩上，调节升降台，将液体升至靠近金属圆环的底边，观察底边与待测液体表面是否平行；如果不平行，将金属环取下，调节金属细丝，使金属环吊在挂钩上时底边与液面平行。

（2）调节玻璃皿下的升降台，使其渐渐上升，将金属环的下底边全部浸没于待测液体中。然后反向调节升降螺母，使液面逐渐下降，这时金属环底边与液面之间形成一个环形水膜。继续下降液面，测出环形液膜拉断前一瞬间数字电压表读数值 $U_1$、液膜拉断后数字电压表读数值 $U_2$。重复测量 6 次，并记录数据于表 3-10 中。

（3）将实验数据代入式（3-37）中，求出液体表面张力系数，并与标准值（由实验室提供）进行比较。

（4）选做：测出其他待测液体，如酒精、乙醚、丙酮等在不同浓度时的表面张力系数。

**表 3-10　液体表面张力测量表**

| 次数 | 1 | 2 | 3 | 4 | 5 | 6 | 平均值 |
|---|---|---|---|---|---|---|---|
| $U_1$/mV | | | | | | | |
| $U_2$/mV | | | | | | | |

## 五、注意事项

（1）金属环处理干净以后，在实验过程中不要用手去拿金属环，只能拿悬挂环的金属丝。

（2）使金属圆环底边要尽量与液面平行，若偏差 1°，测量结果引入误差为 0.5%。

（3）实验时尽量避免吹风，避免金属吊环摆动。

（4）在旋转升降台时，要尽量减小液体波动。

（5）若液体为纯净水，在使用过程中要防止灰尘和油污及其他污染。

（6）对玻璃器皿要轻拿轻放。

## 六、思考题

1. 实验过程中，首先看到随液膜增高数字电压表读数会增大，增大到某一数值后，再继续下降液面，数字电压表数据会减小，直到最后膜破裂。试分析说明原因。

2. 为什么在液膜破裂前一瞬间读出的值作为 $U_1$ 值，而不将数字电压表显示的最大值作为 $U_1$ 值？

3. 为什么要求金属环底边要与液面平行？

4. 若液膜拉破后，金属圆环上附有液珠，对测量结果有何影响？

（朱世坤）

# 实验十一　等厚干涉及应用

波的干涉现象是波的一种特征，光的波动性正是由于在实验中观察到了光的干涉现象后，才普遍为人们所接受。

## 一、实验目的

(1) 观察光的等厚干涉现象，加强对光的波动性的认识。

(2) 用牛顿环测定透镜的曲率半径。

(3) 用劈尖干涉测定微小长度（或直径）。

(4) 掌握读数显微镜的调整与使用。

## 二、实验原理

波的干涉现象是当两列相干波（同频率、同振动方向、相位差恒定的波源发出的波）在介质中相遇时，在相遇处各质点同时参与两列波传来的振动。那些波峰与波峰相遇处，或波谷与波谷相遇处的质点的振幅等于两列波的振幅相加，振动特别强；那些波峰与波谷相遇处的质点的振幅等于两列波的振幅之差，振动特别弱。因此，在两列相干波相遇的区域里有的地方振动始终特别强，有的地方振动始终特别弱，这种振动强弱相间的现象，称为**波的干涉现象**。

对光来说，当两束相干光在介质中相遇，在相遇区域里出现明暗相间的条纹，这种现象叫做**光的干涉现象**。

两个独立的光源发出的光，或同一光源不同部位发出的光都不是相干光，故要获得相干光，必须借助一定的装置，将同一列光波分成两列，再使它们相遇，这样在相遇区域里才出现明暗相间的干涉条纹。

**1. 牛顿环**

当一曲率半径很大的平凸透镜与一平板玻璃接触时，在平凸透镜与平板玻璃之间就形成一薄层空气膜，其厚度从中心接触点到四周逐渐增加，这一装置称为牛顿环。当平行单色光垂直入射在牛顿环上时，在空气薄膜上下两表面反射的两束光在空气薄膜的上表面处相遇而产生干涉。干涉结果取决于这两束光的光程差，而光程差又取决于空气膜的厚度，其厚度相同处，光程差相同，出现同一条干涉条纹——**等厚干涉**。在牛顿环中离开接触点距离相同点处薄膜厚度相同，故这些干涉条纹是以接触点 $O$ 为中心的一系列明暗相间的同心圆环——**牛顿环**，如图 3-27 所示。

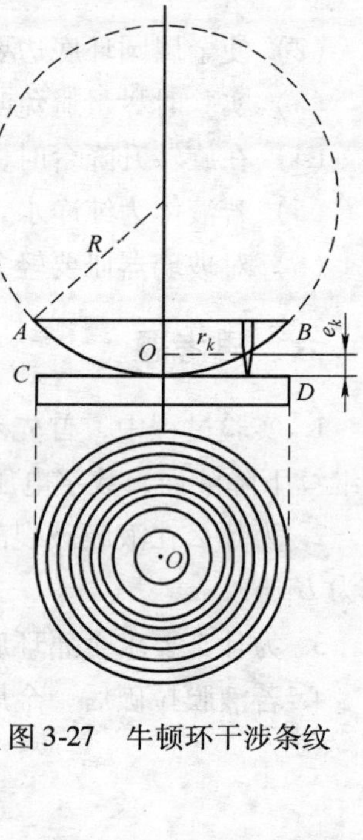

图 3-27　牛顿环干涉条纹

由光路可知，与 $k$ 级干涉圆环对应的两束相干光的光程差为

$$\delta_k = 2e_k + \frac{\lambda}{2} \tag{3-38}$$

式中，$e_k$ 为入射点对应的空气层厚度。光波由光疏介质（空气）进入到光密介质（玻璃），在反射时有一相位 $\pi$ 的突变，因而引入附加光程差$\frac{\lambda}{2}$。

当 $\delta_k = 2e_k + \frac{\lambda}{2} = k\lambda$，或 $e_k = (2k-1)\frac{\lambda}{4}$时，干涉结果为明纹。$k=1, 2, 3, \cdots$为明纹级数。

当 $\delta_k = 2e_k + \frac{\lambda}{2} = (2k+1)\frac{\lambda}{2}$，或 $e_k = k\frac{\lambda}{2}$时，干涉结果为暗纹。$k=0$ 时，$e_k=0$ 为接触点，也称中央暗点；$k=1,2,\cdots$时，$e_k = \frac{\lambda}{2}, \frac{2\lambda}{3}, \cdots$分别为第一级暗环、第二级暗环……

在图 3-27 中，由几何关系可知

$$R^2 = r_k^2 + (R-e_k)^2 = r_k^2 + R^2 - 2Re_k + e_k^2$$

当 $R >> e_k$ 时，$e_k^2$ 可以略去，上式化简为

$$r_k^2 = 2Re_k$$

即

$$e_k = \frac{r_k^2}{2R}$$

式中，$r_k$ 为 $k$ 级圆环半径。代入式（3-38），得

$$\delta_k = \frac{r_k^2}{R} + \frac{\lambda}{2}$$

由干涉条件知：当 $\delta_k = \frac{r_k^2}{R} + \frac{\lambda}{2} = (2k+1)\frac{\lambda}{2}$时，干涉条纹为暗环，即 $r_k^2 = kR\lambda$，故

$$R = \frac{r_k^2}{k\lambda} \quad (k=0,1,2,\cdots) \tag{3-39}$$

因此，如果入射光的波长 $\lambda$ 已知，只要测定 $k$ 级暗环的半径 $r_k$，确定暗环的级数 $k$，则透镜的曲率半径 $R$ 即可求得。但是实验中 $k$ 的数值无法得知，这是由于透镜与平板玻璃接触处受到压力而产生形变，压力大小不同，形变大小（形变厚度）也不同，则牛顿环各级条纹的位置不是固定的，因此 $k$ 的值也不固定，所以式（3-39）不能直接应用。为此，我们通过取两个暗环纹半径的平方差来消除形变造成的影响。

如图 3-28 所示，设形变厚度为 $a$，由几何关系，有

$$\begin{aligned} r_k^2 &= R^2 - (R - e_k - a)^2 \\ &= 2R(e_k + a) - (e_k + a)^2 \\ &\approx 2R(e_k + a) \end{aligned}$$

由于 $e_k + a << R$，所以在整理上式过程中$(e_k + a)^2$ 被忽略不计。由上式可得

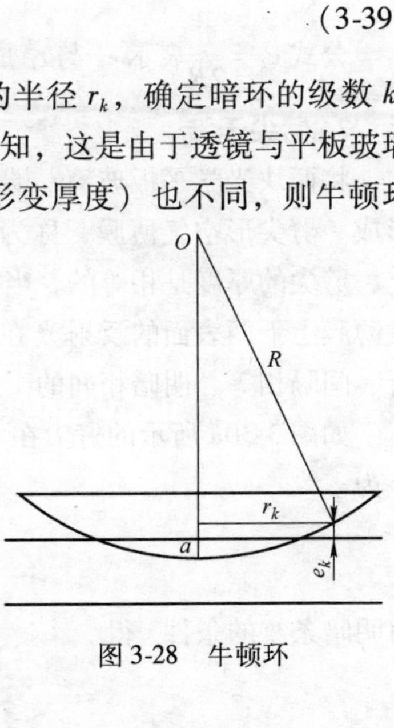

图 3-28 牛顿环

$$e_k = \frac{r_k^2}{2R} - a$$

由光学关系，有

$$\delta_k = 2e_k + \frac{\lambda}{2} = (2k+1)\frac{\lambda}{2}$$

将 $e_k$ 的表达式代入上式，有

$$2\left(\frac{r_k^2}{2R} - a\right) + \frac{\lambda}{2} = (2k+1)\frac{\lambda}{2}$$

整理后，得

$$r_k^2 = (2a + k\lambda)R$$

取第 $m$ 和第 $n$ 级暗条纹，则对应的半径为

$$r_m^2 = mR\lambda + 2aR$$

$$r_n^2 = nR\lambda + 2aR$$

以上两式相减，得

$$r_m^2 - r_n^2 = (m-n)R\lambda$$

由于牛顿环暗环中心形变不是一个几何点，而是一个圆斑，其圆心不易确定，故取暗环的直径替换得

$$D_m^2 - D_n^2 = 4(m-n)R\lambda$$

即

$$R = \frac{D_m^2 - D_n^2}{4(m-n)\lambda} \tag{3-40}$$

由式（3-40）可知，只要测出暗环 $D_m$ 与 $D_n$ 的值，就能算出 $R$ 及 $\lambda$，这就避免了在实验中所遇到的级数及中心无法确定的困难。

公式 $e_k = \dfrac{r_k^2}{2R}$ 表示 $e_k$ 与 $r_k^2$ 成正比，说明离中心越远，光程差增加愈快，干涉条纹愈密。

**2. 劈尖干涉**

将两块光学平板玻璃一端互相叠合，另一端夹一薄片（或细丝），则在两玻璃片之间形成一劈尖形空气薄膜，称为**空气劈尖**。两玻璃片的交线称为棱边，在平行于棱边的线上，劈尖的厚度是相等的，当平行单色光垂直（$i=0$）入射于这样的两块玻璃片时，在劈尖薄膜上下两表面的反射光在上表面相遇产生干涉，干涉的结果将形成一组与棱边相平行、间隔相等、明暗相间的干涉条纹，如图 3-29 所示。

如图 3-30a 所示的劈尖在 $c$ 点处的厚度为 $e$，在该厚度处发生干涉的两束光线的光程差为

$$\delta = 2ne + \frac{\lambda}{2}$$

由明暗条纹的条件，得

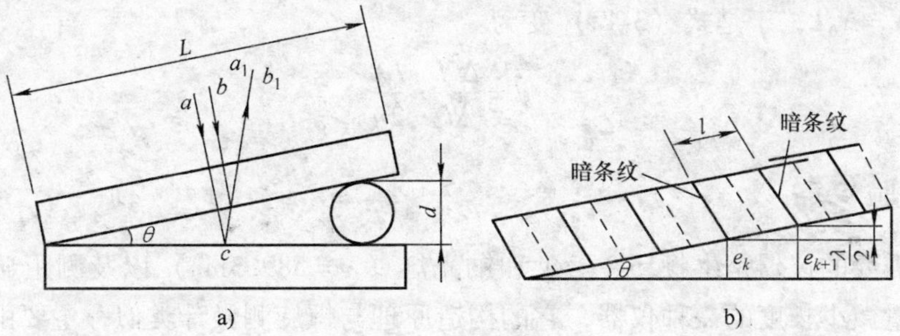


图 3-29　劈尖干涉

$$\delta = 2ne + \frac{\lambda}{2} = \begin{cases} k\lambda & (k=1,2,3,\cdots) \quad 明条纹 \\ (2k+1)\dfrac{\lambda}{2} & (k=0,1,2,\cdots) \quad 暗条纹 \end{cases}$$

每一个明暗条纹都与一定的 $k$ 值相当，也就是与劈尖的一定厚度相当，所以这些干涉条纹称为**等厚干涉条纹**。在两玻璃片相接触处 $e=0$，光程差 $\delta=\frac{\lambda}{2}$，所以在棱边处应为暗条纹。事实正是这样，这时半波损失的又一个有力的证据。如图 3-29b 所示，任何两个相邻的明（或暗）条纹之间所对应的劈尖厚度之差为

$$e_{k+1} - e_k = \frac{1}{2n}(k+1)\lambda - \frac{1}{2n}k\lambda = \frac{\lambda}{2n} = \frac{\lambda_n}{2} \tag{3-41}$$

式中，$\lambda_n=\frac{\lambda}{n}$为光波在劈尖介质中的波长。所以任意两个相邻的明（或暗）条纹之间的距离为 $l$，则

$$l\sin\theta = \frac{\lambda_n}{2}$$

式中，$\theta$ 为劈尖的夹角；$l$ 为相邻两暗纹的间距。当 $\lambda_n$ 一定时，$\theta$ 愈小，$l$ 愈大，干涉条纹愈疏；$\theta$ 愈大，$l$ 愈小，干涉条纹愈密。如果 $\theta$ 相当大，干涉条纹就将密得无法分开，因此干涉条纹只能在很尖的劈尖上看到。

因 $\theta$ 角很小，故 $\sin\theta \approx \tan\theta = \frac{d}{L}$，又 $\sin\theta = \frac{\lambda}{2nl}$，则

$$d = \frac{\lambda}{2nl}L = \frac{\lambda_n}{2l}L \tag{3-42}$$

所以，若已知劈尖长度 $L$、光在真空中的波长 $\lambda$ 和劈尖媒质的折射率 $n$，只要测出相邻明（或暗）条纹间的距离 $l$，就可以由式（3-42）计算出细丝的直径 $d$。

式（3-42）中，$\frac{L}{l}=N$，$N$ 为由棱边到细丝处暗纹总数。一般来说，$N$ 值较大，一条一条地数易出错，故先测出单位长度的暗条纹为数 $N_0=\frac{\Delta N}{\Delta l}$，若测出了细丝与劈尖棱边的

距离 $L$，则 $N=N_0L$，于是式（3-42）变为

$$d=\frac{\Delta N}{\Delta l}\cdot\frac{L\lambda}{2n} \tag{3-43}$$

## 三、实验仪器

本实验需要的仪器是牛顿环、劈尖和钠光灯（$\lambda=589.3\text{nm}$）以及测距显微镜。测距显微镜是测量微小长度的一种仪器，它的构造原理与螺旋测微计类似，主要由显微镜、移动系统和读数系统三部分组成，如图 3-30a、b 所示。转动调焦手轮可升降显微镜筒，用来对物点 P 对光。旋动测微鼓时，带动显微镜筒左右移动，所以显微镜筒可以上下左右移动。

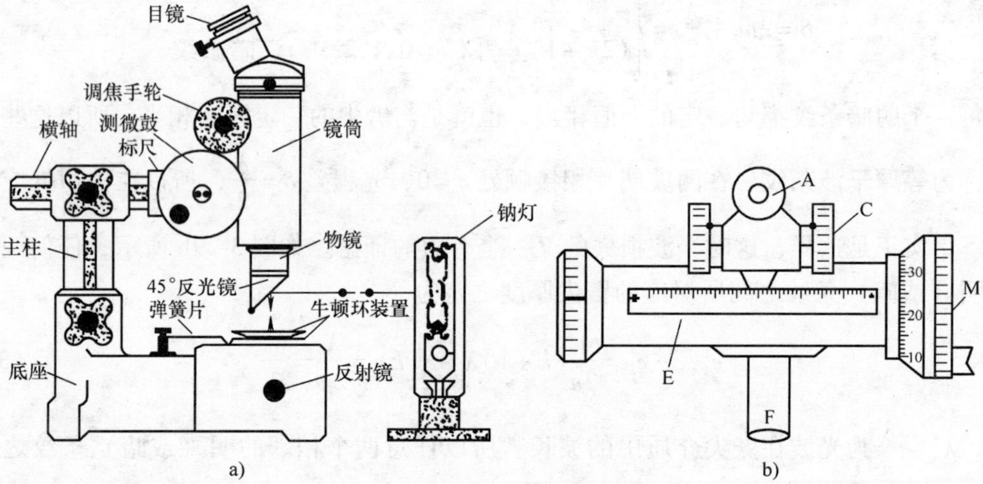


图 3-30 测距显微镜构造图

a）测距显微镜 b）读数系统

E 为 1mm 分度的标尺，标尺和测微鼓组成读数系统。测微鼓 M 上刻有 100 个分格，测微鼓每转一圈，显微镜筒相对直尺移动 1mm，因此利用测距显微镜可以直接读出 0.01mm 的读数，估读到 0.001mm。

若要向某一目标 P 对光，可将 P 置于物镜的正下方，旋转目镜筒调焦，使分划板清晰。旋转调焦手轮调节物镜与 P 间的距离，使目标清晰，并消除视差。如果调焦手轮已旋尽，目标仍未清晰，则可松开支柱上的旋钮，大距离地改变物镜到目标 P 的间距，然后将该旋钮紧固，再用调焦手轮进行细调。注意，松开支柱上的旋钮时，必须先用手紧紧握住支柱，否则整个系统将会自动下落而碰坏物镜。

测量某物体长度的方法是先向该物体的一个端点对光，转动测微鼓，使十字丝的交点对准此端点，读出直标尺和测微鼓上的读数，即为此端点的位置读数 $n_1$。再旋转测微鼓，让十字丝的交点对准该物体的另一端点，读出此端点的位置读数 $n_2$。两端点的位置读数之差，即为被测物体的长度，即 $L=n_2-n_1$。为提高测量精度，十字丝移近时必须都是从左向右或者都是从右向左，如图 3-31 所示。切不可测量一边从左向右移动，而测量另一

边则从右向左移动，如图 3-32 所示，否则，将引入较大的回程差。而且，在一次测量中，不得中途调整显微镜，否则也将引入误差。

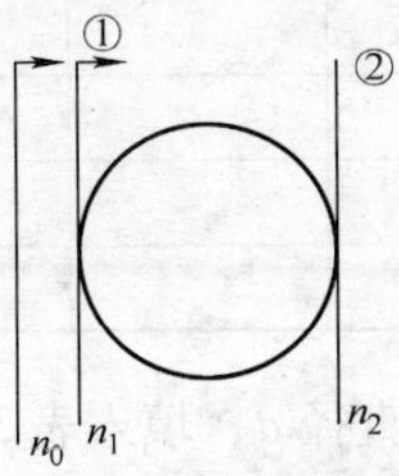


图 3-31　正确的测量方法

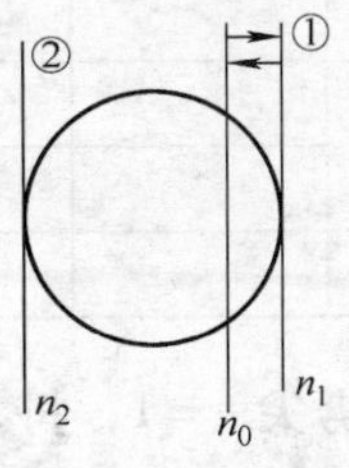


图 3-32　错误的测量方法

## 四、实验内容与要求

**1. 测平凸透镜的曲率半径**

将牛顿环放在读数显微镜载物台上，布置好光路，使显微镜中整个视场都已照亮。调节显微镜目镜，使十字叉丝清晰；调节调焦手轮使镜筒下移至与牛顿环相距 3 ~ 5mm 处，再从下向上移动镜筒调节物距，直至看到清晰的环纹。此时可以看到，距中央暗斑越近环纹越粗，各环纹间隙越大；反之，距中央暗斑越远环纹越细，间隙越小。移动牛顿环，使中心暗斑位于视场中心。调节目镜系统，使叉丝横线与标尺平行，然后测定环纹直径，以测定暗纹为宜。其步骤如下：

（1）使显微镜叉丝交点落在中央暗斑上（注意，此时显微镜筒应大致在刻度尺中部，否则应移动牛顿环的位置再调节），然后旋转测微鼓使叉丝向左移动，同时数暗环圈数，直到第 20 圈。

（2）反转测微鼓，使叉丝退回到第 15 圈的暗环线上并与其相切，记下读数。继续使叉丝回移，当它分别相切在第 15,14,13,12,11,10,9,8 等暗环上时分别记下相应读数，这样便测定了有关环纹左边的位置。

（3）继续旋转测微鼓，使叉丝越过中央暗斑，测出环纹中心右边第 8,9,10,11,12,13,14,15 暗环的位置。注意在进行测量时，测微鼓只能朝一个方向旋转，也就是显微镜只能朝一个方向移动，否则将由于空转（转动螺杆而显微镜并不移动）产生很大的测量误差。

（4）数据处理。将同一环纹左右位置读数相减，便得该环纹的直径 $D$。用逐差法将 $D_{15}$ 与 $D_{11}$ 为一组，$D_{14}$ 与 $D_{10}$ 为一组，$D_{13}$ 与 $D_9$ 为一组，……，分别代入式（3-40）计算 $R$ 值，填入表 3-11 中。

**2. 劈尖**

（1）将空气劈尖放在读数显微镜载物台上。用显微镜观察并描绘劈尖干涉的图像，与牛顿环干涉条纹作一比较。

（2）用读数显微镜测出 20 条暗纹的 $\Delta l$（测量方法见图 3-31）。用逐差法计算 $\Delta l$。

（3）用显微镜测出棱边到细丝的长度 $L$，共测 5 次。

表 3-11　牛顿环实测数据记录表

$\lambda=$ ________ nm　　单位：mm

| $m$ | 左读数 $s_1$ | 右读数 $s_2$ | $D_m=s_2-s_1$ | $n$ | 左读数 $s_1$ | 右读数 $s_2$ | $D_n=s_2-s_1$ | $R$ | 平均值 $R$ |
|---|---|---|---|---|---|---|---|---|---|
| 15 | | | | 11 | | | | | |
| 14 | | | | 10 | | | | | |
| 13 | | | | 9 | | | | | |
| 12 | | | | 8 | | | | | |

（4）空气劈尖 $n=1$，将各值代入式（3-43），求出细丝直径 $d$，填入表 3-12 中。

表 3-12　劈尖实测数据记录表

$\lambda=$ ________ nm　　单位：mm

| $m$ | $l_1$ | $n$ | $l_2$ | $\Delta N$ | $\Delta l=l_1-l_2$ | $L_{棱}$ | $L_{丝}$ | $L=L_{棱}-L_{丝}$ | $d$ |
|---|---|---|---|---|---|---|---|---|---|
| 0 | | 20 | | | | | | | |
| 1 | | 21 | | | | | | | |
| 2 | | 22 | | | | | | | |
| 3 | | 23 | | | | | | | |
| 4 | | 24 | | | | | | | |

## 五、注意事项

（1）本实验中待测凸透镜已与平板玻璃组装成牛顿环，实验中不许拆卸，也不要用手触摸其光学表面，对劈尖也是一样。

（2）在整个测量过程中，分划板十字叉丝的一条丝必须和主尺平行。

（3）测量时，必须始终往一个方向转动测微鼓，否则将引进回程差（见图 3-31）。在一次测量中，显微镜也不得中途调整，否则也将引进误差。

（4）当眼睛注视目镜时，镜筒只准移离待测物体（向上移动），不准靠近待测物体（向下移动），以防止撞破牛顿环或劈尖。

## 六、思考题

1. 牛顿环的干涉条纹的中心为什么不是一个几何点，而是一个斑？在什么情况下是暗斑？在什么情况下是亮斑？

2. 牛顿环的干涉图样中为什么相邻两暗环（或亮环）之间的距离，靠近中央的要比边缘的大？

3. 如何正确使用测距显微镜？

4. 若已知透镜半径 $R$，能否利用本实验装置求入射单色光波长 $\lambda$？

5. 试比较牛顿环与劈尖的干涉条纹的共同点？

6. 如何判断牛顿环上哪一面是平凸透镜？

（周　芹）

# 实验十二 迈克耳孙干涉仪的调整及其应用

迈克耳孙干涉仪为研究“以太”而诞生，为高科技量具的需要而演变，其原理应用已经成为干涉计量检测技术的核心，正在逐步渗透到理工类各学科分支。长期以来，高等学校以至大中专学校都有迈克耳孙干涉仪的实验内容。利用该装置，可方便地观察各种干涉现象，测量单色光的波长、透明体（固、液、气体）的折射率等参量，拓展了学习“干涉”应用的思路。

## 一、实验目的

(1) 了解迈克耳孙干涉仪的主要结构。

(2) 理解产生干涉的条件，掌握调节方法。

(3) 学会测量激光的波长。

(4) 学会测量空气的折射率或待测透明薄片的折射率。

## 二、实验仪器

迈克耳孙干涉仪，如图 3-33 所示。

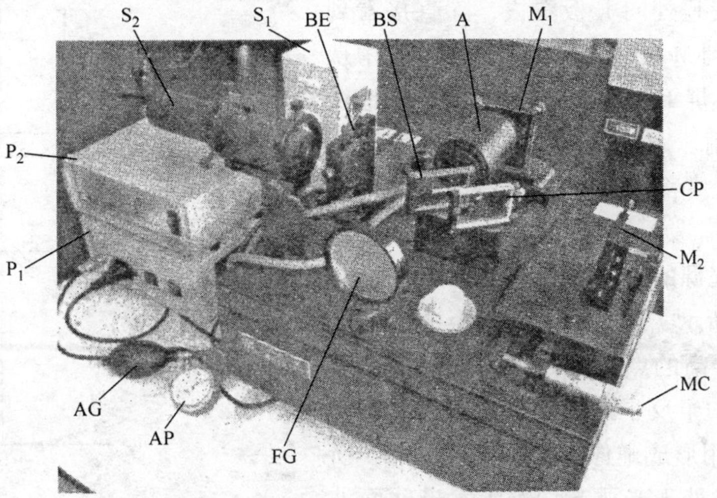


图 3-33 迈克耳孙干涉仪的结构图

AG—橡胶球 $P_1$—钠钨灯电源 $P_2$—He-Ne 激光源 $S_2$—激光管 AP—气压（血压）表
FG—毛玻璃 $S_1$—钠钨双灯 BE—扩束器 BS—分束器 A—气室 $M_1$—参考镜
$M_2$—动镜 CP—补偿板 MC—螺旋测微计

## 三、实验原理

### 1. 干涉仪的光学结构

迈克耳孙干涉仪的光路如图 3-34 所示，在相互垂直的两臂上安放有光学面较精密的

平面反射镜 $M_1$ 和 $M_2$，其背面各有三个调节螺钉，用来调节镜面的方位。$M_2$ 是固定的（现在有的厂家也设置成可小范围移动的）；$M_1$ 由精密丝杆控制，可沿其臂轴前后移动，其移动距离由蜗轮蜗杆上所附设的转盘读出，其最小分度值为 $10^{-4}$ mm，可估读到 $10^{-5}$ mm。在两垂直臂相交处，有一与两臂轴各成45°的平行平面玻璃板 F，且在 F 的第二平面上镀以半透、半反射膜，使由左光源入射的光分为光强度近似相等的反射光Ⅰ和透射光Ⅱ，因此，称 F 板为分光板。光线Ⅰ被 $M_1$ 反射，穿过 F 板射向屏 E，被 $M_2$ 反射的光线Ⅱ在 F 板的半反膜上反射到达屏 E。到达屏 E 的光线Ⅰ三次穿过玻璃板 F，而光线Ⅱ只穿过 F 板一次，为使光线Ⅰ,Ⅱ穿过玻璃板的光程相等，在光线Ⅱ的光路上安放有与 F 板平行且厚度和折射率均与 F 板完全相同的玻璃板 B，故称其为补偿板。

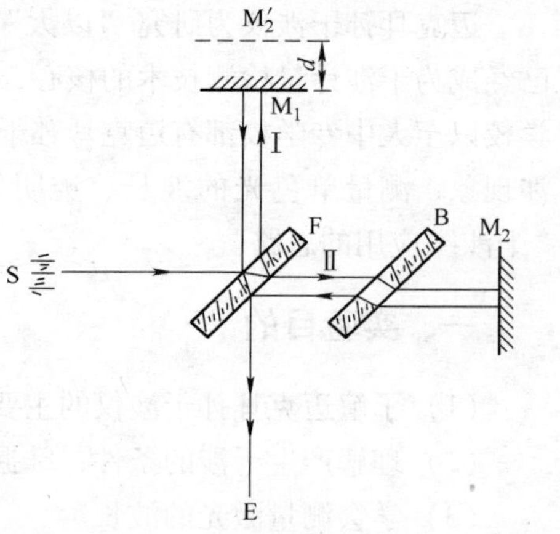

图 3-34　干涉仪的光路图

**注**　图 3-33 所示的干涉仪，$M_1$ 直接用普通螺旋测微器控制，$M_2$ 的移动靠普通螺旋测微器和杠杆臂联合控制，杠杆臂比率为 20∶1，此 $M_2$ 就是我们测量中用于调节的动镜，其精度等级比传统产品低一个数量级，且 $M_1$,$M_2$ 没有附设方位微调装置。

当观察者在 E 处向 F 板看去，除直接看到 $M_1$ 镜外还可看到 $M_2$ 的像 $M_2'$，于是干涉仪中从 $M_1$,$M_2$ 反射到达屏 E 的光线Ⅰ,Ⅱ，可等效地认为从 $M_1$,$M_2'$ 反射。因此，迈克耳孙干涉仪中所看到的干涉纹通常都视为由 $M_1$ 与 $M_2'$ 间的空气薄膜形成。

**2. 单色点光源的非定域干涉**

如图 3-35 所示，激光经过短焦距透镜 T 会聚成一个强度很高的点光源 S,S 发射的球面波射向分束板 F 的半反半透膜上，分别经过反射镜 $M_1$,$M_2$ 的作用形成虚像 $S_1'$,$S_2'$，如图 3-36 所示。只要观察屏处于光源 $S_1'$,$S_2'$ 所发出球面波的重叠区域，我们就能看到对应的干涉纹，因此，我们又称其为非定域干涉。干涉纹的形状与 $S_1'$,$S_2'$ 的位置、屏的位置有关。

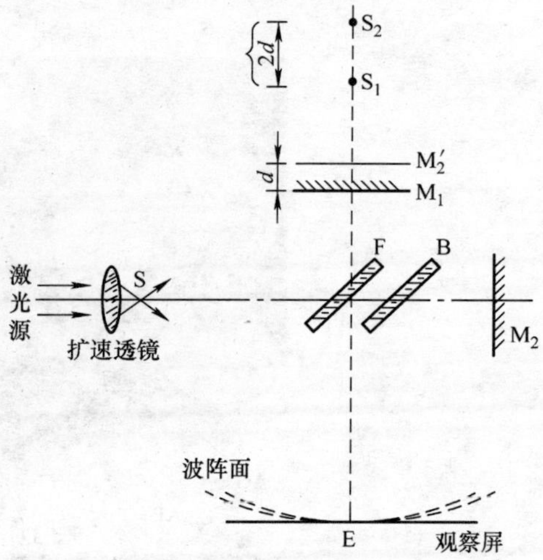

图 3-35　点光源的干涉示意图

如果 $M_2'$ 与 $M_1$ 严格平行，屏垂直于 $S_1'$,$S_2'$ 的连线，屏上呈现的是一组明暗相间的同心圆环，其圆心位于屏与 $S_1'$,$S_2'$ 轴线的交点 O 处。O 处的光程差 $\Delta=2d$，当 $Z$ 远大于 $2d$ 时，屏面 E 上其他点 $P'$ 的光程差近似为

$$\Delta=2d\cos i=\begin{cases}\pm k\lambda & \text{亮纹}\\ \pm\dfrac{1}{2}(2k+1)\lambda \quad (k=1,2,3,\cdots) & \text{暗纹}\end{cases}\tag{3-44}$$

由图 3-36 可见，屏平面 E 上以 $O$ 为圆心的圆环是从虚光源 $S_1'$, $S_2'$ 发出的倾角相同的光线干涉的结果，因此，称为**等倾干涉条纹**。倾角 $i=0$ 时光程差最大，$\Delta=2d=k\lambda$，即圆心 $O$ 处的干涉级次最高，越向边缘干涉级次越低。当 $d$ 增加时，中心的干涉级次将增高，圆环在中心“冒出”；反之，当 $d$ 减小时，干涉环向中心“收缩”。

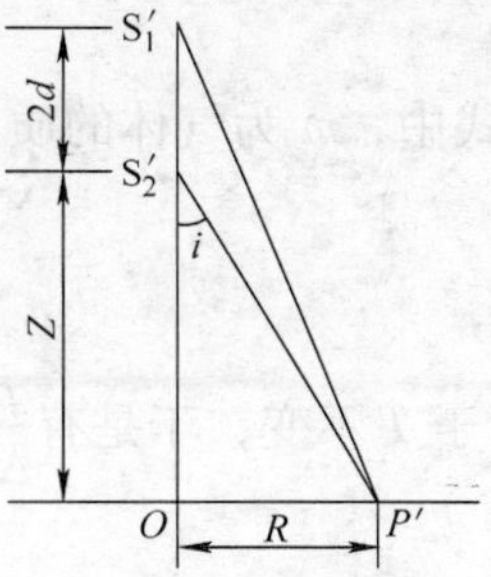


图 3-36　点光源的干涉程差图

若移动 $M_1$ 镜，改变 $d$，中心处条纹的级次相应改变，当 $d$ 每改变 $\frac{\lambda}{2}$ 的距离，环心就“冒”出或“缩”进一个环纹。移动 $M_1$，改变 $\Delta d$ 时数出中心相应冒出或缩进的环纹数 $N$，则有

$$\Delta d = N\cdot\frac{\lambda}{2}$$

$$\lambda=\frac{2\Delta d}{N}=\frac{2\mid L_1-L_2\mid}{N} \tag{3-45}$$

式中，$L_1$, $L_2$ 分别为 $M_1$ 镜移动前后的位置读数。实验中读取 $L_1$, $L_2$，并数出 $N$，即可由式 (3-45) 求出波长。

由明纹条件可知，相邻 $k$ 级和 $(k-1)$ 级干涉纹，有

$$2d\cos i_k = k\lambda$$

$$2d\cos i_{k-1}=(k-1)\lambda$$

在 $i$ 角较小时，可得相邻环纹的角间距为

$$\Delta i_k = i_{k-1}-i_k \approx \frac{\lambda}{2di_k} \tag{3-46}$$

由式 (3-46) 可见，$d$ 一定时，视场中干涉环纹的分布是中心较宽（$i_k\searrow$, $\Delta i_k\nearrow$），边缘较窄（$i_k\nearrow$, $\Delta i_k\searrow$）；$i_k$ 一定时，$d$ 减小，$\Delta i_k$ 越大，即环纹随 $M_1$ 与 $M_2'$ 间空气薄膜厚度 $d$ 的减小而变宽。因此，调节初期，应选择 $d$ 为较小值，即选择反射镜 $M_1$ 和 $M_2$ 到分光板 F 上半反半透膜的距离基本相同。

**3. 测定空气的折射率 $n$**

1896 年，瑞利为了测量惰性气体氩和氦的折射率，利用杨氏双缝干涉原理设计制作了一种专用干涉仪，称为瑞利干涉仪。我们根据其测量原理，将它应用到迈克耳孙干涉仪上，用以测定空气的折射率。

(1) 气体密度 $\rho$ 的改变对折射率 $n$ 的影响。设气体密度改变 $\Delta\rho$ 时，折射率相应改变 $\Delta n$，由于气体的折射率接近 1，利用洛伦兹-洛伦茨（分别为荷兰和丹麦的理论物理学家）公式可近似有

$$n-1=\frac{\Delta n}{\Delta\rho}\rho \tag{3-47}$$

考虑到 $\rho$ 的测量不方便，又由于一定条件下气体密度 $\rho$ 与其压强 $p$ 有确定的关系，而压强 $p$ 的测量方便。用手动气压装置将空气压入安有透光窗口长 $L=80$mm 的密闭圆筒中，其上接有 $p\leqslant 40$kPa 的气压表，然后再缓慢放气，并尽可能保持温度 $T$ 不变。据气体状态

方程

$$pV = \frac{m}{\mu}RT \tag{3-48}$$

（式中，$m$ 为气体的质量；$\mu$ 为气体的摩尔质量；$R$ 为摩尔气体常数）有

$$\rho = \frac{\mu}{RT}p$$

由于 $T$ 不变，于是有 $\frac{\rho}{\Delta\rho} = \frac{p}{\Delta p}$，代入式（3-47），有

$$n = 1 + \frac{\Delta n}{\Delta p}p \tag{3-49}$$

压强和压强的改变量是容易测量的量，只要测出对应折射率的改变量 $\Delta n$，就可求得压强为 $p$、温度为 $T$ 时气体的折射率。

（2）$\Delta n$ 的测量。$\Delta n$ 的变化，会引起光程差 $L\Delta n$ 的变化。若 $L\Delta n$ 设置在相干的两路光束中的某一路上，就会引起干涉纹的移动，计算干涉纹的移动量就间接测得了光程差的改变量 $L\Delta n$。

在调出等倾圆纹后，将长为 $L$ 的气筒放在镜 $M_1$ 与分光板 F 间的光路上，并注意观察和记录环心干涉纹的状态。然后压入适量空气，记住压强值，在缓慢放气的同时，计数环心冒出或缩进环纹的个数 $N$（可估计小数点后一位），一直待两路光的干涉为压气前的状态，于是有

$$L\Delta n = N\frac{\lambda}{2} \tag{3-50}$$

联立式（3-49）和式（3-50），得

$$n = 1 + \frac{N\lambda p}{\Delta p} \cdot \frac{1}{2L} \tag{3-51}$$

式中，$p$ 由室内气压计读出。

（3）反射镜 $M_1, M_2$ 等臂位置的确定。单色面光源照明，当 $M_2'$ 与 $M_1$ 成微小夹角 $\alpha$ 时，在 $M_2'$ 与 $M_1$ 的交线两侧可呈现明暗相间的直线条纹。

如果改用白光照射，由于白光是复色光，而干涉形成的明暗位置又与波长有关。在 $d=0$（交线上）位置，各种波长光的干涉情况相同，形成零级暗纹。在零级暗纹的近域有几条为数不多的彩色直条纹，稍远处，因不同波长、不同级次的明暗纹相互重叠，使照明均匀，彩色消失。零级暗纹的交线位置就是 $M_1, M_2$ 的等臂位置（此时两平面镜到分光板 F 上半反半透膜的距离相等）。

为准确读记 $M_1, M_2'$ 交线位置，可以分别读取彩纹的前阵到达屏中央的坐标线和彩纹的后阵离开屏中央的坐标线时的 $L_{01}, L_{02}$，则

$$L_0 = \frac{L_{01} + L_{02}}{2}$$

由于白光等厚干涉的零级暗纹能准确确定，因此，可以此来测定透明薄片的厚度 $h$ 或

折射率 $n$。在出现白光等厚彩色直条纹时，继续移动 $M_1$，使零级暗纹位于视场中央，此时 $M_1$ 的位置为 $L_0$，在镜 $M_1$ 与分光板 F 间放入与该臂垂直的待测薄片后，彩纹消失，继续沿原向移动 $M_1$，使此移动所引起的光程差改变量刚好补偿薄片放入后的光程差的改变量，于是彩色直条纹复现，且零级暗纹恢复到薄片放置前的状态，从而有

$$2n_0L_0 = 2(L_x - h)n_0 + 2n_xh$$

式中，$n_0$ 为空气的折射率；$n_x$ 为待测薄片的折射率（可由实验室给出）；$L_x$ 为彩纹复现后零级暗纹恢复至薄片放置前时 $M_1$ 镜的位置。待测薄片的厚度为

$$h = \frac{L_0 - L_x}{\dfrac{n_x}{n_0} - 1} \tag{3-52}$$

## 四、实验内容与要求

**1. 观察激光的非定域干涉现象**

前后移动 $M_1$ 镜，使 $M_1$, $M_2$ 到分光板上半反半透膜的距离大致相等。调节 $M_1$, $M_2$ 镜相关方位的调节螺钉和微调钮，使其处于中度状态（进退的路程相近）。开启激光源，调整激光管的上下左右，使激光束大致垂直射向 $M_2$ 镜中央。用厚纸片挡住 $M_1$ 镜，调节 $M_2$ 镜背后的三颗螺钉，使由 $M_2$ 镜反射回激光管前光阑上的最亮点能进入该光阑孔中，然后将挡 $M_1$ 镜的厚纸片挡住 $M_2$ 镜，调节 $M_1$ 镜背后的三颗螺钉，使由 $M_1$ 镜和分光板反射回激光管前光阑上的最亮点能进入该光阑孔中。此时拿开纸片，屏上也应能清晰呈现 $M_1$, $M_2$ 反射的两排亮点刚好重合。在激光管前放上扩束镜，调节扩束镜的高低前后及方位，使光束刚好穿过扩束镜的中央，此时屏上将呈现一组弧形干涉纹。进一步轻微地触或拉 $M_2$ 镜背后的螺钉，选择需调节的螺钉以调向，使弧形纹的圆心移向视场中央，$M_2'$ 平行于 $M_1$，视场呈现等倾干涉圆纹。

移动 $M_1$ 镜，观察中心的“冒出”或“缩进”环纹现象，并仔细观察干涉环纹的粗细、疏密与 $d$ 的关系。改变屏的远近及方位，观察并思考干涉纹的特征。

**2. 测量激光波长**

沿着一个方向移动微动手轮 MC（不允许回程），使环纹中心慢慢冒出或缩进一个个环纹，选择中心慢慢冒出或缩进某一黑点状态时为起点，读起 $M_2$ 镜的位置，并认真观察黑点的大小并同时数自中心冒出（或缩进）的环纹数，每数 50 个环纹，读记一次 $M_2$ 镜的位置，每次读记时，中心暗点的状态应与开始时一样，重复多次，将数据填入表 3-13 中。

计算所测激光的波长，并与公认值作比较。

**3. 测定空气的折射率**

在调出等倾干涉圆纹后，将长 $L = 80\text{mm}$ 的气筒安放至镜 $M_1$ 与分光板 F 间，并注意留心观察圆纹中心的状态（为后面放气终止计数环纹时的估读做准备），向气室压入适量空气，读记压强值，然后再缓慢放气至原状并同时计数环心冒出或缩进的环纹数 $N$（尽可能估读一位小数）。如此重复 6 次，将数据填入表 3-14 中。

表 3-13　中心环数 $N$ 改变 50 时 $M_2$ 镜的位置

| 次数 | $L_i$ | 次数 | $L_i$ | $L_{i+3}-L_i$ | $\overline{L_{i+3}-L_i}$ |
|---|---|---|---|---|---|
| 1 | | 4 | | | |
| 2 | | 5 | | | |
| 3 | | 6 | | | |

表 3-14　$T$ 不变时 $\Delta p$ 与对应的环纹 $N$

| 次数 | 1 | 2 | 3 | 4 | 5 | 6 |
|---|---|---|---|---|---|---|
| $\Delta p$/kPa | | | | | | |
| $N$ | | | | | | |

计算空气折射率的平均值并估算其标准不确定度。

**4. 确定 $M_1$,$M_2$ 两镜的等臂位置或测透明薄片的折射率**（选做）

## 五、注意事项

（1）干涉仪是精密的光学仪器，要注意防潮、防尘，严禁用手或他件触摸光学面，要防止唾液溅到光学面上。

（2）调节动作要轻缓，不允许强扭硬扳。调节前相应的调节钮或螺钉要置于中度状态，以便有双向调节的余地。实验完毕，所有螺钉、弹簧应处于适度的放松状态。

（3）利用螺旋测读数据时，要避免回程差影响测量结果。

（4）光学电源一般不要常开常闭，以延长灯管的寿命。

## 六、思考题

1. 利用迈克耳孙干涉仪测量光源波长时，强调“保持原方向”转动动镜的微调手轮，目的何在？

2. 在什么条件下产生等倾干涉条纹？在什么条件下产生等厚干涉条纹？

3. 如何鉴别 $M_2'$ 是移向还是远率 $M_1$？如何鉴别 $M_1$ 的移动方向是移向还是远离 $M_1$，$M_2$ 的等臂位置？

（王相奇）

# 第四章　基本技能训练

本章安排了 7 个基本技能训练的实验项目。要求学生掌握零位的调整，水平、铅直的调整，视差的消除，等高共轴的调整，电路的连接，光学实验自校准、被校准、互校准调节等基本实验操作方法，通过实验技巧的训练，达到提高学生基本技能和建立实验系统能力的目的。

## 实验十三　示波器的原理及应用

示波器是一种多用途的现代测量工具，可以用它直接观察电信号的波形，也能测量电压信号的幅度、周期和频率等参数。双踪示波器不仅能用来独立或同时观察两种信号的波形，还能用来测量两个信号之间的时间差和相位差。借助各种传感器，一切可以转化为电压的其他电学量（如电流、电功率、阻抗、相位等）和非电学量（如温度、位移、压强、磁场、频率等）都可以用示波器来测量，示波器特别适用于观察瞬时变化过程，所以它是一种用途非常广泛的测量仪器。

### 一、实验目的

（1）了解示波器的主要组成部分、工作原理及使用方法。

（2）掌握利用李萨如图形测频率的方法。

### 二、实验原理

示波器的主要组成部分的构造和作用简述如下：

**1. 示波管**

示波管的构造分电子枪、偏转板及荧光屏三部分，如图 4-1 所示。小圆管状的阴极 C 内有钨丝加热灯丝，由 HH 导线引出管外。栅极 G、第一阳极 $A_1$、第二阳极 $A_2$ 均为同轴金属圆筒，管内内膜片的中心有限制小孔，上述各电阻组成电子枪。$Y_1Y_2$ 及 $X_1X_2$ 分别是两对金属偏转板，$Y_1Y_2$ 称垂直偏转板，$X_1X_2$ 称水平偏转板。所有电极都封闭在高真空玻璃管内，各由导电引线引接到管脚，使之和内外电路相连。管右端玻璃管的内表面涂有荧光物质膜层，称为荧光屏。

电子枪是用来发射电子束的。灯丝 HH 通电流后会发热，可以加热阴极。阴极表面涂有金属锶和钡的氧化物，当温度升高后，获得较高动能的自由电子从阴极表面逸出（称为热电子发射），形成电子流。电子流的密度受到加于栅极上相对于阴极为负电压的电场的控制，改变栅极电压的高低可以改变到达荧光屏电子的数量，从而控制光点的亮度。第

二阳极 $A_2$ 相对于阴极 C 有很高的电压 $U_2$，在 C，$GA_1$ 和 $A_2$ 间形成有一定形状分布的强电场。它一方面使电子流在电场中被加速，另一方面使发散的电子通过电场后重新会聚，形成一束电子射线，电子束射线再经过 $X_1X_2$ 和 $Y_1Y_2$ 两对偏转板成为受控电子束，最后轰击荧光屏的荧光物质上，发出可见光，使输入到示波器上的信号显示在屏上，以供观察和测量。

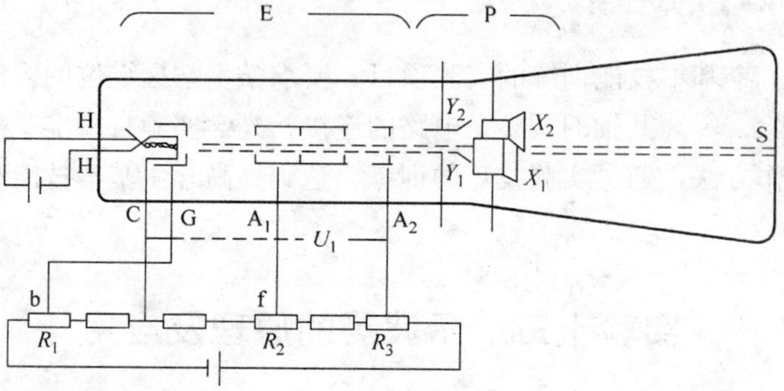


图 4-1　示波管

$A_1$—第一阳极　$A_2$—第二阳极　b—辉度调节　C—阴极　E—电子枪　f—聚焦调节　G—控制栅极　H—钨丝加热电极　P—偏转板　S—荧光屏　$X_1$，$X_2$—水平偏转板　$Y_1$，$Y_2$—垂直偏转板

**2. 电子束的运动和相应的控制旋钮**

射向荧光屏的电子束途径 *XY* 偏转板时，偏转板是如何控制电子束运动的呢？

（1）*Y* 轴输入（垂直）偏转系统。它由 *Y* 轴偏转板 $Y_1Y_2$ 及相应的电子线路组成。当电子以一定的速度沿着示波管轴线向前运动，进入垂直偏转板空间时，若 $Y_1$ 的电位 $U_{Y_1}$ 高于 $Y_2$ 的电位 $U_{Y_2}$，电子束受到垂直于电子运动方向的电场力的作用，产生向下偏转的加速度，改变了原来的运动方向。当电子到达荧光屏时，偏离到荧光屏水平轴线的下方；反之，则在上方。

在实际使用中，$U_{Y_1}$ 及 $U_{Y_2}$ 受 *Y* 轴输入信号的控制，*Y* 轴输入信号受偏转系统电子线路控制，它由衰减和放大两部分组成，以调节输入到 $Y_1$ 和 $Y_2$ 的信号大小适当。相应的控制旋钮为垂直衰减开关（VOLTS/DIV）和垂直微调（$CH_1$. VAR 或 $CH_2$. VAR），控制 $Y_1Y_2$ 直流电位的旋钮为 *Y* 轴位移（⬍ POSITION），以改变图像在屏上的上下位置。

（2）*X* 轴输入（水平）偏转系统。它由 *X* 轴偏转板及相应的电子电路组成。当电子进入水平偏转板空间时，若 $X_1$ 的电位高于 $X_2$，电子束同样受到垂直于电子运动方向的电场力的作用，产生向左偏转的加速度，使光点偏离到荧光屏垂直轴线的左方；反之，则在右方。

在实际使用中，$X_1$ 及 $X_2$ 的电位受 *X* 轴输入信号控制，*X* 轴输入的电信号受控于水平偏转系统的电子电路，由衰减和放大两部分组成，以调节输入到 $X_1$ 和 $X_2$ 的信号大小适当，相应的控制旋钮为水平扫描速度开关（TIME/DIV）。当水平扫描速开关工作于时间挡时，可调节锯齿波的周期，改变扫描速度。当工作在 *X-Y* 方式下，相应的控制旋钮为 $CH_1$ 通常的垂直衰减开关（VOLTS/DIV）。控制 $X_1X_2$ 直流电位的旋钮为 *X* 轴位移（◀▶ POSITION），以改变图像在屏上的左右位置。

当 $X$ 轴和 $Y$ 轴偏转板上的电压都为零（即 $U_X=0, U_Y=0$）时，电子束打在荧光屏上只出现一个亮点。

当 $U_X=0, U_Y=A\sin(\omega t+\varphi)$ 时，电子束仅在垂直方向有偏移，所以会看到一条垂直亮线。

当 $U_X=A\sin(\omega t+\varphi), U_Y=0$ 时，电子束仅在水平方向有偏移，所以会看到一条水平亮线。

（3）扫描系统。该系统是示波器的关键部分，其功能是获得锯齿波电压信号，将其加到 $X$ 轴偏转板上，并用垂直偏转板上的信号或外部专用信号去控制锯齿波电压信号的周期，使其为垂直偏转板上的信号周期的整数倍。锯齿波电压信号的波形如图 4-2 所示，在一个周期内，电压幅度随时间线性增大。若此电压加在 $X$ 轴偏转板上，可使光点匀速地沿 $X$ 方向从左向右作周期性运动，这种过程称扫描。当锯齿波的频率足够高且 $Y$ 轴无信号时，在荧光屏上将扫出水平的亮线——时间基线。锯齿波的扫描频率（周期 $T$ 的倒数）用水平扫描速度开关（TIME/DIV）和扫描微调旋钮（SWP. VAR）进行调节。

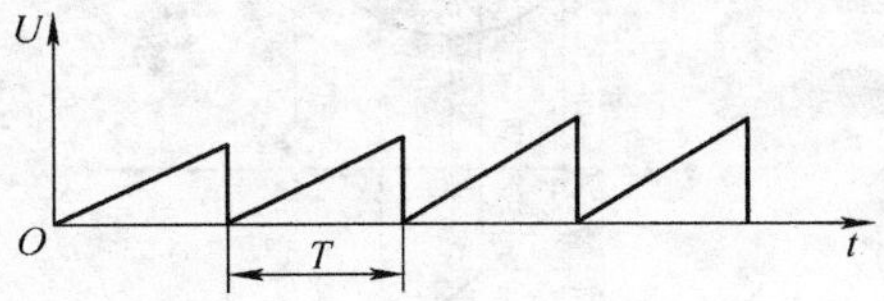

图 4-2　锯齿波电压波形

**3. 示波器显示图像的基本原理**

若在 $Y$ 轴偏转板上加上正弦电压 $U_Y=2E\sin(\omega t)$，在 $X$ 轴偏转板上不加电压，即 $U_X=0$，此时光点将沿 $Y$ 轴方向移动，移动的距离正比于 $U_Y$。$U_Y$ 是按正弦变化的，所以光点在 $Y$ 轴方向移动的距离也按正弦变化，但 $U_X=0$，光点在 $X$ 轴方向无移动，在荧光屏上只能看到一条 $Y$ 轴方向的线段，而不是正弦波，如图 4-3 所示。若在 $Y$ 轴输入周期为 $\tau$ 的电信号的同时，在 $X$ 轴输入周期为 $T$ 的锯齿波扫描电压，此时由 $Y$ 轴输入的电信号波形在屏上就被展开。两种信号合成的原理如图 4-3 所示，若 $\tau=T$，将得到一个周期的完整波形；当 $T=n\tau(n=1, 2, 3, \cdots)$ 时，荧光屏上就出现 $n$ 个稳定的完整波形。这样，波形的峰值反映出信号的幅值，一个周期所占的水平长度反映出该信号的周期。

**4. 同步系统**

当被观察信号的周期是锯齿波信号的周期的整数倍时，还需两者保持一定的相位关系，使锯齿波在被测信号的每个周期或每隔若干个周期的同一点开始扫描，这样每次荧光屏上显示的图形重合，才能看到稳定的被测信号波形。为此，往往将被研究的电压取出一部分加在锯齿波发生器上由电路进行自动调节，使它发出的锯齿波周期与被研究的电压周期完全相等或严格为其整数倍，这种作用叫同步作用。

示波器除可以用来测试和观察电信号外，还可以用于两个相互垂直电信号的合成。此时 $X$ 轴输入的信号不再是锯齿波扫描电压而是外接信号，因此必须将水平扫描速度开关（TIME/DIV）转到 $X$-$Y$ 挡。在此情况下，锯齿波发生器便不再作用于 $X$ 轴偏转板，作用于 $X$ 轴偏转板的是 $CH_1$ 通道输入的信号，因此，控制扫描的有关旋钮就不再起作用。

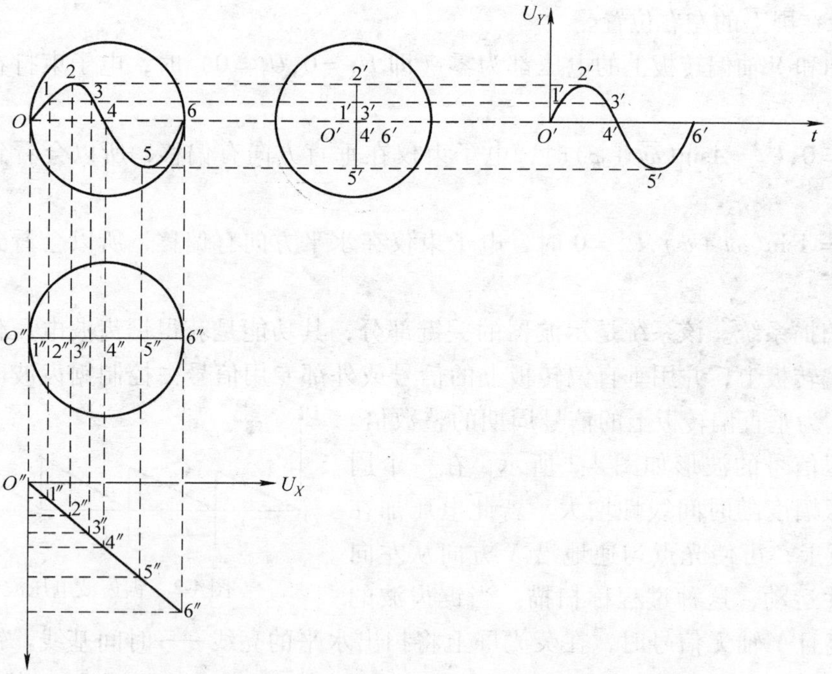


图 4-3　正弦波形图

## 三、实验仪器

CA9000 型双踪示波器一台；信号发生器两台，可提供本实验所需各种频率的正弦波。

### 1. CA9000 型双踪示波器

CA9000 型示波器前面板如图 4-4 所示。

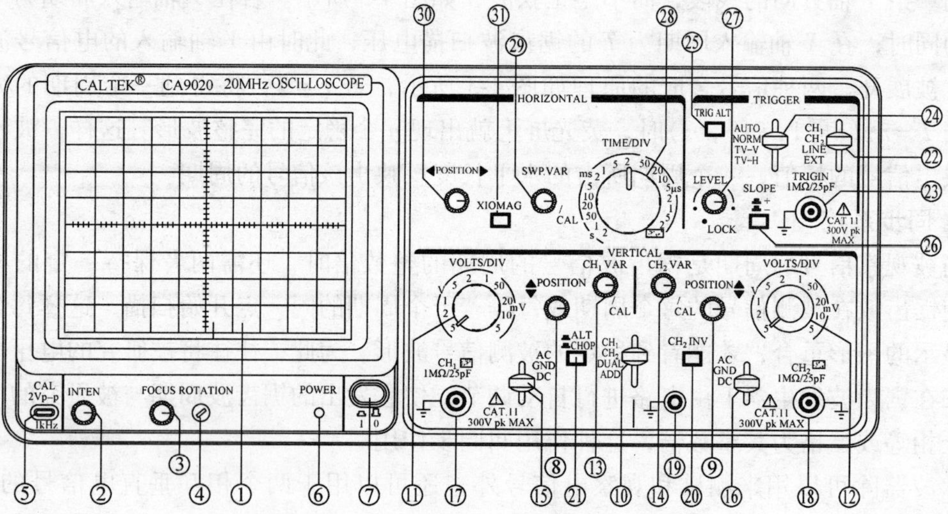


图 4-4　CA9000 型示波器前面板

**CRT**

①滤色片：使波形看起来更加清晰。

②亮度（INTEN）：可调节轨迹或亮点的亮度，亮度应适中，不宜太亮。

③聚焦（FOCUS）：调节轨迹或亮点的清晰度。

④轨迹旋转（ROTATION）：半固定的电位器用来调整水平轨迹与水平刻度线相平行。

⑤CAL：提供幅度为 $2V_{p\text{-}p}$，频率为 1kHz 的方波信号，用于校正 10:1 探头的补偿电容器和检测示波器垂直与水平的偏转因数。

⑥电源指示灯。

⑦主电源开关。

**垂直轴**

⑰$CH_1(X)$输入：在 $X$-$Y$ 模式下，作为 $X$ 轴输入端。

⑱$CH_2(Y)$输入：在 $X$-$Y$ 模式下，作为 $Y$ 轴输入端。

⑮、⑯垂直信号输入（AC-GND-DC）：选择垂直输入信号的输入方式。

AC 为交流耦合；GND 将垂直放大器的输入接地；DC 为直流耦合。

⑪、⑫垂直衰减开关（VOLTS/DIV）：调节垂直偏转灵敏度从 5mV/div ~ 5V/div 分挡。

⑬、⑭垂直微调（$CH_1$ · VAR 或 $CH_2$ · VAR）：微调灵敏度大于或等于1/2.5 标示值，在校正位置时，灵敏度校正为标示值。

⑧、⑨（⬍POSITION）垂直位移：调节光迹在屏幕上的垂直位置，可使波形上下移动。在 $X$-$Y$ 模式下，⑨调节光迹的垂直位置。

⑩垂直方式：选择 $CH_1$ 与 $CH_2$ 放大器的工作模式。$CH_1$ 或 $CH_2$ 为通道 1 和通道 2 单独显示；DUAL 为两个通道同时显示；ADD 为显示两个通道的代数和 $CH_1 + CH_2$。

㉑ALT + CHOP：在双踪显示时，放开此键，表示通道 1 与通道 2 交替显示（通常用在扫描速度较快的情况下）；按下此键时，通道 1 与通道 2 同时断续显示（通常用于扫描速度较慢的情况下）。

⑲GND：示波器机箱的接地端子。

⑳（$CH_2$ · INV：通道 2 的信号反向。按下 $CH_2$ · INV 按钮，$CH_2$ 通道的信号反向，显示为代数差）$CH_1 - CH_2$。为了得到加减的精确值，两个通道的衰减设置必须一致。

**触发**

在 DUAL 或 ADD 方式下，触发信号由触发源开关来选择。

㉓外触发输入端口：用于外部触发信号的输入。当使用该功能时，开关㉒应设置在 EXT 的位置上。

㉒触发源选择：选择内（INT）或外（EXT）触发。

$CH_1$ 选择通道 1 作为内部触发信号源；$CH_2$ 选择通道 2 作为内部触发信号源；LINE 选择交流电源作为触发信号；EXT 用外来信号驱动扫描触发电路。

㉕TRIG ALT：在双踪交替显示时，它会交替选择通道 1 和通道 2 作为内触发信号源。

㉖SLOPE：触发信号的极性选择。“+”上升沿触发；“-”下降沿触发。

㉗触发电平锁定（LEVEL LOCK）：显示一个同步稳定的波形，并设定一个波形的起

始点，向“+”旋转触发电平向上移，向“-”旋转触发电平向下移。将此旋钮向逆时针方向转到底听到咔嗒一声后，触发电平被锁定在一个固定电平上，这时改变扫描速度或信号幅度时，不再需要调节触发电平，即可获得同步信号。

㉔选择触发方式：AUTO 为自动，当为自动模式时，扫描发生器自由产生一个没有触发信号的扫描信号，当有触发信号时，它会自动转换到触发电平；NORM 为常态，有触发信号才会扫描，否则屏幕上无扫描线；TV-V 为用于观察电视信号中场信号波形；TV-H 为用于观察电视信号中行信号波形。

**时基**

㉘水平扫描速度开关（TIME/DIV）：扫描速度分为 20 挡，从 0.2μs/div 到 2s/div。调节扫描速度旋钮，可以选择你想要观察的波形个数。当设置到 *X-Y* 位置时用做 *X-Y* 示波器，观察李萨如图形。

㉙水平微调（SWP. VAR）：微调水平扫描时间，扫描速度可连续变化，当顺时针旋转到底时处于较准位置，扫描时间与 TIME/DIV 指示的一致。整个延时可达 2.5 倍甚至更多。

㉚（◀POSITION▶）水平位移：调节光迹在屏幕上的水平位置。

㉛扫描扩展开关（×10MAG）：按下时扫描速度扩展 10 倍。这时的扫描速度为（“扫描速度开关”上的值）/10。如：1μs/div 可以扩展到 100ns/div。

**2. EE1641B 型信号发生器**

EE1641B 型信号发生器前面板如图 4-5 所示。

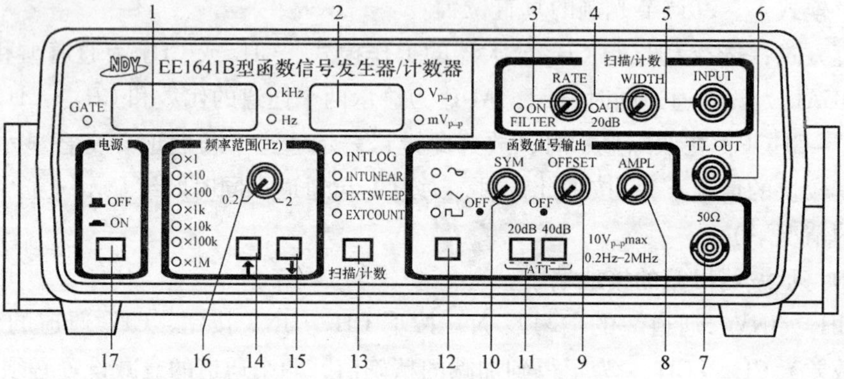


图 4-5 EE1641B 型信号发生器前面板

1—频率显示 2—幅度显示 3—扫描速率调节 4—宽度调节 5—外部输入插座 6—TTL 信号输出端 7—函数信号输出端 8—信号输出幅度调节 9—输出信号直流电平预置 10—输出波形对称性调节 11—信号输出幅度衰减开关 12—输出波形选择按钮 13—“扫描/计数”按钮 14—上频段选择按钮 15—下频段选择按钮 16—频率调节旋钮 17—电源开关

## 四、实验内容与要求

### 1. 测量前的检查与调整

（1）调节信号发生器，使之输出频率为 500Hz，$U_{P-P}$ 为 5V 的正弦波信号，输入到 $CH_1$ 通道。

（2）光迹旋转。将亮度（INTEN）、聚焦（FOCUS）、POSITION（2 个）等 4 个旋钮

置于中间位置，打开示波器电源，在正常情况下，屏幕上显示的水平扫描线应与水平刻度线平行；但由于地球磁场与其他因素的影响，会使水平迹线产生倾斜，给测量造成误差。因此，在使用前检查扫描基线与水平刻度线是否平行，如不平行，用螺钉旋具调整前面板“ROTATION”电位器使扫描线水平。

(3) 调整示波器使示波器显示出 $CH_1$ 通道的信号，且波形的个数、幅度适中。将 SOURCE 置于 $CH_1$，触发电平（LEVEL）锁定，触发方式选择 AUTO，显示方式（MODE）的选择与 SOURCE 一致；调节亮度、聚焦旋钮使亮度适中、光迹最细；调节示波器面板左上方时基（HORIZONTAL）部分旋钮，以改变波形的个数，调出约有 1 ~ 3 个周期的波形；调节 $CH_1$ 通道的垂直偏转因数和垂直微调、垂直移位，将波形的幅度调到约占 5 格左右。

(4) 调节信号发生器上的“波形选择按钮”观察各种波形，调节“对称旋钮”观察各种波形的对称性。

(5) 了解信号的耦合方式（AC-GND-DC）开关的作用，将该开关置于 DC，调节信号发生器上的“直流电平预置旋钮”，了解该旋钮的功能。

(6) 将另一个信号输入到 $CH_2$ 通道，调节示波器，显示出此信号，利用垂直显示方式，同时观察两个通道的信号，并观察两个信号的叠加、相减。

**2. 测量信号的幅值、周期、频率，并描绘波形**

(1) 在信号发生器上调出 1000Hz，6V 的正弦波信号，输入到 $CH_1$ 通道，测量该信号的峰-峰电压值和频率。

①调整示波器上各旋钮，使该信号稳定显示。

②调节垂直偏转因素，使被显示的波形在 5 格左右，将微调顺时针旋足（置于校正位置）。

③调节水平扫描速度开关，使屏幕至少显示一个波形周期，并将水平微调顺时针旋足（置于校正位置）。

④调整垂直移位，使波形底部与屏幕中某一水平坐标相切，调整水平移位，使波形顶部与屏幕中央的垂直坐标相交，如图 4-6 所示。

⑤读出垂直方向 $AB$ 两点之间的格数及垂直偏转因数。按下面公式计算被测信号的峰-峰电压值。

$U_{p\text{-}p}$ = 垂直方向的格数 × 垂直偏转因数

例如，在图 4-6 中，测出 $AB$ 两点垂直格数为 4.2 格，用 10∶1 探极的垂直偏转因数为 2V/div，则

$$U_{p\text{-}p} = (2 \times 4.2)\text{V} = 8.4\text{V}$$

⑥分别调整垂直移位和水平移位，使波形中需测量的 $A$,$B$ 两点位于屏幕中央水平刻度线上，如图 4-7 所示。

测量 $A$,$B$ 两点的水平格数，读出水平扫描

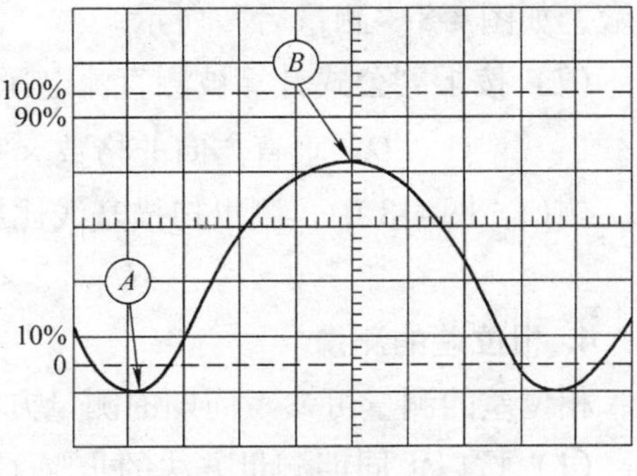

图 4-6　测量 $U_{p\text{-}p}$

时间因数，按下列公式计算出周期：

$$周期(s)=\frac{两点之间水平距离(格)\times扫描时间因数(时间/格)}{水平扩展倍数}$$

例如，在图4-7中，测量$A,B$两点的水平距离为8格，扫描时间因数为2μs/div，水平扩展×1，则

$$时间间隔=\frac{2\mu s/div\times 8div}{1}=16\mu s$$

测量信号频率

$$f=\frac{1}{T}$$

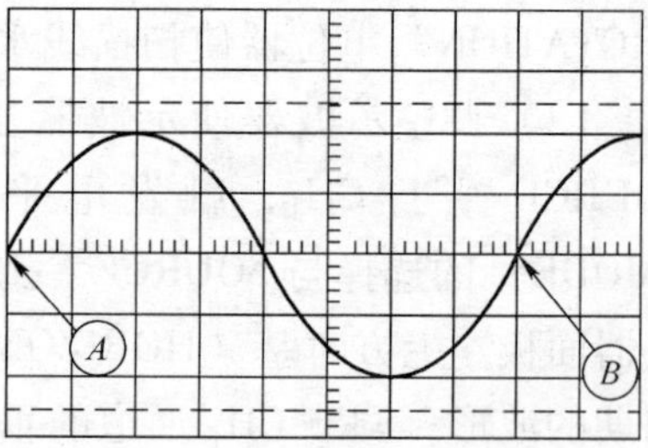

图4-7　测量周期

⑦描绘正弦交变电压波形。

（2）重新调节信号为100Hz,3V，按照（1）的方法测量并描绘其波形。

将上述（1）、（2）的测量结果记录在表4-1中。

**表4-1　测量正弦交流电压的周期、频率、$U_{P\text{-}P}$**

| 交流信号 | 水平格数/div | 扫描因数/(ms/div) | 周期/ms | 频率/Hz | 垂直格数/div | 垂直偏转因数/(V/div) | $U_{P\text{-}P}$/V |
|---|---|---|---|---|---|---|---|
| 1000Hz,6V | | | | | | | |
| 200Hz,3V | | | | | | | |

**3. 直流电压的测量**

（1）设置面板控制器，使屏幕显示一条扫描基线。

（2）设置被选用通道的耦合方式为“GND”，如图4-8“测量前”所示。

（3）调节垂直移位，使扫描基线在某一水平坐标上，定义此时为电压零值。

（4）将被测电压馈入被选用的通道插座。

（5）将输入耦合置于“DC”，调节电压衰减器，使扫描基线偏移在屏幕中一个合适的位置上，顺时针旋转微调旋钮至校正位置。

（6）读出扫描基线在垂直方向上偏移的格数，如图4-8“测量后”所示。

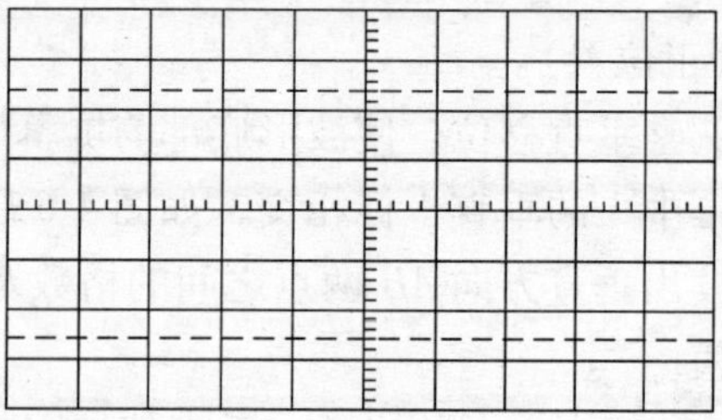

图4-8　直流电压的测量

（7）按下列公式计算被测直流电压值：

$$U=垂直方向的格数\times垂直偏转因数\times偏转方向(+或-)$$

例如，图4-8中，测出扫描基线比原基线上移4格，垂直偏转因数2V/div，则

$$U=[2\times4\times(+)]V=+8V$$

**4. 相位差的测量**

相位差的测量可参考同期的测量方法，步骤如下：

（1）按以上同期测量方法的步骤①~③设置有关控制器。

（2）调整电压衰减器和微调控制器，使两个波形的显示幅度一致。

（3）调整扫速开关和微调，使波形的一个周期在屏幕上显示 9 格，这样水平刻度线上

$$1\,\text{div} = 40° \quad (360° \div 9)$$

（4）测量两个波形相对位置上的水平距离（格）。

（5）按下列公式计算出两个信号的相位差：

相位差 = 水平距离（格）×40°/格

例如，在图 4-9 中，测得两个波形相对位置上的距离为 1 格，则按公式可算出：

相位差 = 40°/div × 1div = 40°

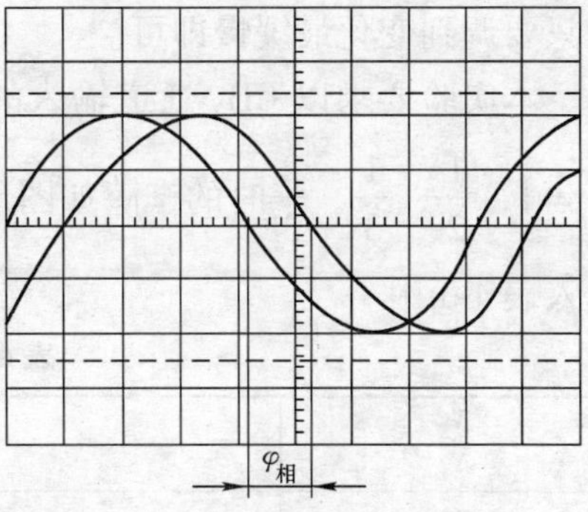


图 4-9　测量相位差

**5. 用李萨如图形测量待测信号频率**

示波管内电子束受 $X$ 偏转板上正弦电压的作用时，屏上亮点作水平方向的谐振动。$X$ 与 $Y$ 偏转板同时加上正弦电压时，亮点的运动将是两个相互垂直振动的合成。设两个相互垂直的振动为

$$X = A_1 \sin(\omega_1 t + \varphi_1)$$
$$Y = A_2 \sin(\omega_2 t + \varphi_2)$$

（1）若角频率 $\omega_1 = \omega_2$，①初相位 $\varphi_1 = \varphi_2$，则其合振动的轨迹为通过原点在（Ⅰ，Ⅲ）象限一斜直线；②若 $\varphi_1 - \varphi_2 = \pi$，则为一通过原点在（Ⅱ，Ⅳ）象限斜直线；③若 $\varphi_1 - \varphi_2 = \frac{\pi}{4}$，$\frac{3}{4}\pi$，则其合振动轨迹为一椭圆；④若 $\varphi_1 - \varphi_2 = \frac{\pi}{2}$，且 $A_1 = A_2$，则为圆。

（2）当 $\omega_1 \neq \omega_2$，即频率 $f_X \neq f_Y$ 时，则合成振动轨迹为一复杂的图形；但如果 $f_X : f_Y$ 成整数倍，则合振动轨迹是一个稳定的封闭曲线，这曲线称为**李萨如图形**，见表 4-2。由图可得出如下规律：

$$\frac{f_Y}{f_X} = \frac{X\text{ 方向切线对图形的切点数 } N_X}{Y\text{ 方向切线对图形的切点数 } N_Y}$$

当待测频率的信号从 $Y$ 轴输入时，可调节已知信号 $f_X$ 得到清晰的李萨如图形，由该图形的切点数来计算待测信号频率 $f_Y$。

**表 4-2　李萨如图形**

| $f_Y : f_X$ | 1:1 | 1:2 | 1:3 | 2:3 | 3:2 | 3:4 | 2:1 |
|---|---|---|---|---|---|---|---|
| 李萨如图形 | 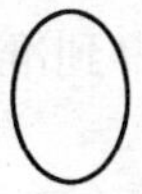 |  |  | 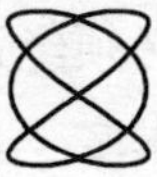 |  | 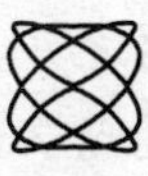 |  |
| $N_X$ | 1 | 1 | 1 | 2 | 3 | 3 | 2 |
| $N_Y$ | 1 | 2 | 3 | 3 | 2 | 4 | 1 |
| $f_Y$/Hz | 100 | 100 | 100 | 100 | 100 | 100 | 100 |
| $f_X$/Hz | 100 | 200 | 300 | 150 | $66\frac{2}{3}$ | $133\frac{1}{3}$ | 50 |

**注** 测量频率时，必须关闭扫描电压，即将水平扫描速度开关置于 $X$-$Y$ 挡，此时扫描微调旋钮不起作用。实际操作时，因为两信号的相位差的微小变化，图形不可能很稳定，故只要调到变化最缓慢即可。

本实验要求以 $CH_2$ 通道输入的信号为待测信号，调节 $CH_1$ 通道信号频率，分别调出 $\frac{N_X}{N_Y}=1$，$\frac{1}{2}$，$\frac{1}{3}$，$\frac{2}{3}$ 时的李萨如图形，并根据李萨如图形计算出待测信号频率 $f_Y$，将结果填入表 4-3 中。

**表 4-3 用李萨如图形测量频率**

| $\frac{N_X}{N_Y}$ | 1 | $\frac{1}{2}$ | $\frac{1}{3}$ | $\frac{2}{3}$ |
|---|---|---|---|---|
| 图形 | | | | |
| $f_X$/Hz | | | | |
| $f_Y=\frac{N_X}{N_Y}f_X$/Hz | | | | |

## 五、思考题

1. 用示波器观察正弦波，在荧光屏上出现：

（1）一亮点；　　（2）一竖直亮线；

（3）一水平亮线　　（4）图像不稳定。

试解释其原因，并说明如何操作才能出现稳定的正弦波波形。

2. 示波管是由哪几部分组成的？它们的作用是什么？

3. 如果被观察波形不稳定，总是向左或向右移动，怎样调节才能使其稳定？

4. 试阐述所使用的示波器上各主要旋钮的作用。

（周　芹）

# 实验十四　分光计的调整及应用

分光计是精确测定光线偏转角的仪器，也称测角仪。光学中的许多基本量如波长、折射率等都可以直接或间接地表现为光线的偏转角，许多光学仪器（棱镜光谱仪、光栅光谱仪、分光光度计、单色仪等）的基本结构也是以它为基础的，所以分光计是光学实验中的基本仪器之一。使用分光计时必须经过一系列的精细的调节才能得到准确的结果，它的调节技术是光学实验中的基本技术之一，必须正确掌握。

## 一、实验目的

（1）了解分光计的结构和功能。

（2）学习分光计的调节方法。

（3）掌握三棱镜顶角的反射测量法。

## 二、实验原理

分光计在光学实验中使用很普遍，而且在光学仪器中还有一定的代表性。因此熟悉分光计的基本结构和掌握它的调节方法，不仅对做后续光学实验有帮助，而且对调整和使用其他光学仪器有普遍的指导作用。

分光计的型号和规格很多，但基本结构都是相同的。图 4-10 是 JJY 型分光计的结构图，它主要由自准直望远镜、平行光管、载物台和读数装置组成。现分别介绍如下：

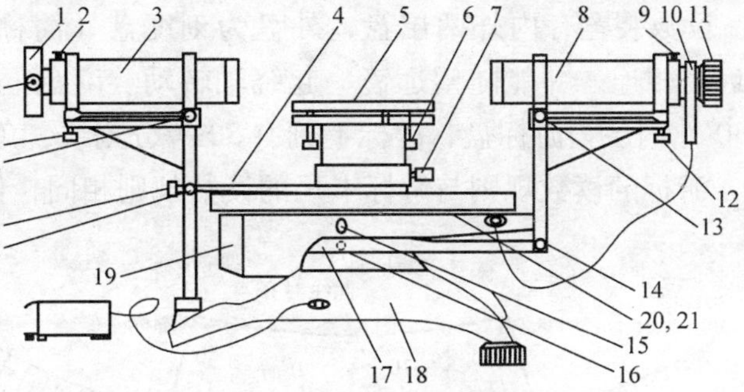


图 4-10　JJY 型分光计结构图

1—狭缝装置　2—狭缝装置锁紧螺钉　3—平行光管　4—止动架Ⅱ　5—载物台　6—载物台调节螺钉（共三只）　7—载物台和游标盘间锁紧螺钉　8—望远镜　9—目镜筒锁紧螺钉　10—阿贝式自准目镜　11—目镜调焦手轮　12—望远镜光轴倾斜调节螺钉　13—望远镜光轴左右偏斜度调节螺钉　14—望远镜微动螺钉　15—望远镜和度盘间锁紧螺钉　16—望远镜止动螺钉（另侧）　17—止动架Ⅰ　18—底座　19—转座　20—刻度盘　21—游标盘　22—游标盘微动螺钉　23—游标盘止动螺钉　24—平行光管光轴左右偏斜度调节螺钉　25—平行光管光轴倾斜调节螺钉　26—狭缝宽度调节螺钉

（1）自准直望远镜。自准直望远镜的作用是接收平行光以确定该光的传播方向，其结构如图 4-11 所示，它由消色差复合透镜 $L_e$ 作物镜，$L_o$ 作目镜。为了调节和测量，在 B 筒中装有分划板 S，分划板固定在 B 筒上。目镜 $L_o$ 装在 B 筒内并通过旋转可沿 B 筒前后移动，以改变目镜和分划板之间的距离，便于通过目镜观察到清晰的分划板像。物镜 $L_e$ 固定在 A 筒的前端，筒 B 可沿筒 A 前后移动，以改变分划板到物镜的距离，使分划板调至物镜的焦平面上。

望远镜的自准目镜采用阿贝目镜（有的采用高斯目镜）结构。在玻璃分划板靠目镜的一边表面上粘着一块斜角为45°的全反射小棱镜 V，并在其粘着面上镶有不透光的膜层，膜层上刻有一个透光的小十字，即十字窗口，它和调节用叉丝相对于测量用叉丝对称。图 4-11 中画出了视场中看到的分划板像。照明灯泡发出的光经棱镜反射后，由十字窗口射出，以便进行自准调节。

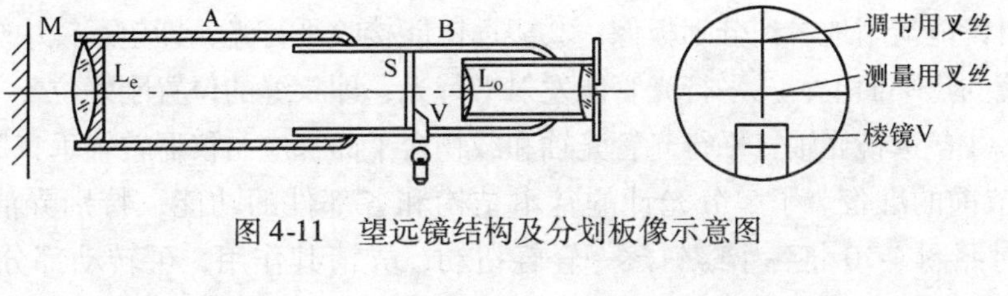


图 4-11　望远镜结构及分划板像示意图

（2）平行光管。平行光管的作用是产生平行光，如图 4-10 中 3 所示，它的右端装有消色差的复合物镜，另一端是套筒，套筒末端有一宽度可调的狭缝装置，前后移动套筒可改变狭缝和物镜之间的距离。当狭缝位于物镜的焦平面时，从狭缝入射的光束经物镜后成为平行光束。整个平行光管与分光计的底座连接在一起，是不能转动的。

（3）载物台。载物台是用来放置平面镜、棱镜、光栅等光学元件的，它下面有三个调节螺钉，用来调节载物台的倾斜，使载物台上的元件达到测量状态的要求。载物台和游标盘一起可绕仪器轴旋转。载物台还可沿轴向升降，以适应不同高度的待测元件。

（4）读数装置。读数装置有内外两层盘，外盘为刻度盘（简称度盘），它通过螺钉 15 锁紧后，可和望远镜相连，并能随望远镜一起绕轴转动。度盘上有将圆周等分为 720 份的刻线，格值为 30′。内层为游标盘，游标上刻有 30 等分刻线，角宽为 14.5°，格值为 29′，因此精度为 1′。游标的读数规则与游标卡尺的读数规则相同，如图 4-12 所示，读数为 116°12′。

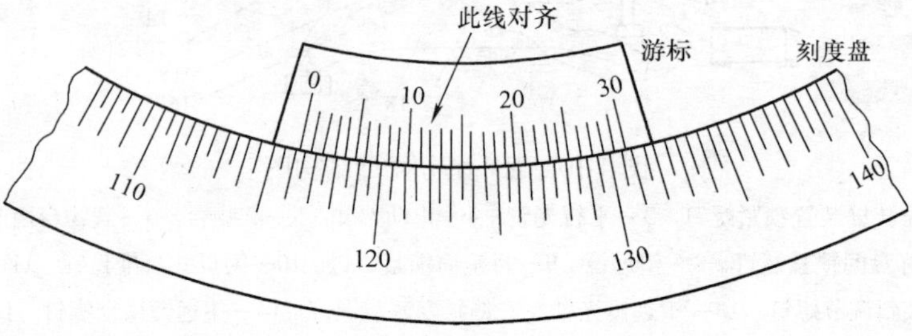


图 4-12　分光计的读数盘示意图

为了消除分光计的度盘中心与仪器转轴不重合而产生的偏心差，在游标盘某一直径的两端对称地设置了两个读数游标。

为了测定望远镜转过的角度，应在望远镜的初始位置记下两游标读数 $\varphi_{1左}$ 和 $\varphi_{1右}$，再记下望远镜在末位置时两游标的读数 $\varphi_{2左}$ 和 $\varphi_{2右}$，则望远镜转过的角度为

$$\frac{1}{2}\left[(\varphi_{1左}-\varphi_{2左})+(\varphi_{1右}-\varphi_{2右})\right] \tag{4-1}$$

若转动时游标零线越过了度盘上 0°刻线，则应在 $\varphi_{1左}$ 或 $\varphi_{1右}$ 上加 360°。

为了满足测量要求和减小测量误差，必须将分光计的观察平面、光路面和读数平面调到相互平行，而且共轴。

## 三、实验内容与要求

### 1. 调整分光计

（1）调节分光计的要求。由分光计的调节原理可知，各部件应满足：①目镜的位置应使眼睛通过目镜能清晰地看到分划板像；②望远镜能接收平行光，即望远镜中分划板的位置刚好位于物镜的焦平面上；③平行光管能发射平行光，即狭缝的位置刚好位于平行光管物镜的焦平面上；④望远镜光轴、平行光管光轴和载物台平面都应与仪器转轴垂直。

（2）调节前的准备。了解分光计的基本结构和各部件的功能，特别弄清几个常用螺钉的作用。对照图 4-10 将各个螺钉逐一轻轻扭动，弄清其作用，可转动部分逐一松开-转

动-锁紧-微动，注意不要用力过大。了解各部分功能后，方可进行正式调节。

（3）分光计的目测粗调。用目测的方法对望远镜、平行光管和载物台进行调节，使望远镜光轴、平行光管光轴和载物台平面大致垂直于仪器转轴。粗调这一环节很重要，这一步调好了，就可大大减小后面进行细调的盲目性。

（4）望远镜和载物台的调节。

①目镜调焦。接通电源，点亮照明灯。从目镜中观察分划板像，旋转目镜调焦手轮11，使眼睛通过目镜能清晰地看见视场下方绿色背景中的一个小黑十字像和整个视场的双十字线，如图4-11所示。调好后不再旋转目镜调焦手轮。

②物镜调焦。如图4-13a所示，在载物台中央放上平行平板双面反射镜，平面镜的倾斜度只与螺钉6-a和6-b有关，转动载物台使镜面与望远镜光轴基本垂直。从目镜中观察，并缓慢转动载物台，可找到平面镜反射回的一亮绿斑（十字）。松开目镜筒锁紧螺钉9，前后移动目镜筒，使反射十字像清晰，并调到无视差。这时分划板已位于物镜焦平面上，同时看分划板十字叉丝是否水平（横线）和竖直（竖线），转动目镜筒可使叉丝调正。最后将锁紧螺钉9旋紧。

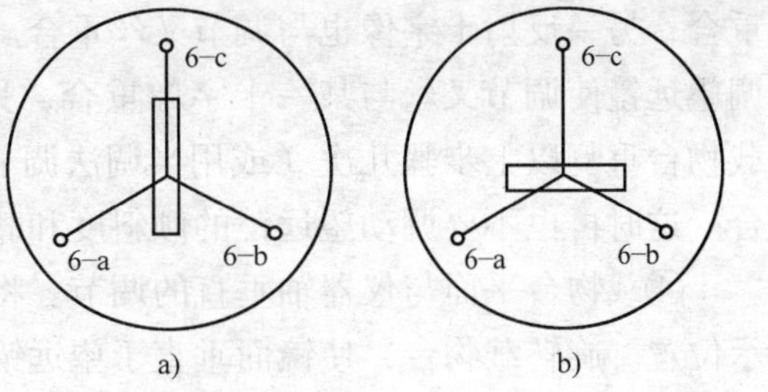

图4-13　平面镜放置示意图

③望远镜光轴与仪器转轴垂直的调节。如果望远镜光轴垂直于仪器转轴，且反射镜镜面平行于仪器转轴，这时望远镜中的反射十字像和调节叉丝重合，如图4-14所示。将载物台转过180°，望远镜中观察到平面镜另一面的反射十字像也与调节叉丝重合。但调好之前，两反射十字像不一定都分别和调节叉丝重合；导致不重合有两种特殊情况：一是望远镜光轴和仪器转轴不垂直，但反射镜镜面与仪器转轴平行，这时载物台转过180°前后两反射十字像分别都在调节叉丝的上方（或下方），而且偏离调节叉丝的距离相等，此时应调望远镜光轴倾斜调节螺钉12，使调节叉丝与十字像重合；二是望远镜光轴与仪器转轴垂直，而反射镜镜面与仪器转轴不平行，这时载物台转过180°前后两反射十字像分别在调节叉丝上下对称的地方，调载物台调节螺钉6-a或6-b，使反射十字像与调节叉丝重合。

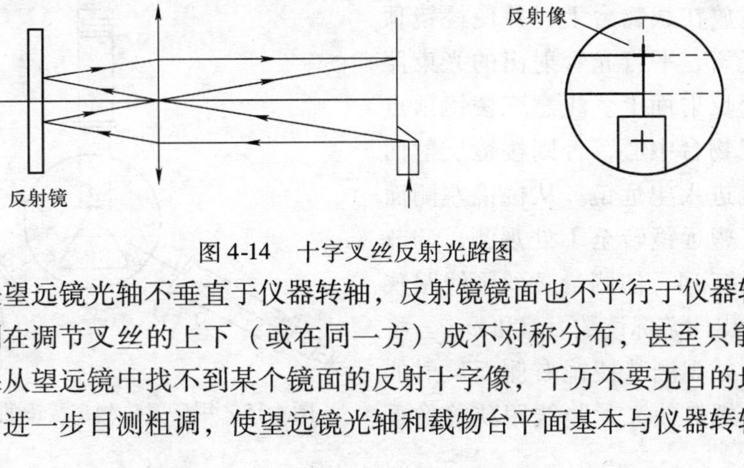

图4-14　十字叉丝反射光路图

通常情况是望远镜光轴不垂直于仪器转轴，反射镜镜面也不平行于仪器转轴，这时两反射十字像分别在调节叉丝的上下（或在同一方）成不对称分布，甚至只能看到一个面的反射像。如果从望远镜中找不到某个镜面的反射十字像，千万不要无目的地调节，应对望远镜和载物台进一步目测粗调，使望远镜光轴和载物台平面基本与仪器转轴垂直。如果仍找不到十字像，将载物台稍微转动一点，用眼睛在望远镜旁边直接从反光镜中观察，上下左右灵活扫描，这样容易在反射镜中发现望远镜和望远镜中的十字像，然后以望远镜光轴线为标准，看十字像在光轴线的上方还是下方，再将载物台和望远镜各调一半（称半调法），即调节载物台调节螺钉 6-a 或 6-b，使十字像与望远镜光轴线的距离（或角距离）减小一半，最后调节望远镜光轴倾斜调节螺钉 12，使十字像与望远镜光轴线重合，此调节方法可用在下一步中。半调法的好处就是使另一面的反射十字像相对调节叉丝的位置保持不变，此时从望远镜中能分别找到两个面的反射十字像。转动载物台，观察两个面的反射十字像，注意估计两像之间的距离 $H$，然后调节望远镜倾斜调节螺钉，使调节叉丝横线落在两像中间，并到某一反射十字像的距离为 $H/2$，另一反射十字像到调节叉丝的距离也为 $H/2$，两像成对称分布。再调节载物台螺钉 6-a 或 6-b，使某一反射十字像与调节叉丝重合，另一反射十字像也与调节叉丝重合。也可先调载物台使两像分别落在同一位置，再调望远镜使调节叉丝与某一十字像重合，另一十字像也应重合。由于 $H$ 是估计的，转动载物台重复以上步骤几次（或用半调法调节），使两个面的反射十字像严格与调节叉丝重合。这时再也不要调动望远镜的倾斜度和载物台的调节螺钉 6-a 和 6-b。

④载物台平面与仪器轴垂直的调节。将平行平板双面反射镜的位置改成如图 4-13b 所示位置。旋转载物台，使镜面垂直于望远镜光轴，从望远镜中找到反射十字像，调节载物台螺钉 6-c，使反射十字像与调节叉丝重合，另一面的反射十字像与调节叉丝也会是重合的，这时载物台平面与仪器转轴垂直，关掉小照明灯。

（5）平行光管的调节。

①调节平行光管使其产生平行光。点燃钠光灯，照亮狭缝，转动望远镜对准平行光管找到狭缝，松开狭缝套筒锁紧螺钉 2，前后移动狭缝套筒，直到从望远镜中能看到清晰的狭缝像，并调到无视差。调节狭缝宽度调节螺钉 26，使狭缝又窄又亮。

②调节平行光管光轴与仪器转轴垂直。将狭缝转为水平状态，调节平行光管倾斜调节螺钉 25，使狭缝的像与测量用叉丝的横线重合，再将狭缝转为竖直状态，然后将狭缝套筒锁紧螺钉旋紧。

**2. 棱镜顶角的测量**

测量三棱镜顶角的方法有反射法和自准法两种，图 4-15 所示为反射法。

将三棱镜放在载物台上，并使棱镜顶角对准平行光管，平行光管射出的光束照在棱镜的两个反射面上。注意三棱镜顶点应放在靠近载物台中心，否则棱镜反射面的反射光不能进入望远镜。从棱镜左侧面反射的光可将望远镜转至Ⅰ处观测，调节望远镜微动螺钉 14，使测量叉丝竖线跟狭缝像重合，读出两游标读数 $\varphi_{1左}$ 和 $\varphi_{1右}$。将望远镜转至Ⅱ处观测从棱镜右侧面反射的光，调节微动螺钉使叉丝竖线跟狭缝像重

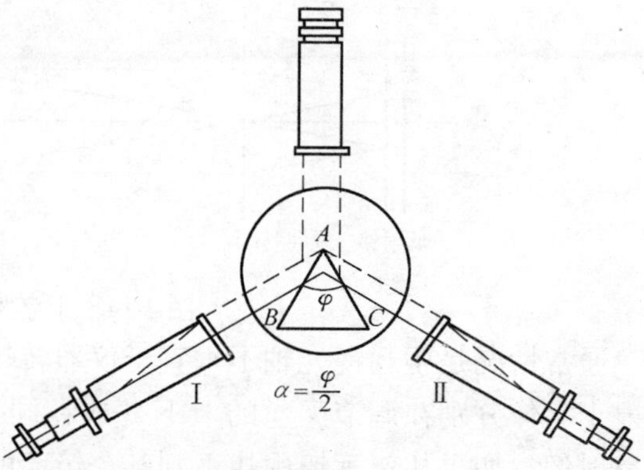


图 4-15　用反射法测定棱镜的顶角示意图

合，读出两游标读数 $\varphi_{2左}$ 和 $\varphi_{2右}$。由图 4-15 可知，三棱镜顶角为

$$\alpha = \frac{\varphi}{2} = \frac{1}{4}[(\varphi_{1左} - \varphi_{2左}) + (\varphi_{1右} - \varphi_{2右})] \tag{4-2}$$

将载物台稍微转动一点或稍微变动棱镜的位置，重复多次测量。将数据记录在数据表 4-4 中。

**表 4-4 测棱镜顶角数据表**

| 方位 \ 次数 | 1 | | 2 | | 3 | |
|---|---|---|---|---|---|---|
| | 左游标 | 右游标 | 左游标 | 右游标 | 左游标 | 右游标 |
| 望远镜方位 Ⅰ | | | | | | |
| 望远镜方位 Ⅱ | | | | | | |

## 四、思考题

1. 分光计的调整要求是什么？调整时应注意什么？
2. 证明：$\alpha = \frac{1}{4}[(\varphi_{1左} - \varphi_{2左}) + (\varphi_{1右} - \varphi_{2右})]$。
3. 试画出用自准法测棱镜顶角的示意图，并说明测量步骤。
4. 分光计测量读数时，能否只读一边的游标？为什么？

（辛旭平）

# 实验十五 简谐振动的研究

振动是自然界中常见的一种运动形式，物体的振动是很复杂的，为了简化问题，我们引入一种最基本、最简单的振动——简谐振动。一切复杂的振动都可由若干个简谐振动合成。由于简谐振动是一切复杂振动的基础，所以研究简谐振动就十分重要。

## 一、实验目的

（1）观察简谐振动现象，测量简谐振动的周期和弹簧的劲度系数。
（2）研究简谐振动周期与简谐振子的质量和弹簧劲度系数的关系。
（3）测量简谐振动的能量。
（4）学习气垫导轨和数字毫秒计的使用方法。

## 二、实验原理

简谐振动的物理模型是由轻质弹簧和振动物体构成的弹簧振子。下面我们分别对弹簧振子的运动、周期和振动能量进行讨论。

### 1. 弹簧振子的运动方程及振动周期

如图 4-16 所示，在水平的气垫导轨上，将劲度系数分别为 $k_1$ 和 $k_2$ 的轻质弹簧与质量

为 $m$ 的滑块两端相连，两弹簧的另一端分别固定在气轨的两端，构成一弹簧振子。取平衡位置 $O$ 为坐标原点，水平向右为 $Ox$ 轴的正方向。

当滑块 $m$ 在平衡位置 $O$ 时，作用在 $m$ 上的合外力为零，但两弹簧并不一定处于各自的原长。设平衡位置相对两弹簧各自的原长位置（弹簧处于原长时 $m$ 的位置）的位移分别为 $x_{10}$ 和 $x_{20}$，则两弹簧对 $m$ 的作用力分别为 $F_{10}=-k_1x_{10}$ 和 $F_{20}=-k_2x_{20}$，其合力为

$$F_{10}+F_{20}=-(k_1x_{10}+k_2x_{20})$$

由滑块 $m$ 所受外力为零可知

$$k_1x_{10}+k_2x_{20}=0 \tag{4-3}$$

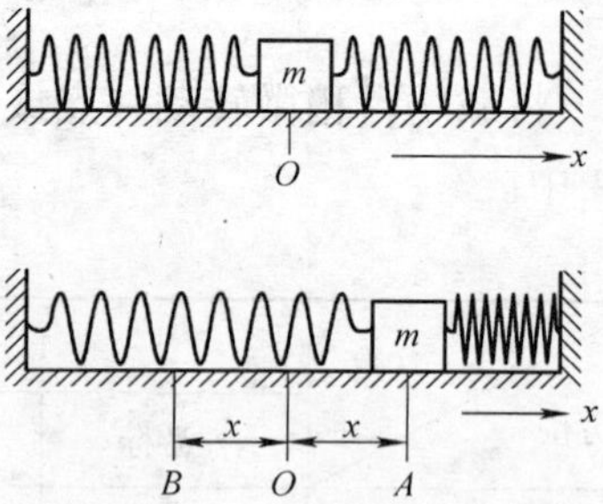

图 4-16　弹簧振子示意图

当滑块 $m$ 离开平衡位置 $O$ 的位移为 $x$ 时，由胡克定律可知，滑块 $m$ 受到两弹簧的作用力分别为

$$F_1=-k_1(x+x_{10})$$
$$F_2=-k_2(x+x_{20})$$

若摩擦阻力、空气阻力及弹簧质量均可忽略不计，则滑块 $m$ 所受合外力为

$$\begin{aligned}F&=F_1+F_2=-k_1(x+x_{10})-k_2(x+x_{20})\\&=-(k_1+k_2)x-(k_1x_{10}+k_2x_{20})\end{aligned}$$

由式(4-3)可知

$$F=-(k_1+k_2)x \tag{4-4}$$

根据牛顿第二定律，得

$$a=\frac{d^2x}{dt^2}=\frac{F}{m}=-\frac{k_1+k_2}{m}x$$

即

$$\frac{d^2x}{dt^2}+\frac{k_1+k_2}{m}x=0 \tag{4-5}$$

令

$$\frac{k_1+k_2}{m}=\omega^2$$

则式(4-5)化为

$$\frac{d^2x}{dt^2}+\omega^2x=0 \tag{4-6}$$

解得

$$x=A\cos(\omega t+\varphi) \tag{4-7}$$

式中，$A$ 和 $\varphi$ 为积分常数，在物理学中，$A$ 为振幅，$\varphi$ 为初相位，$A$ 和 $\varphi$ 的值由初始条件确定；$\omega=\sqrt{\dfrac{k_1+k_2}{m}}$，称为角频率，它由振动系统本身因素决定。由式（4-7）可知，振动系统的振动周期为

$$T=\frac{2\pi}{\omega}=2\pi\sqrt{\frac{m}{k_1+k_2}} \tag{4-8}$$

由式（4-8）可知，简谐振动的周期 $T$ 只与两弹簧的劲度系数 $k_1,k_2$ 和滑块的质量 $m$ 有关，而与初始条件无关。因此我们要测某一振子的振动周期，只要有计时仪，便可直接测得。这种测量方法叫直接测量法。

弹簧振子振动周期的测量，也可通过测量滑块的质量 $m$、弹簧的劲度系数 $k_1$ 和 $k_2$，然后由式（4-8）计算出周期 $T$，这种测量方法叫间接测量法。

实验时，通过人为地改变振动物体的质量和弹簧的劲度系数，然后分别测出不同质量和不同劲度系数时的振动周期，从而直接验证周期与质量和劲度系数之间的关系。

**2. 振动系统的能量**

弹簧振子在振动过程中，设某一时刻物体的速度为 $v$，则系统的动能为

$$E_{\mathrm{k}}=\frac{1}{2}mv^2 \tag{4-9}$$

若该时刻物体的位移为 $x$，则系统的弹性势能（以弹簧处于原长时的势能为零）为

$$\begin{aligned}E'_{\mathrm{p}}&=\frac{1}{2}k_1(x+x_{10})^2+\frac{1}{2}k_2(x+x_{20})^2\\&=\frac{1}{2}k_1x^2+\frac{1}{2}k_2x^2+\frac{1}{2}k_1x_{10}^2+\frac{1}{2}k_2x_{20}^2+(k_1x_{10}+k_2x_{20})x\end{aligned}$$

由式(4-3)可知

$$E'_{\mathrm{p}}=\frac{1}{2}(k_1+k_2)x^2+\frac{1}{2}k_1x_{10}^2+\frac{1}{2}k_2x_{20}^2 \tag{4-10}$$

式中，$\frac{1}{2}k_1x_{10}^2+\frac{1}{2}k_2x_{20}^2$，为 $m$ 处于平衡位置时系统的弹性势能。如果选滑块（物体）处在平衡位置时，系统的势能为零，则系统的势能可表示为

$$E_{\mathrm{p}}=\frac{1}{2}(k_1+k_2)x^2 \tag{4-11}$$

系统的总能量为

$$E=E_{\mathrm{k}}+E_{\mathrm{p}}=\frac{1}{2}mv^2+\frac{1}{2}(k_1+k_2)x^2 \tag{4-12}$$

由式（4-12）知，只要测得某时刻滑块的速度和位移，就可计算出此时振动系统的能量。也可由式（4-7）求出速度 $v$，再将

$$x=A\cos(\omega t+\varphi)$$
$$v=-\omega A\sin(\omega t+\varphi)$$

代入式(4-12)，得

$$E=\frac{1}{2}m\omega^2A^2\sin^2(\omega t+\varphi)+\frac{1}{2}(k_1+k_2)A^2\cos^2(\omega t+\varphi)$$

由 $\omega^2=\frac{k_1+k_2}{m}$，有

$$E=\frac{1}{2}(k_1+k_2)A^2 \tag{4-13}$$

式（4-13）说明系统的总能量不随时间和位置的变化而变化，总能量守恒。可用实验值进行验证。

值得注意的是，在上面的分析中，我们是将弹簧振子作为理想的物理模型进行研究的。由于气垫的漂浮作用，滑块与导轨平面间的摩擦阻力及空气阻力均非常小，两轻质弹簧的总质量与滑块质量相比也忽略不计。然而，实际情况并不完全如此，弹簧振子不一定总是满足上述条件，滑块的运动是一种振幅随时间推移而减小的衰减振动。不过，由于振幅衰减较慢，实验中我们可将测量限制在较短的时间内，其振动就可近似看为简谐振动。

## 三、实验内容与要求

### 1. 测量滑块振动周期

（1）将气垫导轨调水平。调节方法见仪器使用说明书。

（2）按图 4-16 所示挂好弹簧，将滑块从平衡位置拉开后放手，观察滑块的振动情况。

（3）直接测量周期 $T$。改变滑块振幅大小 5 次，分别用数字毫秒计（或秒表）测出滑块振动 20 周（或更多周）所用的时间 $t$，将数据记录在表 4-5 中，求出不同振幅对应的周期，然后计算周期的平均值。

**表 4-5　直接测周期数据表**

| 滑块振动的振幅/cm | 5.00 | 10.00 | 15.00 | 20.00 | 25.00 | 平均值 $T$ |
|---|---|---|---|---|---|---|
| 滑块振动 20 周的时间 $t$/s | | | | | | |
| 滑块振动的周期 $T$/s | | | | | | |

（4）间接法测量周期 $T$。分别将两根弹簧悬挂在米尺旁边（如测重力加速度的标尺架），下端依次加砝码 20g，直至 100g，测出弹簧对应的伸长量，将数据记录在表 4-6 中。用逐差法求出 $k_1$ 和 $k_2$，用天平称出滑块的质量 $m$，将 $k_1, k_2$ 和滑块的质量 $m$ 代入式（4-8），算出周期 $T$，写出结果表达式。（本步骤在做实验时应放在最前或最后）

**表 4-6　测劲度系数 $k_1$ 和 $k_2$ 数据表**

| 砝码质量/g | 0.0 | 20.0 | 40.0 | 0.0 | 20.0 | 40.0 |
|---|---|---|---|---|---|---|
| 弹簧长度 $l_i$/cm | | | | | | |
| 砝码质量/g | 60.0 | 80.0 | 100.0 | 60.0 | 80.0 | 100.0 |
| 弹簧长度 $l_i$/cm | | | | | | |
| $\Delta l_i = l_{i+3} - l_i$/cm | | | | | | |
| 平均伸长量 $\overline{\Delta l}$/cm | | | | | | |

### 2. 观察滑块振动周期 $T$ 随 $m$ 和 $k$ 的变化

（1）改变滑块质量 $m$。在滑块 $m$ 上分别三次加质量为 $\Delta m_i$ 的物体（$\Delta m_i$ 用天平称），任选一振幅，分别测出振动 20 周（或更多周）所用的时间 $t'$，将数据记录在表 4-7 中，计算出周期 $T'_1, T'_2$ 和 $T'_3$，并验证关系式

$$\frac{T}{T'_i}=\left(\frac{m}{m+\Delta m_i}\right)^{\frac{1}{2}}$$

是否成立。

（2）改变弹簧劲度系数 $k$。将滑块上所加物体 $\Delta m_i$ 去掉，其质量恢复为 $m$，将两弹簧分别减少 15 匝、20 匝和 25 匝，任选一振幅，分别测出振动 20 周（或更多周）所用的时间 $t''$，将数据记录在表 4-7 中，计算出周期，并与实验内容 1 测出的 $T$ 值进行比较，说明周期 $T$ 与 $k$ 的关系。

**表 4-7 测量 $m$ 或 $k$ 发生变化时的周期数据表**

| 颈度系数 $k$ | $k$ 不变 | | | $k$ | 减 15 匝 | 减 20 匝 | 减 25 匝 |
|---|---|---|---|---|---|---|---|
| 振子质量 $m+\Delta m_i$/g | | | | $m$ | $m$ | $m$ | $m$ |
| 振 20 周的时间 $t'$/s | | | | $t''$ | | | |
| 周期 $T'$/s | | | | $T''$ | | | |

**3. 测量振动系统的能量**

（1）调整好仪器，将数字毫秒计与导轨上的光电门 $E_1$ 和 $E_2$ 的电路接通，如图 4-17 所示。检查光电门对数字毫秒计的控制是否正常。（数字毫秒计的使用方法及工作原理见使用说明书）

（2）测量滑块在不同位置 $x$ 的速度 $v$。用数字毫秒计的光控 $S_1$ 挡（所计时间为挡光时间），将一个光电门（如 $E_2$）移开不用，把 $E_1$ 置于处在平衡位置的滑块上挡光片（$\Delta s$）的中心 $O$ 处。再把滑块从平衡位置拉开一距离（如 27cm）后放手，测出挡光片 $\Delta s$ 通过平衡位置（$x=0$）所用的时间 $\Delta t$（即 $\Delta s$ 挡光的时间），然后再将 $E_1$ 每移动 5cm 测一次时间，每次记下光电门 $E_1$ 的位置 $x$ 和 $\Delta s$ 通过该位置的时间 $\Delta t$，直至 $x$ 接近最大位移为止。将数据记录在表 4-8 中，由测得数据计算出滑块在各位移 $x$ 处的速度 $v$（由于 $\Delta s$ 很小，可以认为滑块在 $x$ 处的即时速度为 $\Delta s/\Delta t$），再由式（4-9）和式（4-11）计算出滑块在各位置的动能 $E_k$ 和势能 $E_p$。（每次测量应在振幅相同的条件下进行）

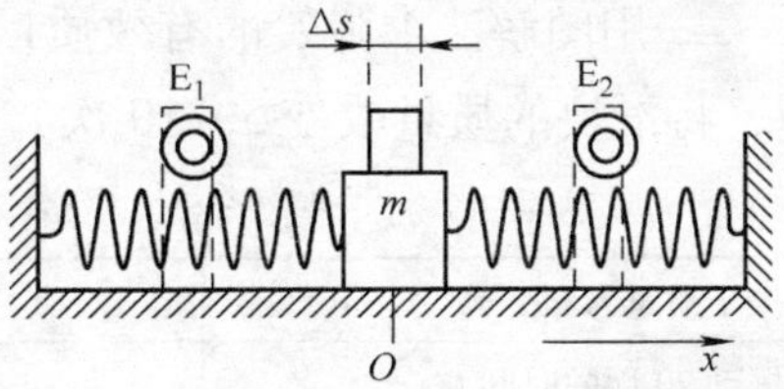

图 4-17 测量装置示意图

**表 4-8 测量不同位置的速度数据表**

扫光片宽度 $\Delta s=$________；滑块质量 $m=$________；振幅 $A=$________

| 位移/cm | 0.00 | 5.00 | 10.00 | 15.00 | 20.00 | 25.00 |
|---|---|---|---|---|---|---|
| 挡光片通过的时间 $\Delta t$/s | | | | | | |
| 速度 $\frac{\Delta s}{\Delta t}\Big/(\mathrm{cm\cdot s^{-1}})$ | | | | | | |
| 动能 $E_k$/J | | | | | | |
| 势能 $E_p$/J | | | | | | |
| 机械能/J | | | | | | |

（3）验证机械能守恒。由于我们将滑块在气垫导轨上的运动视为简谐振动，由式（4-13）可知，滑块在气轨上任一位置 $x$ 处所具有动能与弹性势能之和应为恒量，由实验

所得数据进行验证。

## 四、注意事项

(1) 在实验中，导轨的表面和滑块的表面严防敲、碰、划伤，特别不能让滑块跌落在任何地方。导轨不通气时，一般不要随意将滑块放在导轨上，更不允许将滑块放在导轨上滑动。

(2) 实验完毕后，一定要将挂在滑块上的弹簧松开，让弹簧处于自然长度，并将滑块从导轨上取下放好，最后关闭气源。

## 五、思考题

1. 在实验中如果弹簧的质量不能忽略，设其有效质量为 $m_0$，则 $T=2\pi\sqrt{\dfrac{m}{k_1+k_2}}$ 应怎样修正？$m_0$ 应怎样测量？

2. 说明当气轨不水平时对本实验的测量结果的影响。

3. 滑块挡光片 $\Delta s$ 的大小对即时速度的测量有何影响？

4. 用图解法求弹簧的有效质量 $m_0$ 和两弹簧的劲度系数 $k_1+k_2$。在本实验内容 2 (1) 中，将滑块的质量改变 5 ~10 次，分别测出其周期，将测量数据记录在表 4-9 中。

**表 4-9 测不同 $m$ 时的周期 $T$**

| 振子质量 $m$/g | | | | | | |
|---|---|---|---|---|---|---|
| 振动 20 周的时间 $t$/s | | | | | | |
| 周期 $T$/s | | | | | | |

由测得的数据作 $T^2$-$m$ 关系图线，求直线的斜率和截距，算出 $(k_1+k_2)$ 和 $m_0$。将劲度系数与前面测得的结果比较，并说明弹簧的有效质量和弹簧的质量有什么关系。

(辛旭平)

# 实验十六 *RLC* 电路的稳态过程研究

在交流电或电子电路的研究中，常需要通过电阻、电感、电容元件不同组合的电路，用来改变输入正弦信号和输出正弦信号之间的相位差，或构成放大电路、振荡电路、选频电路、滤波电路等。因此，研究 *RLC* 电路及其过程，在物理学、工程技术上都很有意义。本实验着重研究 *RC*,*RL* 和 *RLC* 电路的稳态特性。

## 一、实验目的

(1) 研究交流信号在 *RC*,*RL* 和 *RLC* 串联电路中的相频和幅频特性。

(2) 学习使用双踪示波器，掌握相位差的测量方法。

（3）复习、巩固交流电路中的矢量图解法和复数表示法。

## 二、实验原理

描述任何一个正弦交流量都可以用三个参数，即振幅、频率（或角频率或周期，它们之间的关系为 $\omega=2\pi/T=2\pi f$）以及相位。例如：

$$\text{交变电动势}\quad E(t)=E\cos(\omega t+\varphi_E)$$

$$\text{交变电压}\quad U(t)=U\cos(\omega t+\varphi_U)$$

$$\text{交变电流}\quad I(t)=I\cos(\omega t+\varphi_I)$$

式中，$E,U,I$ 分别为交流电动势、电压和电流的峰值；$\omega t+\varphi$ 称为相位，$\varphi$ 称为初相位。在实际应用中，几乎所有的交流电表都是按正弦信号的有效值来标度的。正弦交流电的有效值与峰值之间的关系为：有效值等于峰值的 $1/\sqrt{2}$。正弦电压、电流之间除了存在量值大小不同之外，还存在着相位差。所以与直流电路不同，在交流电路中，电压、电流峰值（或有效值）之比称为阻抗，其大小为

$$Z=\frac{U}{I}=\frac{U_{\text{有效}}}{I_{\text{有效}}}$$

另一个是两者相位之差

$$\varphi=\varphi_U-\varphi_I$$

$Z$ 和 $\varphi$ 两个量就代表着元件本身的特性。

对电阻元件，阻抗 $Z_R=R,\varphi=0$，说明电阻上电压与电流同相位，其阻抗 $Z_R$ 就是电阻值 $R$。

对电容元件，容抗 $Z_C=\dfrac{1}{\omega C},\varphi=-\dfrac{\pi}{2}$，说明容抗是与频率和电容器的容量成反比的，频率越高，电容器的容量越大，容抗越小。在电容器上，电压的相位落后电流相位$\dfrac{\pi}{2}$。

对电感元件，感抗 $Z_L=\omega L,\varphi=\dfrac{\pi}{2}$，说明感抗是随频率线性增长的，并正比于电感 $L$，在电感上，电压的相位超前电流相位$\dfrac{\pi}{2}$。

以上分析说明，电容、电感元件的特性均与频率有关，且具有相反的性质，而电阻介于两者之间。本实验主要研究 $RC$ 和 $RL$ 串联电路中电压值随频率变化的规律（称幅频特性）、电压与电流间的相位差随频率变化的规律（称相频特性）以及 $RLC$ 串联电路的相频特性。

**1. *RC* 串联电路的幅频特性和相频特性**

$RC$ 串联电路如图 4-18a 所示，由于交流电路中的电压和电流不仅有大小变化而且还有相位差别，因此常用复数或矢量法来研究，由复电压（$\tilde{U}$）与复电流（$\tilde{I}$）之比得到的阻抗也是复数，即复阻抗（$Z$）。$RC$ 电路的复阻抗为

$$Z=R-\mathrm{j}\frac{1}{\omega C}=\sqrt{R^2+\left(\frac{1}{\omega C}\right)^2}\,\mathrm{e}^{-\frac{1}{\omega CR}\mathrm{j}} \tag{4-14}$$

其阻抗幅值为

$$|Z| = \sqrt{R^2 + \left(\frac{1}{\omega C}\right)^2} \tag{4-15}$$

由于电阻值和频率无关，电阻两端电压与电流同相位，若用矢量求解法则应以电流为参考矢量，作 $U_R$, $U_C$ 及其合成的总电压 $U$ 的矢量图，如图 4-18b 所示。

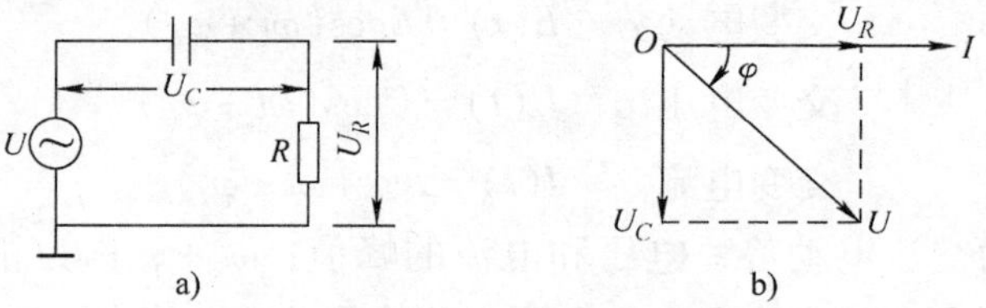


图 4-18　*RC* 串联电路、相位图

总电压为

$$U = \sqrt{U_R^2 + U_C^2} = I\sqrt{R^2 + \left(\frac{1}{\omega C}\right)^2} \tag{4-16}$$

$U$ 落后于 $I$ 的相位为

$$\varphi = \arctan\frac{1}{\omega CR} \tag{4-17}$$

$R$ 两端电压为

$$U_R = U\cos\varphi = \frac{UR}{\sqrt{R^2 + \left(\frac{1}{\omega C}\right)^2}} = \frac{UR\omega C}{\sqrt{1+(R\omega C)^2}} \tag{4-18}$$

$C$ 两端电压为

$$U_C = U\sin\varphi = \frac{U}{\sqrt{1+(R\omega C)^2}} \tag{4-19}$$

根据式（4-15）可画出 $|Z|$-$\omega$ 曲线，如图 4-19a 所示。当 $\omega\to 0$ 时，$|Z_R| = R$, $|Z_C|\to\infty$, $|Z|\to\infty$；当 $\omega\to\infty$ 时，$|Z_R| = R$, $|Z_C| = \frac{1}{\omega C}\to 0$, $|Z|\to R$。

综上可知：

（1）总阻抗在低频时趋于无穷大，在高频时趋于 $R$ 值，反映了电容具有“高频短路、低频开路”的性质。

（2）根据式（4-17）可画出 $\varphi$-$\omega$ 曲线，如图 4-19b 所示，$\varphi$ 表示 *RC* 串联电路中的总电压落后于电流的相位，$\varphi$ 随 $\omega$ 的增加逐渐趋于零，随 $\omega$ 减小逐渐趋于 $-\frac{\pi}{2}$，利用相频特性可组成各种相移电路。

（3）若总电压 $U$ 保持不变，根据式（4-18），式（4-19）可画出 $U_C$, $U_{R\text{-}\omega}$ 曲线，即幅频特性曲线，如图 4-19c 所示，$U_C$ 与 $U_R$ 随 $\omega$ 的变化正好相反。由式（4-19）可知，在低频时总电压主要降落在电容器两端，高频时总电压主要降落在电阻两端，利用幅频特性可将各种频率分开，组成各种滤波电路。

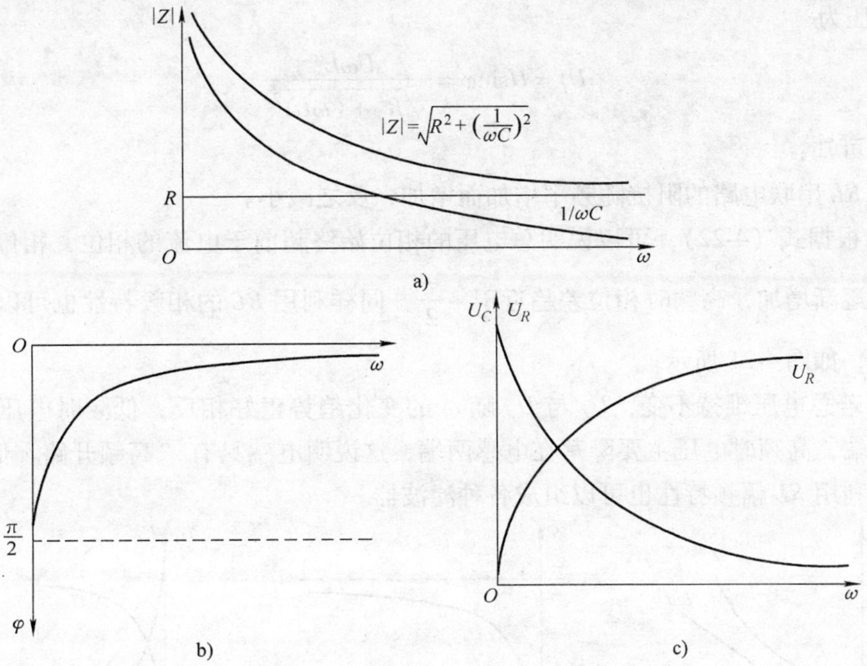


图 4-19　*RC* 串联电路幅频和相频曲线图

a）$|Z|$-$\omega$ 曲线　b）$\varphi$-$\omega$ 曲线　c）$U_R$，$U_C$-$\omega$ 曲线

**2. *RL* 串联电路的幅频特性和相频特性**

*RL* 串联电路如图 4-20a 所示。

复阻抗为

$$Z = R + \mathrm{j}\omega L = \sqrt{R^2 + (\omega L)^2}\,\mathrm{e}^{\mathrm{j}\frac{\omega L}{R}} \tag{4-20}$$

阻抗幅值为

$$|Z| = \sqrt{R^2 + (\omega L)^2} \tag{4-21}$$

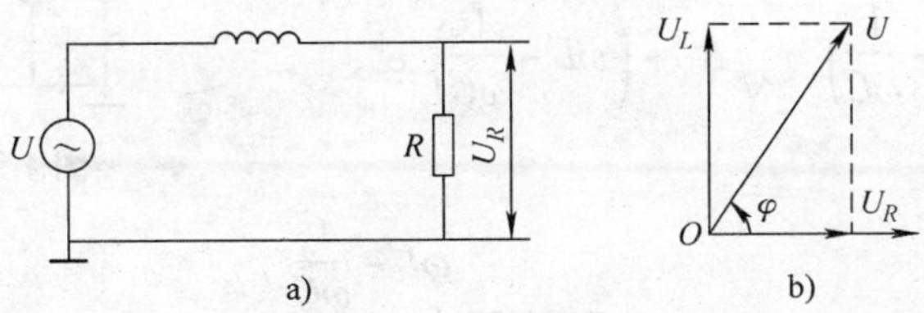


图 4-20　*RL* 串联电路图

总电压为

$$U = \sqrt{U_R^2 + U_L^2} = I\sqrt{R^2 + (\omega L)^2}$$

从矢量图中（见图 4-20b）可看出，总电压 $U$ 超前于 $I$。

相位差为

$$\varphi = \arctan\frac{\omega L}{R} \tag{4-22}$$

*R* 两端电压为

$$U_R = U\cos\varphi = \frac{UR}{\sqrt{R^2 + (\omega L)^2}} \tag{4-23}$$

$L$ 两端电压为

$$U_L = U\sin\varphi = \frac{U\omega L}{\sqrt{R^2 + (\omega L)^2}} \tag{4-24}$$

综上可知：

（1）$RL$ 串联电路的阻抗随频率增加而增加，反之减小。

（2）根据式（4-22），可以说明总电压的相位始终超前于电流的相位，相位差随频率的增加而逐渐增加，高频时相位差趋近于 $+\frac{\pi}{2}$，同样利用 $RL$ 的相频特性也可以构成各种移相电路，如图 4-21 所示。

（3）若总电压维持不变，$U_L$ 与 $U_R$ 随 $\omega$ 的变化趋势正好相反，低频时电压主要降落在电阻两端，高频时电压主要降落在电感两端，这说明电感具有“高频开路，低频短路”的性质，利用 $RL$ 幅频特性也可以组成各种滤波器。

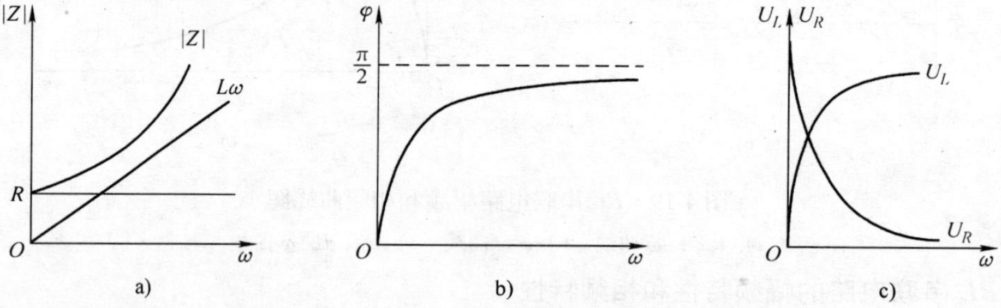


图 4-21　$RL$ 串联电路的幅频、相频特性曲线图

### 3. RLC 串联电路的相频特性

$RLC$ 串联电路如图 4-22 所示。

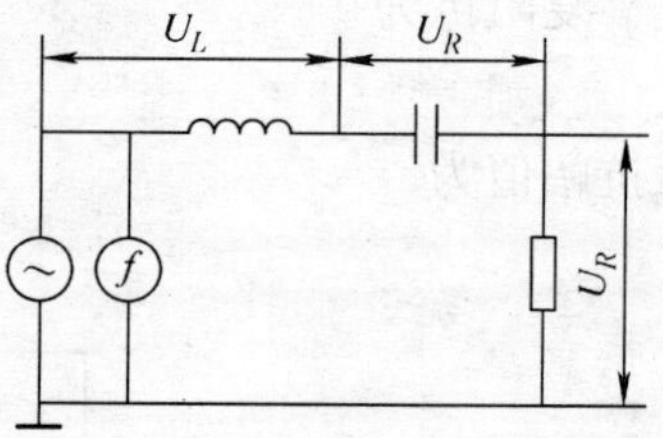


图 4-22　$RLC$ 串联电路图

复阻抗为

$$Z = R + \mathrm{j}\left(\omega L - \frac{1}{\omega C}\right) = \sqrt{R^2 + \left(\omega L - \frac{1}{\omega C}\right)^2}\,\mathrm{e}^{\mathrm{j}\varphi}$$

相位差为

$$\varphi = \arctan\frac{\omega L - \frac{1}{\omega C}}{R} \tag{4-25}$$

现分下列三种情况讨论：

（1）当 $\omega L = \frac{1}{\omega C}$时，$\varphi = 0$，总电压与电流同相位，电路中阻抗最小，呈纯电阻，此时电路中电流达到最大值，称为串联谐振现象，谐振频率为

$$f_0 = \frac{1}{2\pi\sqrt{LC}} \tag{4-26}$$

（2）当 $\omega L - \frac{1}{\omega C} > 0$，电路呈电感性，$\varphi > 0$，表示总电压的相位超前于电流的相位，随 $\omega$ 增大 $\varphi$ 趋于$\frac{\pi}{2}$。

（3）当 $\omega L-\dfrac{1}{\omega C}<0$，电路呈电容性，$\varphi<0$，表示总电压的相位落后于电流的相位，随 $\omega$ 减小 $\varphi$ 趋于 $-\dfrac{\pi}{2}$。

三种情况矢量图解如图 4-23a、b、c 所示，有

$$\tan\varphi=\frac{\omega L-\dfrac{1}{\omega C}}{R}=\frac{1}{R}\sqrt{\frac{L}{C}}\left(\omega\sqrt{LC}-\frac{1}{\omega\sqrt{LC}}\right)=\frac{1}{R}\sqrt{\frac{L}{C}}\left(\frac{\omega}{\omega_0}-\frac{\omega_0}{\omega}\right)\quad\left(\omega_0=\frac{1}{\sqrt{LC}}\right)$$

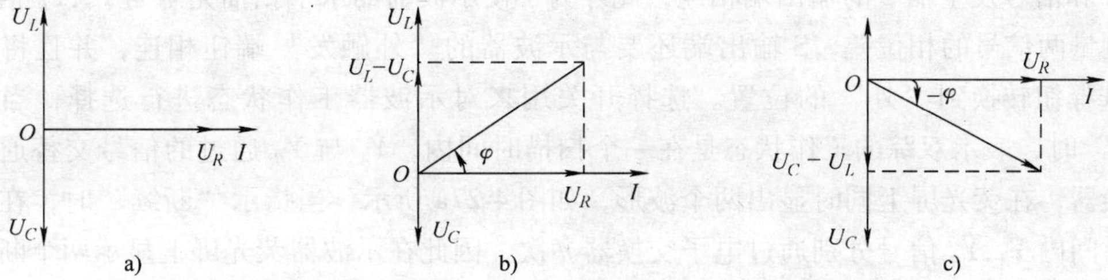


图 4-23　*RLC* 串联电路矢量图

令 $Q=\dfrac{1}{R}\sqrt{\dfrac{L}{C}}$，即为 *RLC* 串联电路的品质因数，则

$$\tan\varphi=Q\left(\frac{\omega}{\omega_0}-\frac{\omega_0}{\omega}\right)=Q\left(\frac{f}{f_0}-\frac{f_0}{f}\right)\tag{4-27}$$

上式表示如以 $\left(\dfrac{f}{f_0}-\dfrac{f_0}{f}\right)$ 为自变量 $x$，以 $\tan\varphi$ 为因变量 $y$，则函数 $y=Qx$ 为一斜率为 $Q$ 且通过原点的直线，且

$$\varphi=\arctan\left[Q\left(\frac{\omega}{\omega_0}-\frac{\omega_0}{\omega}\right)\right]$$

$\varphi$ 随 $\left(\dfrac{\omega}{\omega_0}-\dfrac{\omega_0}{\omega}\right)$ 的变化曲线如图 4-24 所示。

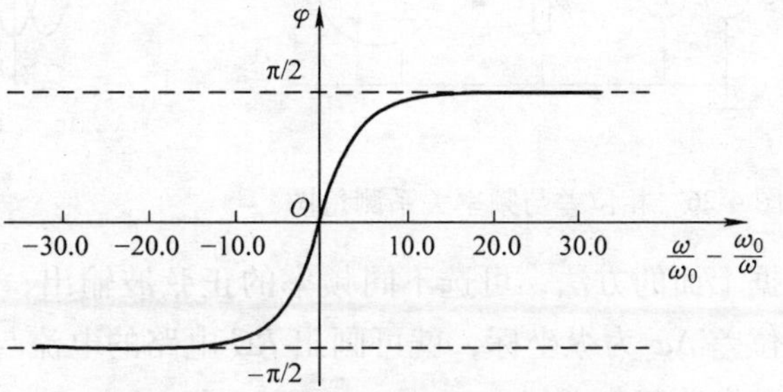


图 4-24　*RLC* 串联电路的相频曲线图

**4. 幅频特性的测试方法**

这是研究回路电路 $I$ 与频率 $f$ 的关系，以 *RC* 串联电路为例，如图 4-25 所示，S 为低频信号发生器，$R$ 为可变电阻箱，$C$ 为可变电容箱，V 为交流毫伏表，K 为单刀双掷开关，f 为数字频率计。

当开关接到“2”时，交流电压表测量 S 输出电压的有效值，调节 S 的输出幅度，保持在各种频率测量时，$U$ 严格恒定。当开关接到“1”时，交流电压表测量的是 $R$ 两端的电压 $U_R$。取不同的频率值，$U$ 保持不变，测出各种频率时的 $U_R$ 值，并算出 $I$ 值。取 $f$ 为横坐标，$I$ 或 $U_R$ 为纵坐标，就可绘出 *RC* 电路的电流或电阻两端电压与频率的特性曲线，简称 *RC* 电路的电流幅频特性曲线。

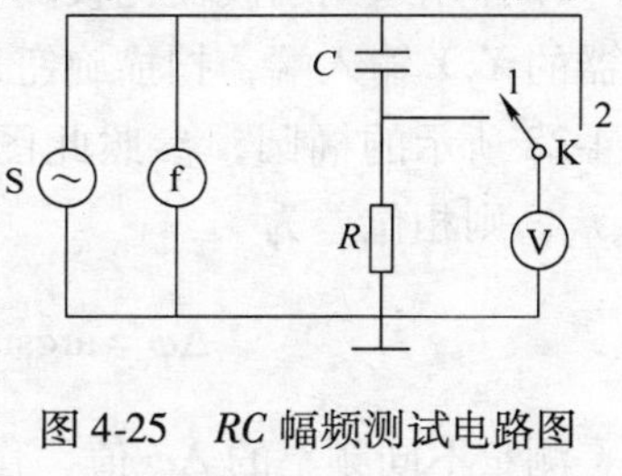


图 4-25　*RC* 幅频测试电路图

如果要测 $RC$ 电路中电容两端的电压与频率之间的关系，可将图 4-25 中 $R$ 与 $C$ 的位置相互对换进行类似上面的测量。

**5. 相频特性的测试方法**

这是研究回路电压 $U$ 对回路电流 $I$ 的相位和频率的关系，由于电阻 $R$ 两端的电压 $U_R$ 和通过的电流 $I$ 的相位总是相同的，因而可以用 $U_R$ 代替 $I$ 去和 $U$ 比较相位。

（1）用双踪示波器比较测量。若要测量 $RC$ 电路中回路电压对回路电流的相位和频率的关系，可按图 4-26 所示的测量电路接线。双踪示波器的两个信号输入端 $Y_A, Y_B$ 分别与电阻 $R$ 和信号发生器 S 的输出端相连，此外为了使示波器的水平扫描完全与 $Y_A, Y_B$ 信号同步来测量两信号的相位差，S 输出端还要与示波器的“外触发”端钮相连，并且将“触发”选择钮转换到“外”的位置。选择开关用来对示波器工作状态进行选择，当指示“交替”时，表示双踪的工作状态是在一个扫描时间内，$Y_A$ 与 $Y_B$ 通过的信号交替通过电子交换器，在荧光屏上同时显出两个波形，如图 4-27a 所示。当指示“断续”时，在一个扫描时间内 $Y_A, Y_B$ 信号分别通过电子交换器 $n$ 次，因此在示波器荧光屏上显示两个断续光点的波形，通常适用于测量低频信号，如图 4-27b 所示。调节两波形的竖直位置使 $x$ 轴重合，参照图 4-27a 测量 $T$ 及 $\Delta t$ 的对应格数 $n(T)$ 及 $n(\Delta t)$，则相位差（以弧度为单位）为

$$\Delta\varphi = 2\pi \times \frac{n(\Delta t)}{n(T)}$$

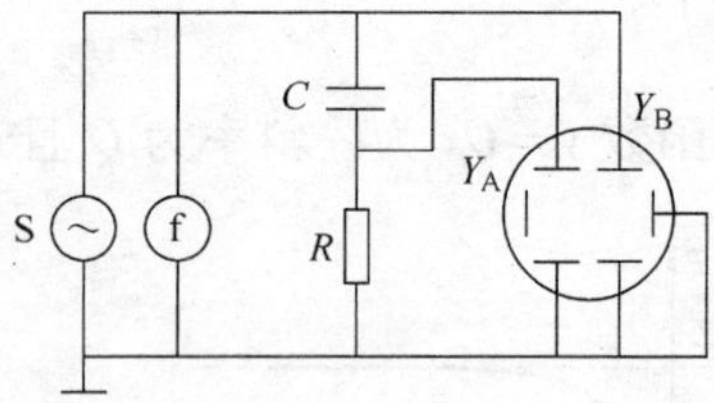


图 4-26　相位差与频率关系测量图

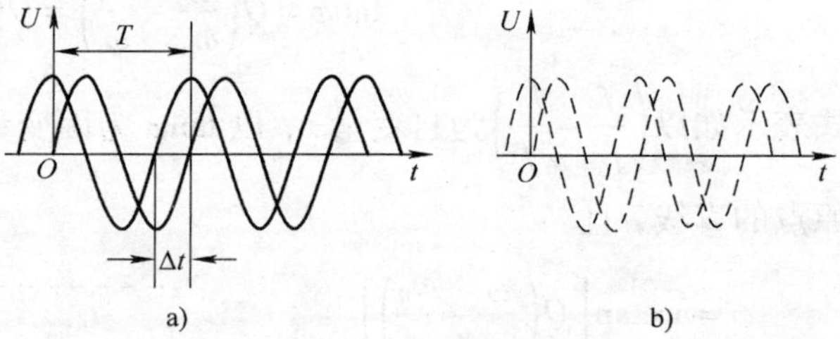


图 4-27　$U_R$ 和 $U$ 的波形图

根据上面的方法，可选不同频率的正弦波输出，测得对应的相位差，以频率 $f$ 为横坐标，相位差 $\Delta\varphi$ 为纵坐标，就可画出 $RC$ 电路的电流与外加电压 $U$ 之间相位差和频率的关系曲线，简称相频曲线。

如果图 4-26 中的电容器改用电感线圈 $L$，就可用来测量 $RL$ 电路的相频特性。如果在 $C$ 和 $R$ 中间再串一线圈 $L$，就可用来测量 $RLC$ 电路的相频特性，这里指的相频是总电压和电路中的电流之间的相位差和频率的关系。

（2）用通用示波器比较测量。将 $U_R$ 和 $U$ 分别接到示波器的 $X, Y$ 输入端，扫描旋钮选择调离扫描挡，则显示如图 4-28 所示的椭圆，参照此图测量 $2a$ 和 $2x$ 对应的格数 $n_a, n_x$，则相位差为

$$\Delta\varphi = \arcsin\left(\frac{n_x}{n_a}\right) \qquad (4\text{-}28)$$

测量不同频率的 $\Delta\varphi$ 值，作 $\Delta\varphi$-$f$ 曲线。

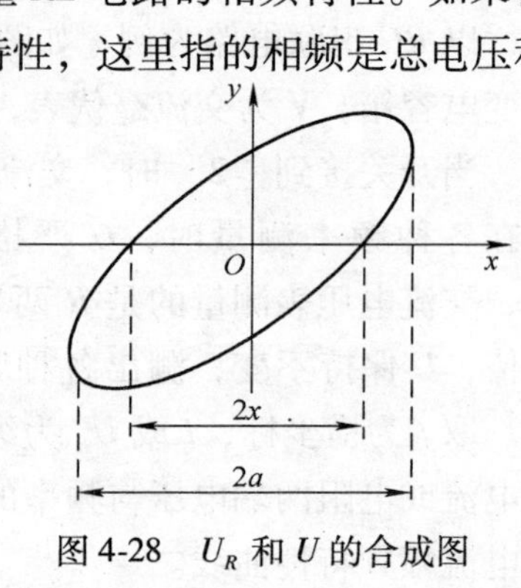


图 4-28　$U_R$ 和 $U$ 的合成图

## 三、实验内容与要求

（1）*RC* 串联电路幅频特性的测定。参照图 4-25 连接电路，取 $R=500.0\Omega, C=0.5000\mu F$，在测量不同 $f$ 的 $U_R$ 值时，必须使 $U$ 值保持恒定（例如取 $U=1.00V$），频率 $f$ 从 100Hz 到 1500Hz 之间变化 10 种，作 $I$-$f$ 幅频特性曲线或 $U_R$-$f$ 曲线。按照同样方法测量和描绘 $U_C$-$f$ 特性曲线。

（2）选取 $f=1000Hz$ 所测得的 $U_R, U_C$ 值，根据矢量图解法计算 $U_{总}$ 和 $\varphi$ 值，并与实验值加以比较，计算相对偏差。

（3）*RC* 串联电路的相频特性的测定。参照图 4-26 连接电路，取 $R=500.0\Omega, C=0.5000\mu F$，频率在 100～1500Hz 间改变 10 种，测出各频率对应的相位差 $\Delta\varphi$ 值，作 $\Delta\varphi$-$f$ 相频特性曲线。

（4）*RL* 串联电路的幅频特性的测定。测量 $U_L$-$f$ 特性曲线，取 $L=0.01H, R=500.0\Omega$，电路自行设计。

（5）*RLC* 串联电路的相频特性的测定。参照图 4-26，在电容器 $C$ 的下面串接一个电感，使 *RLC* 串联电路的谐振频率 $f_0=2000Hz$，根据实验室提供的 $L$ 值（如 $L=0.01H$），计算出相应电容器值，取 $R=500.0\Omega$，测出 $U_R$ 与 $U_{总}$ 之间的相位差为零时所对应的频率，即为谐振频率（重复测几次）。将测得的谐振频率值与理论值相比较并计算其相对偏差。相频特性可从 $f_0$ 向两侧扩展频率去测量，每侧测 5 个以上数据，所得 $\Delta\varphi$ 值尽量达到 $-50°\sim+50°$。

**注**　凡是 $U_{总}$ 超前 $U_R$，$\Delta\varphi$ 取"+"；相反则取"－"。

根据测量值，以 $\left(\dfrac{f}{f_0}-\dfrac{f_0}{f}\right)$ 为自变量 $x$ 作 $\Delta\varphi$-$\left(\dfrac{f}{f_0}-\dfrac{f_0}{f}\right)$ 曲线图。

## 四、思考题

1. 测定两个正弦波的相位差（$U_{总}$ 与 $U_R$）与示波器的 $X$ 轴扫描速率有何关系？

2. 在 *RC* 串联电路中如何测量 $U_C$ 和 $I$ 的相位差，试画出线路图，并加以说明。

3. 在比较两正弦波的相位差时，它们的零电势线是否要一致？

4. 如何判断 *RLC* 串联电路中 $U$ 和 $I$ 之间的相位差是超前还是落后？又怎样确定电路是呈电感性还是呈电容性？

5. 试设计频率为 1000Hz，$U_{总}$ 与 $I$ 的相移为 45°的移相器，并画出测试电路图。

**附录**

**表 4-10　电路元件的阻抗**

| 电路元件 | $Z=R+jX=\|Z\|e^{j\varphi}/\Omega$ | | | |
|---|---|---|---|---|
| | $R$ | $jX$ | $\|Z\|$ | $\varphi$ |
| $R$ | $R$ | 0 | $R$ | 0 |
| $L$ | 0 | $j\omega L=jX_L$ | $\omega L$ | $\dfrac{\pi}{2}$ |
| $C$ | 0 | $\dfrac{1}{j\omega C}=-jX_C$ | $\dfrac{1}{\omega C}$ | $-\dfrac{\pi}{2}$ |

表 4-11 串联电路的阻抗

| 电路种类 | $Z=R+jX/\Omega$ | $\|Z\|=\sqrt{R^2+X^2}/\Omega$ | $\varphi=\arctan\left(\frac{X}{R}\right)/\text{rad}$ |
|---|---|---|---|
| $R_1,R_2$ | $R_1+R_2$ | $R_1+R_2$ | 0 |
| $L_1,L_2$ | $j\omega(L_1+L_2)$ | $\omega(L_1+L_2)$ | $\frac{\pi}{2}$ |
| $C_1,C_2$ | $-j\frac{1}{\omega}\left(\frac{C_1+C_2}{C_1C_2}\right)$ | $\frac{1}{\omega}\left(\frac{C_1+C_2}{C_1C_2}\right)$ | $-\frac{\pi}{2}$ |
| $R,L$ | $R+j\omega L$ | $\sqrt{R^2+\omega^2L^2}$ | $\arctan\frac{\omega L}{R}$ |
| $R,C$ | $R-j\frac{1}{C\omega}$ | $\sqrt{\frac{\omega^2C^2R^2+1}{\omega^2C^2}}$ | $-\arctan\frac{1}{\omega CR}$ |
| $L,C$ | $j\left(\omega L-\frac{1}{C\omega}\right)$ | $\left\|\omega L-\frac{1}{C\omega}\right\|$ | $\pm\frac{\pi}{2}$ |
| $R,L,C$ | $R+j\left(\omega L-\frac{1}{\omega C}\right)$ | $\sqrt{R^2+\left(\omega L-\frac{1}{\omega C}\right)^2}$ | $\arctan\left(\frac{\omega L-\frac{1}{\omega C}}{R}\right)$ |

（辛旭平）

# 实验十七 透镜参数的测量

透镜是与光传递有关的仪器装置的基本元件，知道透镜主要参数的测量方法，将有助于认识和了解相关仪器的安装及调节，理解正确使用和维护的基本常识。透镜的参数有很多，如焦距、折射率、通光口径、曲率半径、厚度等。在透镜的应用中，焦距是一个主要参量。本实验的内容就是用成像公式法测薄透镜的焦距。

## 一、实验目的

（1）学习光学系统共轴的调节方法。

（2）认识透镜的成像规律及特征。

（3）测量薄透镜的焦距。

## 二、实验原理

设物距为 $W$，像距为 $V$，则薄透镜成像的公式为

$$\frac{1}{W}+\frac{1}{V}=\frac{1}{f} \tag{4-29}$$

式中，$f$ 为透镜的焦距。$W$,$V$ 和 $f$ 均从透镜的光心 $O$ 量起（近似认为薄透镜的两主面与光心 $O$ 同平面），$W$ 的正负由物的虚实决定；$V$ 的正负由像的虚实决定：虚像 $V$ 取负，实像 $V$ 取正。凸透镜 $f$ 取正值；凹透镜 $f$ 取负值。

**1. 凸透镜焦距的测定**

（1）物距像距法。当 $W>f$ 时，物体发出的光线经凸透镜会聚后，将在另一侧某位置成实像。只要分别测出物体、透镜、像的位置，求得物距、像距，代入式（4-29）可得

$$f=\frac{WV}{W+V} \tag{4-30}$$

（2）自准法。如图4-29所示，如果物 $AB$ 正好放在凸透镜的前焦面上，此时物上任一点发出的光束经透镜后成为平行光，由平面镜反射后再经透镜会聚于透镜的前焦平面上，得到一个大小与物相同的倒立的实像。从光具座上读取物屏的位置 $x_0$ 和透镜光心的位置 $x$，则

$$f=|x-x_0|$$

（3）共轭法。如图4-30所示，固定物屏和像屏的间距为 $D$，且 $D>4f$。当凸透镜在物与像屏之间移动时，有两个位置可分别使像屏上得到放大的实像和缩小的实像。据物像共轭原理，有

$$W_1=V_2,\ W_2=V_1$$

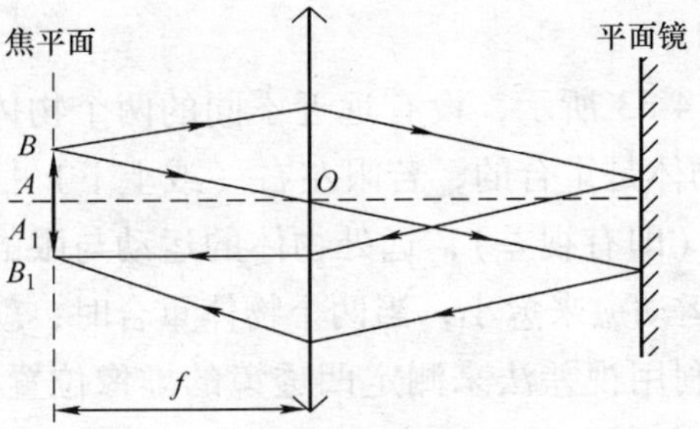


图4-29　自准法

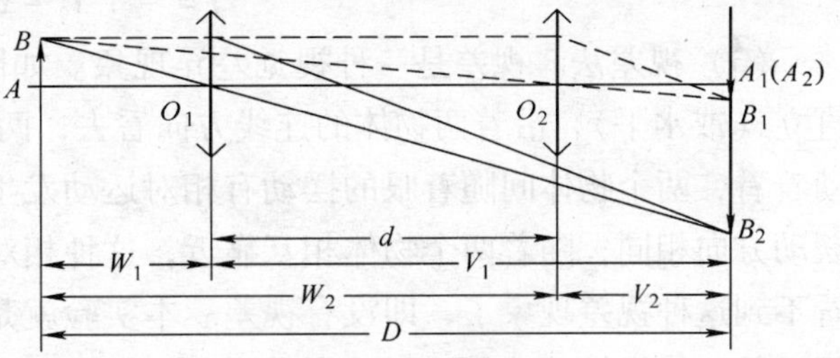


图4-30　共轭法

若二次成像时透镜的位移为 $d$，则由图可得

$$D-d=W_1+V_2=2W_1$$

$$W_1=V_2=\frac{D-d}{2} \tag{4-31}$$

$$V_1=D-W_1=\frac{D+d}{2} \tag{4-32}$$

将式（4-31）、式（4-23）代入式（4-30），可得

$$f=\frac{D^2-d^2}{4D} \tag{4-33}$$

由式（4-33）可知，只要测出物屏与像屏的距离 $D$ 以及两次成像过程中透镜的位移 $d$，便可求得待测透镜的焦距 $f$。

**2. 凹透镜焦距的测定**

（1）借助于凸透镜成实像的物距像距法。因为凹透镜成虚像，这就给焦距的测量带来了一些不便。这里，我们借助于凸透镜为凹透镜提供的虚物距和像距代入式（4-30），即可求得凹透镜的焦距。

如图4-31所示，先用凸透镜使物$AB$在屏上成缩小像$A_1B_1$，然后在凸透镜和像屏间适当位置插入待测的凹透镜（移动凹透镜和像屏），使屏上重新得到实像$A_2B_2$，此时凸透镜所成缩小像$A_1B_1$可视为凹透镜的虚物，实像$A_2B_2$是凹透镜的虚物$A_1B_1$的像。只要测出虚物的位置$x_1$以及虚物经凹透镜成实像时的凹透镜光心$O_2$的位置$x_2$和像$A_2B_2$的位置$x_3$，便可求得凹透镜的虚物距和像距。

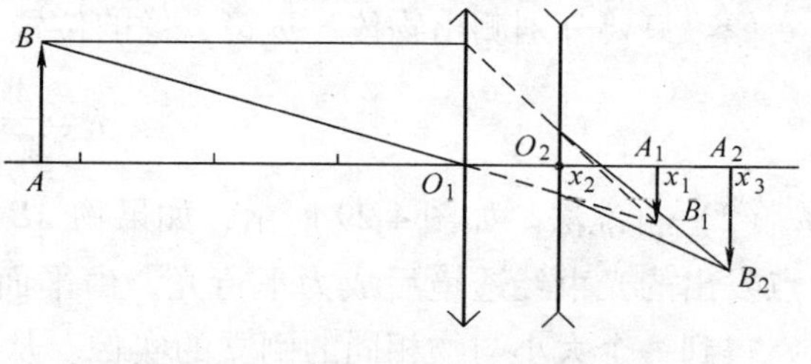

图4-31　物距像距法测凹透镜焦距

（2）自准法。如图4-32所示，先用凸透镜使物$AB$在屏上成清晰的放大的实像$A_1B_1$（即图中$A'$的位置），并记下$A_1B_1$的位置$x_1$，固定物屏和凸透镜，在$x_1$与凸透镜间共轴放置待测的凹透镜和平面镜（平面镜位于$x_1$的左侧），缓慢移动凹透镜，并注意观察物屏，当$x_1$的位置刚好处于该凹透镜的焦平面上时，平面镜反射的平行光使物屏上形成与物大小相等倒立的实像，记下此时凹透镜的位置$x_2$，于是待测凹透镜的焦距

$$f=-|x_2-x_1|$$

（3）视差法。视差是一种视觉差异现象。如图4-33所示，设有远近不同的两个物体直立（或水平），沿着两物体的连线方向看去，两物体是重合的，若眼左右（或上下）摆动着看，两个物体间随着眼的摆动有相对运动发生（即有视差），远处物体的运动与眼的摆动方向相同，随着两个物体相互靠近，这种相对运动愈来愈小，当两个物体重合时，就看不到这种视差现象了，即没有视差。本实验就是利用视差法来测定凹透镜的虚像位置。用视差法使指针G在平面镜中的虚像$G_1$与$A_1B_1$重合，由平面镜成像的对称性可求出虚像的像距，利用已知的物距$A_0$和式（4-30）即可求得凹透镜的$f$。

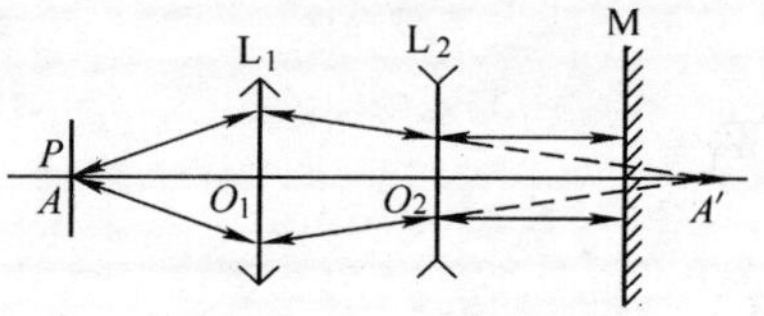

图4-32　自准法

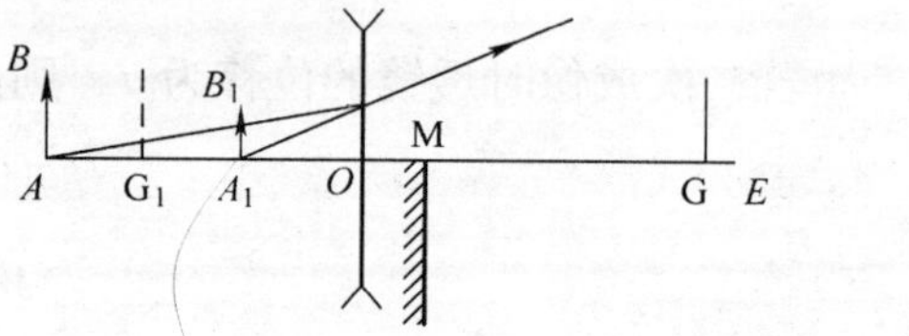

图4-33　视差法

**3. 透镜的像差及测量不确定度的估计**

在前面的原理分析中，都是以近轴单色光的成像条件来考虑的。如果成像光束不是单色光或不是近轴光线，就会有像差影响成像质量。常见的像差有色差、球差、慧差、像散弯曲和畸变等，不同条件下它们所表现的程度不一样，其中色差、球差、畸变等对焦距的测量影响较大。色差的红光和紫光可能使焦距测量的偏差约2mm；球差的成像中心光线和边缘光线可能使焦距测量的偏差约3mm。

为了克制像差的影响，我们选用单色光源，并选用口径为$H$的光阑满足近轴光线成像的条件，相对口径$H/f$越小，像差越小，但景深将增大，即成像清晰的范围增大。因此实际测量中，用不用光阑以及用多大口径的光阑，要视具体情况选择。另外，准确得到成像最清晰的位置，采取的方法是分别由左至右和由右至左移动相关透镜或像屏，逼近成像清晰区的左端和右端，读记该两端部的值，然后再取其平均值为成像清晰的准确位置。

透镜焦距测量的不确定度估计，这里我们作一点提示，供同学们参考：

测量中的误差来源除了成像清晰与否的随机误差外，实验装置引起的系统误差主要有物面（像面）与底座读数标线不共面、透镜光心与读数标线不共面、标尺的精度问题、像差以及薄透镜两主平面非严格重合等，它们所引起的极限误差可粗略地这样取值——标线不共面与标尺精度问题的整体 $\Delta_m = 1\text{mm}$，像差及透镜非理想薄的整体 $\Delta_m$ 可取成像清晰范围的一半。

**【例 4-1】** 借助凸透镜成实像测凹透镜焦距的不确定度。

**【解】** 令凸透镜成实像位置为 $\bar{x}_1$（多次测量），标准偏差为 $s(\bar{x}_1)$。$x_1$ 的标准不确定度的 A 类分量为 $U_A(\bar{x}_1) = s(\bar{x}_1)$；其 B 类分量的来源有读数标线不共面和像差，设它们的极限误差分别为 $\Delta_1(x_1)$，$\Delta_2(x_1)$，$\Delta_1(x_1)$ 取为 1mm，$\Delta_2(x_1)$ 取成像清晰范围的一半，即 $\Delta_2(x_1) = \dfrac{|x_{左\to右} - x_{右\to左}|}{2}$ 视其为均匀分布，则有

$$U_B(x_1) = \sqrt{\left[\frac{\Delta_1(x_1)}{\sqrt{3}}\right]^2 + \left[\frac{\Delta_2(x_1)}{\sqrt{3}}\right]^2}$$

$$U(x_1) = \sqrt{U_A^2(x_1) + U_B^2(x_1)}$$

令加凹透镜后的成像位置为 $\bar{x}_3$（多次测量），标准偏差为 $s(\bar{x}_3)$。$x_3$ 的标准不确定度 A 类分量为 $U_A(x_3) = s(\bar{x}_3)$；其 B 类分量与 $x_1$ 相仿，只是像差引入的 $\Delta_2(x_3)$ 的值不同，于是有

$$U_B(x_3) = \sqrt{\left[\frac{\Delta_1(x_3)}{\sqrt{3}}\right]^2 + \left[\frac{\Delta_2(x_3)}{\sqrt{3}}\right]^2}$$

$$U(x_3) = \sqrt{U_A^2(x_3) + U_B^2(x_3)}$$

同理，凹透镜的位置为 $x_2$（单次测量），则有

$$U(x_2) = \frac{\Delta_1(x_2)}{\sqrt{3}}$$

且 $\Delta_1(x_2)$ 与 $\Delta_1(x_1)$ 相同。

物距为

$$W = -|\bar{x}_1 - x_2|$$

像距为

$$V = |\bar{x}_3 - x_2|$$

物距、像距的不确定度分别为

$$U(W) = \sqrt{U^2(x_1) + U^2(x_2)}$$

$$U(V) = \sqrt{U^2(x_3) + U^2(x_2)}$$

由式(4-30)，则 $f$ 的标准不确定度为

$$U(f) = \sqrt{\left(\frac{V}{W+V}\right)^4 U^2(W) + \left(\frac{W}{W+V}\right)^4 U^2(V)}$$

## 三、实验仪器

光具座、滑块、物屏、像屏、凸透镜、凹透镜、平面反射镜、钠光灯等。

## 四、实验内容与要求

**1. 粗测待测凸透镜的焦距**（自己选择方法）

**2. 光学系统的共轴调节**

在光具座上调节光学元件共轴的要求：各透镜的光轴重合并平行于光具座的导轨，物的中心部位处于光轴上，物面、像面垂直于光轴。

（1）粗调。将光具座上的光源、物、透镜等装有光学元件的滑块靠拢，用眼仔细观察，并调节各光学元件的高低和左右，使光源中心、物中心、透镜中心大致在一条直线上且平行于导轨。

（2）细调。细调是利用透镜的成像规律来判断光学元件是否共轴。

对单个透镜可以利用成像的共轭原理进行调整。在粗调完成后，将物屏与像屏拉开大于$4f$的距离，调整光源或物屏，使凸透镜在物屏和像屏间移动时能在像屏上分别形成完整且亮度均匀的放大和缩小的清晰像，记下小像的中心位置，调节物（或透镜）的中心位置的高低，使大像的中心向小像的中心靠拢，如此反复多次，直至大小像中心几乎完全等高，再调节安置物屏的滑块上的横向螺杆调节手轮，仿前反复调节，使大小像的中心横向重合。

对于多个透镜组成的光学系统，则应先调节好与一个透镜的共轴，并保持已调节妥的元件不再变动，然后再一个个加入其余元件逐个调节，直至所有光学元件共轴。

**3. 测凸透镜的焦距**

（1）物距-像距法。调节系统共轴，然后取物距$W\approx 2f$，保持$W$不变，用左右逼近法移动像屏，仔细寻找像清晰的位置，重复多次，填入自行设计的表格中。求待测凸透镜的$f$及其标准不确定度$U(f)$。

（2）自准法。如图4-29所示，先对凸透镜、物屏进行共轴调节，置平面镜垂直于导轨，移动凸透镜，使物屏上得到与物大小相等、倒立的实像。为得到清晰成像的准确位置，可采用左右逼近法缓慢移动凸透镜，分别读记实像清晰区两端部的位置，然后再取其平均值为成像清晰时凸透镜的位置$x$，重复三次，将相关数据填入表4-12中。求待测凸透镜的$f$。

**表4-12 自准法中凸透镜的位置**

物屏位置 $x_0$ =__________ cm

| 次数 / 量名 | 1 | 2 | 3 | | |
|---|---|---|---|---|---|
| $x'$/cm 右→左 | | | | | |
| $x''$/cm 左→右 | | | | $\bar{x}$ | $f=\lvert\bar{x}-x_0\rvert$ |
| $(x'+x'')/2$ | | | | | |

（3）共轭法。固定物屏、像屏的间距 $D>4f$，对光学系统进行共轴调节。移动凸透镜，当屏上分别成清晰放大实像和清晰的缩小实像时，记录凸透镜相应位置 $x_1$ 和 $x_2$，重复测量多次，填写表 4-13 中的相关数据。求待测凸透镜的 $f$ 及其标准不确定度 $U(f)$。

**表 4-13　共轭法相关数据**

物屏位置 $x_0$ = ________ cm；像屏位置 $x_3$ = ________ cm；$D=|x_3-x_0|$ = ________ cm

| 凸透镜 | 左→右 | 右→左 | $\overline{x_i}$ | $\overline{x_1}$ | 凸透镜 | 左→右 | 右→左 | $\overline{x_i}$ | $\overline{x_2}$ |
|---|---|---|---|---|---|---|---|---|---|
| | | | | | | | | | |
| $x_1$/cm | | | | | $x_2$/cm | | | | |
| | | | | | | | | | |

**4. 测凹透镜的焦距**

（1）借助于凸透镜成实像的物距-像距法。调节凸透镜、物屏、像屏等高共轴，合理选择物距使凸透镜成一缩小的像，分别缓慢由左向右和由右向左移动像屏，读记成像清晰的位置 $x_1$，重复多次。

保持凸透镜、物屏的位置不变，在 $x_1$ 和凸透镜间适当位置插入待测的凹透镜，调节凹透镜与原系统共轴（注意此时只能调节凹透镜的上下左右，观察凹透镜将 $x_1$ 处的虚物所成实像的中心是否与虚物的中心重合）。然后保持凹透镜的位置不变，分别慢慢由左向右和由右向左移动像屏，读记实像清晰的位置 $x_3$，重复多次，将数据填入表 4-14 中。求待测凹透镜的 $\bar{f}$。

**表 4-14　物距像距法测凹透镜焦距的像屏位置**

凹透镜位置 $x_2$ = ________ cm

| 像屏 | 左→右 | 右→左 | $\overline{x_{1i}}$ 或 $\overline{x_{3i}}$ | $\bar{x}$ | $W=-\lvert\overline{x_1}-x_2\rvert$ |
|---|---|---|---|---|---|
| | | | | | |
| $x_1$/cm | | | | | |
| | | | | | |
| | | | | | $V=\lvert\overline{x_3}-x_2\rvert$ |
| $x_3$/cm | | | | | |
| | | | | | |

（2）自准法。调节光源、物、凸透镜同轴且平行于导轨，测记物 $AB$ 经凸透镜成放大或等大实像的位置 $x_1$，保持物、凸透镜的位置不变，重复多次，记入表 4-15 中。在 $x_1$ 与凸透镜间放上凹透镜，调节凹透镜与原系统共轴，然后再放置平面镜，调节镜平面的方位，使镜平面垂直于系统光轴。参照图 4-32，缓慢移动凹透镜，使物屏上形成与物大小相等倒立的实像，记下此时凹透镜的位置 $x_2$，重复多次。为得到清晰成像的准确位置，可仿前采用左右逼近法测量。求待测凹透镜的 $\bar{f}$ 及其标准不确定度 $U(\bar{f})$。

**表 4-15 自准法测凹透镜焦距的数据**

| 量名 | 左→右 | 右→左 | $\overline{x_i}$ | $\overline{x_1}$ | 量名 | 左→右 | 右→左 | $\overline{x_i}$ | $\overline{x_2}$ |
|---|---|---|---|---|---|---|---|---|---|
| 虚物 $x_1$/cm | | | | | 凹透镜 $x_2$/cm | | | | |
| | | | | | | | | | |
| | | | | | | | | | |

（3）视差法。如图 4-33 所示，调节系统共轴。选择物 $AB$ 于合适的位置，使 $E$ 处眼看到凹透镜所成物的虚像 $A_1B_1$ 的长度适当长一些，移动垂直光轴放置的指针棒 G，同时眼左右微摆，使棒的像 $G_1$ 与 $A_1B_1$ 的视差愈来愈小，直至没有视差，读记指针棒 G 此时的位置。保持物屏、透镜、平面镜的位置（$x_A, x_0, x_M$）不变，重复多次，将相关数据填入表 4-16 中。求待测凹透镜的 $\bar{f}$。

**表 4-16 视差法测凹透镜焦距的数据**

物屏 $x_A$ = ______ cm；透镜 $x_0$ = ______ cm；平面镜 $x_M$ = ______ cm

| 次数 / 量名 | 1 | 2 | 3 | $\overline{x_G}$ | $V = -\lvert\overline{x_G} - x_0\rvert + \overline{MO}$ | $W = \lvert x_0 - x_A\rvert$ |
|---|---|---|---|---|---|---|
| $x_G$/cm | | | | | | |

## 五、思考题

1. 如果导轨上安放光学元件的底座读数标线与光学元件不共面较严重，本实验中哪一种测量方法可不受其影响？

2. 物距-像距法测凸透镜焦距的实验中，取物距 $W=2f$ 时，相对不确定度 $U(f)/f$ 最小。请给予证明。

3. 共轭法测凸透镜焦距时，为什么必须使 $D>4f$？

4. 视差法测凹透镜焦距的实验中，根据什么现象来判别指针 G 是应该靠向平面镜还是应该远离平面镜？

5. 如果待测凸透镜的焦距大于光具座的长度，试设计一种方法，能在该光具座上测定该凸透镜的焦距。

（周　芹）

# 实验十八　玻璃折射率与波长的关系

由于介质对入射的电磁波存在散射和吸收，因此介质的介电常数是一个复数，它随着频率而变化，介质的折射率 $n$ 也随着入射波的频率而变化。通常手册上刊载的各种材料的折射率，都是对 $\lambda=589.3\text{nm}$ 的入射光来讲的。本实验就是利用三棱镜玻璃色散所体现出来的赤橙黄绿青蓝紫的分布来测定各色谱的折射率。

## 一、实验目的

（1）进一步熟悉分光计的调节和使用。

（2）了解介质的折射率与入射波频率的关系。

（3）测定各色谱对玻璃的折射率。

## 二、实验原理

我们可用测定最小偏向角的方法，来求得棱镜玻璃的折射率，如图 4-34 所示。光线 *HO* 经待测棱镜的两次折射后，沿 *FE* 方向出射时，产生偏向角 $\delta$，即出射光线 *FE* 与入射光线 *HO* 间的夹角。

设图中 $N_1, N_2$ 分别为棱镜 *AB* 面、*AC* 面的法线，棱镜的顶角为 $A, i_1$ 表示入射角，$i_2$ 表示出射角，$z_1$ 为经 *AB* 面的折射角，$z_2$ 为 *AC* 面的入射角，由图中的几何关系，有

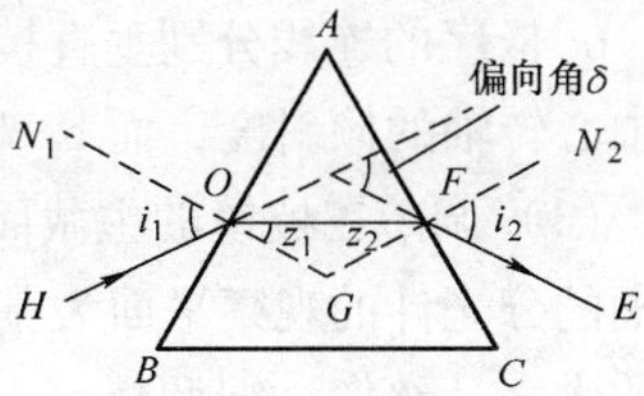

图 4-34 偏向角光路图

$$z_1 + z_2 = A \tag{4-34}$$

$$\delta = (i_1 - z_1) + (i_2 - z_2) = (i_1 + i_2) - (z_1 + z_2) = i_1 + i_2 - A \tag{4-35}$$

由实验和理论可知，改变入射角 $i_1$ 的大小，出射角 $i_2$ 也随 $i_1$ 而变化，即 $\delta$ 也发生相应地变化，$\delta$ 是 $i_1$ 的函数。另一方面，据折射定律，入射光 *HO* 在 *AB* 面及 *AC* 面折射时，有

$$n\sin z_1 = \sin i_1 \tag{4-36}$$

$$n\sin z_2 = \sin i_2 \tag{4-37}$$

式中，$n$ 为棱镜玻璃的折射率，并假设棱镜外围空气的折射率 $n_0 = 1$。

利用式（4-35）、式（4-36）、式（4-37），有 $\dfrac{d^2\delta}{di_1^2} > 0$，即 $\delta$ 有一极小值。令 $\dfrac{d\delta}{di_1} = 0$，可求得 $\delta$ 取极小值 $\delta_{min}$ 的条件为

$$i_1 = i_2 \quad 或 \quad z_1 = z_2 \tag{4-38}$$

联合式（4-34）、式（4-35）、式（4-38），可得到

$$i_1 = \frac{A + \delta_{min}}{2}$$

$$z_1 = z_2 = \frac{A}{2}$$

故

$$n = \frac{\sin i_1}{\sin z_1} = \frac{\sin \dfrac{A + \delta_{min}}{2}}{\sin \dfrac{A}{2}} \tag{4-39}$$

因此，只要测出各色谱线的最小偏向角 $\delta_{min}$ 和棱镜顶角 $A$，就可由式（4-39）求得棱镜玻璃对各色谱线的折射率 $n$。

## 三、实验仪器

分光计、三棱镜、汞灯。

## 四、实验内容与要求

（1）参照实验十四，调节分光计处于待用的状态，即利用自准直原理将望远镜对无穷远调焦，使望远镜的光轴载物台面垂直于分光计的中心转轴，使平行光管产生平行光，并与望远镜处于共光轴的平面。

（2）将待测三棱镜按图 4-35 置于载物台面上，使载物台面下三颗升降调节螺钉 $b_1$，$b_2$，$b_3$ 依序的连线分别垂直棱镜 $AC,AB,BC$ 侧面。此时调节 $b_1$ 或 $b_2$，可改变 $AC$ 面相对于中心转轴的倾斜度，而 $b_3$ 对 $AC$ 面倾斜的影响不明显。

（3）调节三棱镜的主截面垂直于分光计的中心转轴。利用已经调节好并垂直于中心转轴的分光计的观察平面为基础，旋转载物台使棱镜 $AC$ 光面正对望远镜，寻找 $AC$ 面反射的十字叉丝像，细调螺钉 $b_1$，使望远镜视场中所看到的十字叉丝像与调整叉丝重合，如图 4-14 所示。旋转载物台使棱镜 $AB$ 光面正对望远镜，用同样的方法寻找 $AB$ 面反射的十字叉丝像，细调螺钉 $b_2$，使望远镜视场中反射的十字叉丝像与分划板上的调整叉丝重合，然后应用半调法，重复进行调节，直至无论棱镜 $AC$ 面或 $AB$ 面正对望远镜时，十字叉丝的反射像均能与调整叉丝重合。此时，棱镜的主截面与分光计的观察平面同平面并且均垂直于中心转轴。

（4）观察经棱镜折射后的出射谱线。如图 4-36 所示，让平行光管与中心转轴平行的缝光以较大的角度入射棱镜的 $AB$ 面，在 $AC$ 面适当方位，用望远镜寻找经 $AC$ 面折射后的出射谱线黄、绿、蓝、紫等各色谱线（狭缝的像）。观察各色谱线的分布状态，跟踪某谱线，缓慢旋转载物台，使出射谱线往偏向角度变小的方向移动，同时望远镜保持跟踪状态，直至偏向角小到某一值后，若再依然按原方向旋转载物台，则跟踪的该谱线会向偏向角度变大的方向移动。这个转折点的位置，就是该谱线最小偏向角的出射方位。

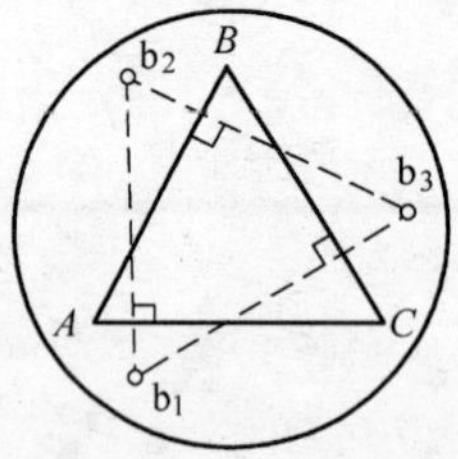

图 4-35　待测棱镜放置示意图

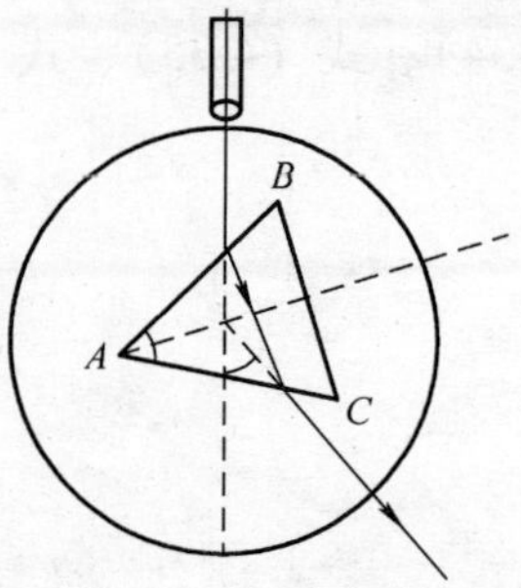

图 4-36　测量最小偏向角示意图

（5）测定各谱线的最小偏向角。利用同样的方法，用望远镜跟踪黄色谱线，缓慢旋转载物台，寻找该谱线最小偏向角的出射方位，让望远镜中的竖直叉丝与该方位的谱线重合，读记左右游标的示值（$\varphi_j,\varphi_j'$）。然后采用类似的方法寻找并测定其他各色谱线最小偏向角的出射方位。再取下三棱镜，移动望远镜对准平行光管，让竖直叉丝与缝光重合，读记入射光方位的左右游标（$\varphi_0,\varphi_0'$）。将测量数据填入表4-17中。

$$\delta_{\min}=\frac{1}{2}(|\varphi_j-\varphi_0|+|\varphi_j'-\varphi_0'|)$$

式中，$\varphi$ 或 $\varphi'$ 的下标 $j$ 表示各色谱线。求出各色谱线的最小偏向角 $\delta_{\min}$。利用实验室给定的顶角 $A$，计算棱镜玻璃对各色谱线的折射率。

**表4-17　各色谱线 $\delta_{\min}$ 的测量数据**

| 色 / $\varphi$ | 黄 | 绿 | 蓝 | 紫 | 入射 |
| --- | --- | --- | --- | --- | --- |
| 左游标 | | | | | |
| 右游标 | | | | | |
| $\delta_{\min}$ | | | | | |

## 五、思考题

1. 有人说：如果某一色的出射谱线处于最小偏向角的出射方位，其他色光的谱线也处于最小偏向角的出射方位。此说法正确吗？为什么？

2. 实验中读取了各色谱线的最小偏向角方位后，又取下三棱镜测读入射光的方位。不取下三棱镜，直接测读有什么不妥？

3. 请设计测定入射角与偏向角的 $i$-$\delta$ 曲线的操作步骤。

4. 用分光计测棱镜的折射率还有其他方法吗？请说明操作步骤。

5. 证明式（4-38）和式（4-39）。

（周　芹）

# 实验十九　电子电荷的测定

著名的美国物理学家密立根（Robert A. Millikan）在1909年到1917年期间，所做的测量微小油滴上所带电荷的工作，即油滴实验，是物理学发展史上具有重要意义的实验。这一实验的设计思想简明巧妙，方法简单，而结论却具有不容置疑的说服力，因此这一实验堪称物理实验的精华和典范。密立根在这一实验工作上花费了近10年的心血，从而取得了具有重大意义的结果；证明了电荷的不连续性；测量并得到了元电荷即为电子电荷，其值 $e=1.60\times10^{-19}$C。现公认 $e$ 是元电荷，目前对其值的测量精度不断提高。正是由于这一实验的成就，他荣获了1923年诺贝尔物理学奖。

本实验的目的是学习测量元电荷的方法，并训练物理实验时应有的严谨态度与坚韧不拔的科学精神。

## 一、实验目的

（1）了解密立根油滴仪的结构，验证电荷的量子性。

（2）掌握实验方法和实验技巧，测定电荷的基本量——电子电荷。

(3) 培养学生的实验能力。

## 二、实验原理

密立根油滴实验的基本设计思想是使带电油滴在测量范围内处于受力平衡的状态。按油滴作匀速运动或静止两种运动方式分类，测定油滴所带电荷的方法有平衡法和动态法。

**1. 平衡法测油滴所带电荷量**

用喷雾器将油喷入两块相距为 $d$ 的水平放置的平行板之间，因油在喷射成雾状时，一般都带上了电。设油滴的质量为 $m$，所带的电荷量为 $q$，两极板间电压为 $U$，则油滴在平行极板间将受两个力的作用（空气浮力忽略不计），一个是重力 $mg$，一个是电场力 $qE$，如图 4-37 所示。调节两极板的电压 $U$，可使油滴受力达到平衡，这时

$$mg = qE = q\frac{U}{d} \tag{4-40}$$

由式（4-40）可见，为了测得油滴所带电荷量 $q$，必须测定电压 $U$、两极板间距离 $d$ 和油滴的质量 $m$。由于 $m$ 很小，需用特殊方法测定。

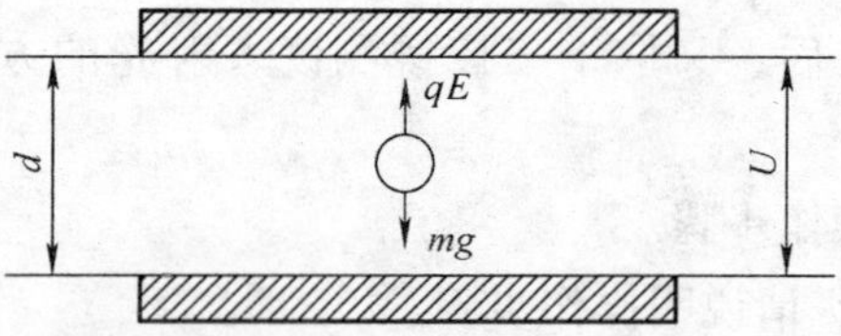

图 4-37 油滴在电场中受力图

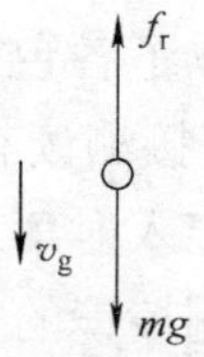

图 4-38 油滴匀速下降时受力图

当平行极板间不加电压时，油滴因受重力作用加速下降。由于空气阻力作用，当下降速度达到某一值 $v_g$ 时，阻力 $f_r$ 与重力 $mg$ 平衡（空气浮力忽略不计），如图 4-38 所示。此时油滴开始匀速下降。根据斯托克斯定律，油滴以 $v_g$ 匀速下降时空气阻力为

$$f_r = 6\pi r\eta v_g = mg \tag{4-41}$$

式中，$\eta$ 是空气的黏度；$r$ 是油滴的半径（由于表面张力作用，油滴总呈球状）。设油的密度为 $\rho$，油滴的质量 $m$ 可表示为

$$m = \frac{4}{3}\pi r^3\rho \tag{4-42}$$

由式（4-41）、式（4-42）可得油滴的半径为

$$r = \sqrt{\frac{9\eta v_g}{2\rho g}} \tag{4-43}$$

对于半径小于 $10^{-6}$m 的小球，空气的黏度 $\eta$ 应修正为

$$\frac{\eta}{1+\frac{b}{pr}}$$

这时斯托克斯定律应改为

$$f_r = \frac{6\pi r\eta v_g}{1+\frac{b}{pr}}$$

式中，$b$ 为修正常数；$p$ 为大气压强。因此油滴半径为

$$r=\sqrt{\frac{9\eta v_g}{2\rho g}\times\frac{1}{1+\frac{b}{pr}}} \tag{4-44}$$

式（4-44）根号下仍含有油滴半径 $r$，但因处于修正项中，不需十分精确，因此可用式（4-43）计算。将式（4-44）代入式（4-42），得

$$m=\frac{4}{3}\pi\left(\frac{9\eta v_g}{2\rho g}\times\frac{1}{1+\frac{b}{pr}}\right)^{\frac{3}{2}}\rho \tag{4-45}$$

由式（4-45）可知，只要测出 $v_g$ 就可算出油滴的质量 $m$。油滴匀速下降的速度 $v_g$ 的测量方法是将两极板间电压 $U$ 调为零，油滴立即匀速下降，只要测出下降距离 $l$ 和对应的时间 $t_g$，就可知速度，即

$$v_g=\frac{l}{t_g} \tag{4-46}$$

将式（4-46）代入式（4-45），再将式（4-45）代入式（4-40），得

$$q=9\sqrt{2}\pi\times\left(\frac{1}{\rho g}\right)^{\frac{1}{2}}\left[\frac{\eta l}{t_g\left(1+\frac{b}{pr}\right)}\right]^{\frac{3}{2}}\frac{d}{U} \tag{4-47}$$

由式（4-47）可知，只要测得平衡电压 $U$、两极板间距离 $d$（由仪器而定）、油滴匀速下降的距离 $l$（一般固定）、所用的时间 $t_g$，就可计算出油滴所带电荷。

实验发现，对于同一油滴（质量不变），如果改变它所带的电荷量 $q$，则测得能使油滴平衡的电压为一些不连续的特定值 $U_n$；对于不同油滴，测得的平衡电压也为一些不连续的值。通过式（4-47）对大量的油滴进行测量计算，结果所有油滴带的电荷量 $q$ 都是不连续的，是某一值的整数倍，这一值就是最小单位电荷 $e$。$q$ 与 $e$ 存在下列关系：

$$q=ne \tag{4-48}$$

式中，$n=\pm1,\pm2,\cdots$；$e$ 为电子电荷。则

$$e=\frac{q}{n} \tag{4-49}$$

式（4-47）和式（4-49）是用平衡法测量电子电荷的计算公式。

**2. 动态法测油滴所带电量**

在两平行极板间加适当的电压 $U$，但不将 $U$ 调至使静电力与重力平衡，而是使油滴在静电力作用下加速上升（$qE>mg$）。由于空气阻力作用，当上升速度达到某一值 $v_e$ 时，空气阻力、重力与静电力达到平衡（空气浮力忽略不计），油滴将以速度 $v_e$ 匀速上升（实际上油滴会立即达到匀速运动状态），如图4-39所示。这时

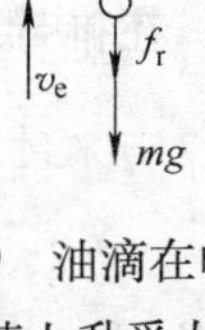

图4-39　油滴在电场中均速上升受力图

三个力的平衡关系为

$$6\pi r\eta v_{e}=q\frac{U}{d}-mg \tag{4-50}$$

当两极板间电压为零时，油滴立即匀速下降，且式（4-41）成立。由式（4-41）和式（4-50）可得

$$\frac{v_{e}}{v_{g}}=\frac{q\frac{U}{d}-mg}{mg}$$

即

$$q=mg\frac{d}{U}\left(\frac{v_{g}+v_{e}}{v_{g}}\right) \tag{4-51}$$

将式（4-45）代入式（4-51），得

$$q=9\sqrt{2}\pi\left(\frac{v_{g}}{\rho g}\right)^{\frac{1}{2}}\times\left(\frac{\eta}{1+\frac{b}{pr}}\right)^{\frac{3}{2}}\frac{d}{U}(v_{g}+v_{e}) \tag{4-52}$$

实验时，取油滴匀速下降和匀速上升的距离都为 $l$，测出油滴均速下降 $l$ 所用的时间 $t_{g}$ 和匀速上升 $l$ 所用的时间 $t_{e}$，则

$$v_{g}=\frac{l}{t_{g}},\quad v_{e}=\frac{l}{t_{e}}$$

将上两式代入式（4-52），得

$$q=9\sqrt{2}\pi\left(\frac{1}{\rho g}\right)^{\frac{1}{2}}\times\left(\frac{\eta l}{1+\frac{b}{pr}}\right)^{\frac{3}{2}}\frac{d}{U}\left(\frac{1}{t_{g}}+\frac{1}{t_{e}}\right)\left(\frac{1}{t_{g}}\right)^{\frac{1}{2}} \tag{4-53}$$

由式（4-53）可知，对同一油滴而言，如果改变油滴所带电荷量 $q$，测得的 $t_{e}$ 也发生改变。多次改变油滴所带的电荷量进行测量，分别由式（4-53）计算出 $q$，结果发现油滴所带电荷的增量 $\Delta q_{1},\Delta q_{2},\Delta q_{3}$，…和油滴原有的电荷量 $q$ 具有一个最大公约数，且为某一量的整数倍；对不同的油滴测量计算，发现 $q$ 仍为某一量的整数倍，这一量就是式（4-49）所述的最小电荷量：

$$e=\frac{q}{n}$$

式（4-53）和式（4-49）是用动态法测量电子电荷的计算公式。

**注** 在推导式（4-47）和式（4-53）时，都忽略了空气的浮力，在更精确的测量和计算时，浮力不能忽略。油滴在空气中的重量和在真空中的重量分别为 $\frac{4}{3}\pi r^{3}(\rho_{油}-\rho_{空气})g$ 和 $\frac{4}{3}\pi r^{3}\rho_{油}g$，由此可见，将式（4-47）和式（4-53）中的 $\rho$ 换成 $\rho_{油}-\rho_{空气}$，其结果就考

虑了空气的浮力。

## 三、实验仪器

密立根油滴仪主要由油滴盒、CCD 电视显微镜、监视器和供电系统构成。OM99 型油滴仪的面板如图 4-40 所示。

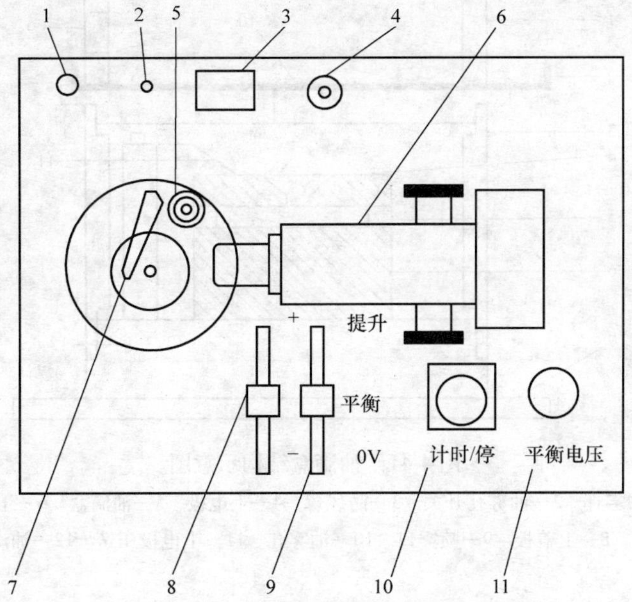


图 4-40　OM99 型油滴仪面板图

1—电源线　2—指示灯　3—电源开关　4—视频电缆　5—调平水泡

6—显微镜　7—上电极压簧　8—$K_1$　9—$K_2$　10—$K_3$　11—W

油滴盒是个重要部件，其结构如图 4-41 所示。上下电极直接用精加工的平板垫在胶木圆环上，这样极板间的不平行度、极板间的间距误差都可以很小。在上电极板中心有一个 0.4mm 的油雾落入孔，在胶木圆环上开有显微镜观察孔和照明孔。

在油滴盒外套有防风罩，罩上放置一个可取下的油雾杯，杯底中心有一个落油孔及一个挡片，用来开关落油孔。在上电极板上方有一个可以左右拨动的压簧，只有将压簧拨向最边位置，方可取出上极板，为的是保证压簧与电极始终接触良好。

照明灯安装在照明座中间位置，OM99 型油滴仪采用了带聚光的半导体发光器件，使用寿命极长，为半永久性。

CCD 电视显微镜的光学系统是专门设计的，体积小巧，成像质量好。由于 CCD 摄像头与显微镜是整体设计，使用可靠、稳定，不易损坏 CCD 器件。

电路箱体内装有高压产生、测量显示等电路。底部装有三只调平手轮，由测量显示电路产生的电子分划板刻度，与 CCD 摄像头的行扫描严格同步，相当于刻度线是做在 CCD 器件上的，所以，尽管监视器有大有小，或监视器本身有非线性失真，但刻度值是不会变的。

OM99 型油滴仪备有两种分划板，一种是标准分划板 A，8×3 结构，垂直线视场为

2mm，分8格，每格为0.25mm；为观察油滴的布朗运动，设计了另一种$x$，$y$方向各为15小格的分划板B，每格为0.08mm。进入或退出分划板B的方法是：按住“计时/停”按钮大于5s即可切换分划板。

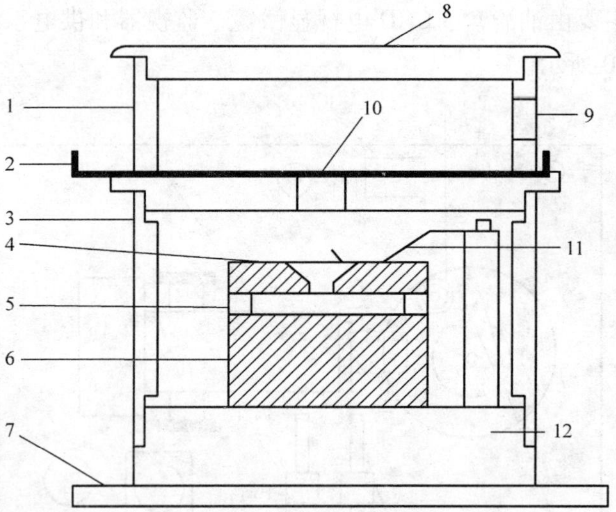


图4-41　油滴盒结构示意图

1—油雾杯　2—油雾孔开关　3—防风罩　4—上电极　5—油滴盒　6—下电极
7—座架　8—上盖板　9—喷雾口　10—油雾孔　11—上电极压簧　12—油滴盒基座

在面板上有两只控制平行极板电压的三档开关，$K_1$ 控制上极板电压的极性，$K_2$ 控制极板上电压的大小。当 $K_2$ 处于中间位置即“平衡”挡时，可用电位器调节平衡电压；打到“提升”挡时，自动在平衡电压的基础上增加200～300V的提升电压；打到“0V”挡时，极板上电压为0V。

为了提高测量精度，OM99型油滴仪将 $K_2$ 的“平衡”、“0V”挡与计时器的“计时/停”联动。在 $K_2$ 由“平衡”打到“0V”，油滴开始匀速下落的同时开始计时，油滴下落到预定距离时，迅速将 $K_2$ 由“0V”挡打到“平衡”挡，油滴停止下落的同时停止计时。这样，在屏幕上显示的是油滴实际的运动距离和对应的时间，还提供了修正参数，可提高测距、测时精度。根据不同的教学要求，也可以不联动。

由于空气阻力的存在，油滴是先经一段变速运动然后进入匀速运动的；但变速运动时间非常短，小于0.01s，与计时器精度相当，所以可以认为油滴自静止开始运动时，是立即作匀速运动的，运动的油滴突然加上原平衡电压时，将立即静止下来。

OM99型油滴仪的计时器采用“计时/停”方式，即按一下开关，清零的同时立即开始计数，再按一下，停止计数，并保存数据。计时器的最小显示为0.01s，但内部计时精度为1μs，也就是说，清零时刻仅占用1μs。

## 四、实验内容与要求

### 1. 调整仪器

（1）调仪器水平。调节仪器底座上的三只调平手轮，使水准泡指示水平，这时两极板处于水平。

(2) CCD 显微镜调节。CCD 显微镜调焦，只需将显微镜筒前端和底座前端对齐，喷油后再稍稍前后微调，清楚看到油滴为止。在使用中，前后调焦范围不要过大，取前后调焦 1mm 内的油滴较好。照明光路不需调整。

**2. 仪器使用**

打开监视器和油滴仪的电源开关，5s 后自动进入测量状态，显示出标准分划板刻度线、电压值和时间值。开机后如想直接进入测量状态，按一下“计时/停”按钮即可。

面板上 $K_1$ 用来选择平行电极上极板的极性，实验中置于“+”或“-”位置均可，一般不常变动。

监视器有 4 个调节旋钮。对比度一般置于较大，亮度不要太亮。如发现刻线上下抖动，这是“帧抖”，微调左边起第二只旋钮即可解决。

**注** (1) 喷雾器内的油不可装得太满，否则会喷出很多“油”而不是“油雾”，会堵塞上电极的落油孔。每次实验完毕应及时揩擦上极板及油雾室内的积油。

(2) 喷油时喷雾器的喷头不要深入喷油孔内，防止大颗粒油滴堵塞落油孔。

(3) 喷雾器的气囊不耐油，实验后，将气囊与金属件分离保管为好，可延长使用寿命。

**3. 测量练习**

练习是顺利做好实验的重要环节，包括练习控制油滴运动，测量油滴运动的时间和选择合适的油滴。

(1) 练习控制油滴。在两极板上加上平衡电压（300V 左右），换向开关放在“+”或“-”均可，驱走不需要的油滴，只留下几颗缓慢运动的油滴。注视某一颗油滴，仔细调节平衡电压，使这颗油滴静止不动。然后去掉平衡电压，让它匀速下降，下降一段距离后再加上平衡电压和升降电压，使油滴上升。如此反复练习，直至掌握控制油滴的方法。

判断油滴是否平衡要有足够的耐心。用 $K_2$ 将油滴移至某一刻线上，仔细调节平衡电压，这样反复操作几次，经一段时间观察油滴确实不再移动才认为是平衡了。

(2) 练习测量油滴运动的时间。任选几颗运动速度快慢不同的油滴，测出它们下降一段距离所花的时间，或者加上一定的电压，测出它们上升一段距离所花的时间。如此反复多次，掌握测量油滴运动时间的方法。

测准油滴上升或下降某段距离所需的时间，一是要统一油滴到达刻度线的位置，二是眼睛要平视刻度线，不要有夹角。反复练习几次，使测出的各次时间的离散性较小。

(3) 练习选择合适的油滴。选择一颗合适的油滴十分重要。大而亮的油滴必然质量大，所带电荷也多，而匀速下降时间则很短，增大了测量误差和给数据处理带来困难。通常选择平衡电压为 200～300V，匀速下落 1.5mm 的时间在 10～20s 左右的油滴较适宜。喷油后，将 $K_2$ 置于“平衡”挡，调 W 使极板电压为 200～300V，注意几颗缓慢运动、较为清晰明亮的油滴。试将 $K_2$ 置于“0V”挡，观察各颗油滴下落大概的速度，从中选一颗作为测量对象。对于 9 英寸监视器，目视油滴直径在 0.5～1mm 左右的较合适，过小的油滴观察困难，布朗运动明显，会引入较大的测量误差。

**4. 正式测量**

实验方法可选用平衡测量法、动态测量法。同一油滴可改变几次电荷（射线源另备）。

如采用平衡法测量，可将已调平衡的油滴用 $K_2$ 控制移到“起点”线上，然后将 $K_2$ 拨向“0V”，油滴开始匀速下降的同时，计时器开始计时。到“终点”时迅速将 $K_2$ 拨向“平衡”，油滴立即静止，计时也立即停止。将平衡电压 $U$、下落时间 $t_g$ 记录到表 4-18 中，记下运动距离 $l$。

**表 4-18　平衡测量法数据记录表**

| 油滴序号 | 测量次数 | 平衡电压 $U_n$ /V | 运动时间 $t_g$ /s | 电荷量 $q=ne$ /$\times10^{-19}$C | 电子数 $n$ | 电子电荷 $e$ /$\times10^{-19}$C |
|---|---|---|---|---|---|---|
| 1 | 1 | | | | | |
| | 2 | | | | | |
| | $n$ | | | | | |
| | 平均 | | | | | |
| 2 | 1 | | | | | |
| | 2 | | | | | |
| | $n$ | | | | | |
| | 平均 | | | | | |
| $n$ | 1 | | | | | |
| | 2 | | | | | |
| | $n$ | | | | | |
| | 平均 | | | | | |

动态法是分别测出加电压时油滴上升的时间 $t_e$ 和不加电压时油滴下落的时间 $t_g$，将数据记录到表 4-19 中，记下运动距离 $l$。

**表 4-19　动态测量法数据记录表**

两极板间电压 $U=$ ______ V

| 油滴序号 | 测量次数 | 匀速上升时间 $t_e$ /s | 匀速下降时间 $t_g$ /s | 电荷量 $q=ne$ /$\times10^{-19}$C | 电子数 $n$ | 电子电荷 $e$ /$\times10^{-19}$C |
|---|---|---|---|---|---|---|
| 1 | 1 | | | | | |
| | 2 | | | | | |
| | $n$ | | | | | |
| | 平均 | | | | | |
| 2 | 1 | | | | | |
| | 2 | | | | | |
| | $n$ | | | | | |
| | 平均 | | | | | |
| $n$ | 1 | | | | | |
| | 2 | | | | | |
| | $n$ | | | | | |
| | 平均 | | | | | |

将数据代入相应公式，求出 $e$ 值。油滴的运动距离一般取 1.5mm。对某颗油滴重复 5 ~10 次测量，如果油滴逐渐变模糊，应微调显微镜跟踪油滴。选择 10 ~ 20 颗油滴，求得电子电荷的平均值。在每次测量时都要检查和调节平衡电压，以减小偶然误差和因油滴挥发而使平衡电压发生变化。

由式（4-47）和式（4-53）计算油滴所带电荷量 $q$，两式中

$$r=\sqrt{\frac{9\eta l}{2\rho g t_g}}$$

式中，空气黏度 $\eta=1.83\times10^{-5}\mathrm{kg\cdot m^{-1}\cdot s^{-1}}$；油的密度 $\rho_{油}=981\mathrm{kg\cdot m^{-3}}$（或由实验室给出）；空气的密度 $\rho_{空气}=1.29\mathrm{kg\cdot m^{-3}}$；平行极板距离 $d=5.0\times10^{-3}\mathrm{m}$；重力加速度 $g=9.80\mathrm{m\cdot s^{-2}}$（或用当地的值）；油滴匀速升降的距离 $l=1.50\times10^{-3}\mathrm{m}$；修正常数 $b=8.23\times10^{-3}\mathrm{m\cdot Pa}$；大气压强 $p=1.013\times10^{5}\mathrm{Pa}$。由于有些量随地点温度而变化，计算时应用当时当地的参数，但这些量变化较小，计算时仍能使用上面给定的值。

## 五、思考题

1. 用动态法测量油滴所带电荷，当油滴匀速上升 $l$ 后，怎样使油滴静止下来？
2. 对选定的油滴进行测量时，为什么有时油滴会逐渐变模糊？
3. 如何判断油滴盒内平行极板是否水平？不水平对实验结果有何影响？
4. 用 CCD 成像系统观测油滴比直接从显微镜中观测有何优点？

（辛旭平）

# 第五章　基本实验知识的综合应用

本章安排了 8 个实验，包括力、热、声、光、电等方面的知识。突出基本知识的综合应用，从多方面锻炼学生的能力，通过对所学知识的应用，检查学习情况，同时也巩固所学知识。要求掌握基本物理量的测量方法、仪器的基本使用和调节方法，为独立完成后续实验打下良好的基础。

## 实验二十　转动惯量的测量

转动惯量是机械与材料、航空、航天等工程技术和科学研究相关领域的重要特征参量。转动惯量是刚体转动中惯性大小的量度，它取决于刚体的质量分布、形状大小和转轴位置。质量分布均匀（或分布已知）、形状规则的刚体，可用数学方法计算出它绕特定轴的转动惯量；形状复杂、质量分布不均匀的刚体，都要通过实验的方法来测定其转动惯量。测定转动惯量一般采用扭摆法或恒力矩转动法。本实验采用的是恒力矩转动法。

### 一、实验目的

（1）学习恒力矩转动法的测量原理和方法。

（2）考察刚体的质量分布改变时对转动的影响，验证平行轴定理。

（3）了解光电传感器及电脑计时器的应用。

### 二、实验原理

**1. 恒力矩转动法**

根据刚体的转动定律，转动系统所受的合外力矩 $\boldsymbol{M}_{合}$ 与该力矩作用下刚体转动的角加速度 $\boldsymbol{\beta}$ 的关系为

$$\boldsymbol{M}_{合} = J\boldsymbol{\beta} \tag{5-1}$$

式中，$J$ 为该系统对回转轴的转动惯量。只要测得 $\boldsymbol{M}_{合}$ 相应的 $\boldsymbol{\beta}$，即可求出 $J$。合外力矩 $\boldsymbol{M}_{合}$ 主要由引线的张力矩 $\boldsymbol{M}$ 和系统轴承的摩擦阻力矩 $\boldsymbol{M}_{阻}$ 构成，即

$$\boldsymbol{M} + \boldsymbol{M}_{阻} = \boldsymbol{M}_{合} = J\boldsymbol{\beta} \tag{5-2}$$

摩擦阻力矩 $\boldsymbol{M}_{阻}$ 是未知的，它主要来源于接触摩擦，在转速不大、转体系统确定的条件下，可以认为是恒定的。

设实验台上未加待测试样时的转动惯量为 $J_1$，不连引线，以初始角速度转动实验台，在摩擦阻力矩 $\boldsymbol{M}_{阻}$ 的作用下，实验台将以角加速度 $\boldsymbol{\beta}_1$ 作匀减速运动，即

$$\boldsymbol{M}_{阻} = J_1\boldsymbol{\beta}_1 \tag{5-3}$$

将质量为 $m$ 的砝码用跨过滑轮槽的水平细线绕在半径为 $R$ 的实验台塔轮上，并让砝码下落，系统在恒外力矩作用下将作匀加速运动。若砝码的加速度为 $a$，忽略滑轮的转动惯量 $J_{轮}$，则细线所受的张力为

$$F_T = m(g - a)$$

若测得此时实验台的角加速度为 $\beta_2$，于是

$$a = R\beta_2$$

细线施加给实验台的力矩为

$$F_T R = m(g - R\beta_2)R$$

此时有

$$m(g - R\beta_2)R + M_{阻} = J_1\beta_2 \tag{5-4}$$

将式（5-3）代入式（5-4），得

$$J_1 = \frac{mR(g - R\beta_2)}{\beta_2 - \beta_1} \tag{5-5}$$

设在实验台上加上待测物体后系统的转动惯量为 $J_2$，操作方法与前类似，分别测得连引线加砝码前后的角加速度为 $\beta_3$，$\beta_4$，同理可得

$$J_2 = \frac{mR(g - R\beta_4)}{\beta_4 - \beta_3} \tag{5-6}$$

由转动惯量的叠加原理可知，待测物体的转动惯量

$$J_3 = J_2 - J_1 \tag{5-7}$$

测得 $R$，$m$ 及各 $\beta_1,\beta_2,\beta_3,\beta_4$，由式（5-5）、式（5-6）、式（5-7），即可求得待测物体的转动惯量。

**2. 角加速度 $\beta$ 的测量**

实验中采用通用电脑计时器记录遮挡次数和相应的时间。固定在载物台圆周边缘正好相差 180°的位置处各安置一个遮光细棒，每转动半圈遮挡一次固定在底座上的光电门，即产生一个计数光电脉冲，计数器记下遮挡次数 $k$ 和相应的时间 $t$。若从第一次挡光（$k=0$，$t=0$）开始计次、计时，且初始角速度为 $\omega_0$，则对于匀变速运动中连续测得的任意两组数据（$k_m,t_m$），（$k_n,t_n$），其相应的角位移 $\theta_m,\theta_n$ 分别为

$$\theta_m = k_m\pi = \omega_0 t_m + \frac{1}{2}\beta t_m^2$$

$$\theta_n = k_n\pi = \omega_0 t_n + \frac{1}{2}\beta t_n^2$$

联立两式，消去 $\omega_0$，可得

$$\beta = \frac{2\pi(k_n t_m - k_m t_n)}{t_m t_n(t_n - t_m)} \tag{5-8}$$

**3. 平行轴定理**

设质量为 $m$ 的物体绕通过其质心 $O$ 的转轴的转动惯量为 $J_0$，则绕其相距为 $d$ 的另一平行轴的转动惯量为

$$J = J_0 + md^2 \tag{5-9}$$

本实验是首先测算出两圆柱体对转轴的转动惯量，然后再与理论计算值进行比较，考察是否一致，以此来检验平行轴定理。

## 三、实验仪器

### 1. ZKY-ZS 转动惯量实验仪

转动惯量实验仪如图 5-1 所示，绕线塔轮通过特制的轴承安装在主轴上，使转动时的摩擦力矩很小。塔轮半径分为 15mm,20mm,25mm,30mm,35mm 共 5 挡，可与大约 5g 的砝码托及 1 个 5g、4 个 10g 的砝码组合，产生大小不同的力矩。载物台用螺钉与塔轮连接在一起，随塔轮转动。仪器配置的被测试样有一个圆盘、一个圆环、两个圆柱，试样上标有几何尺寸及质量（如果没有，应另测），便于将转动惯量的测试与理论计算值比较。圆柱试样可插入载物台（其俯视图见图 5-2）上不同孔，这些孔离中心距离分别为 50mm,75mm,100mm（以实际测量值为准），便于验证平行轴定理。铝制小滑轮的转动惯量与实验台相比可以忽略不计。两只光电门一只作测量，一只作备用，可通过电脑计时器上的按钮方便地切换。

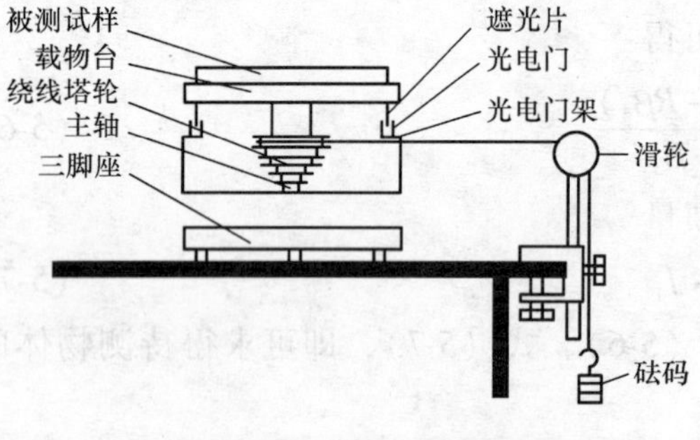


图 5-1　转动惯量实验仪

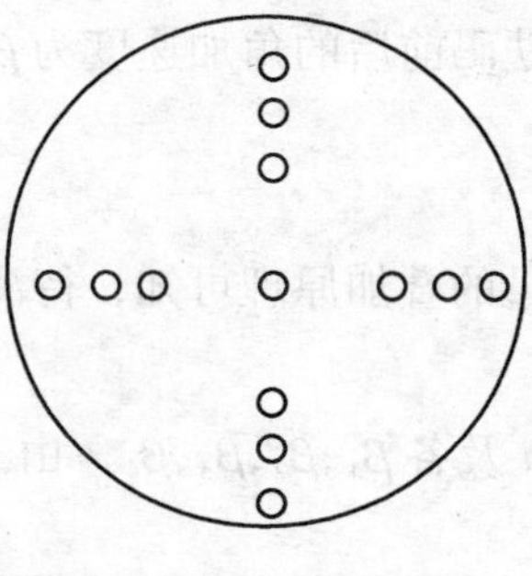

图 5-2　载物台俯视图

### 2. ZKY-J1 通用电脑记时器

通用电脑计时器操作面板如图 5-3 所示。测量时左边计数显示器显示最新记录的计数次数，右边计时显示器显示相应的时间。计时范围为 0 ~ 999. 999s，计时误差 <0. 0005s。

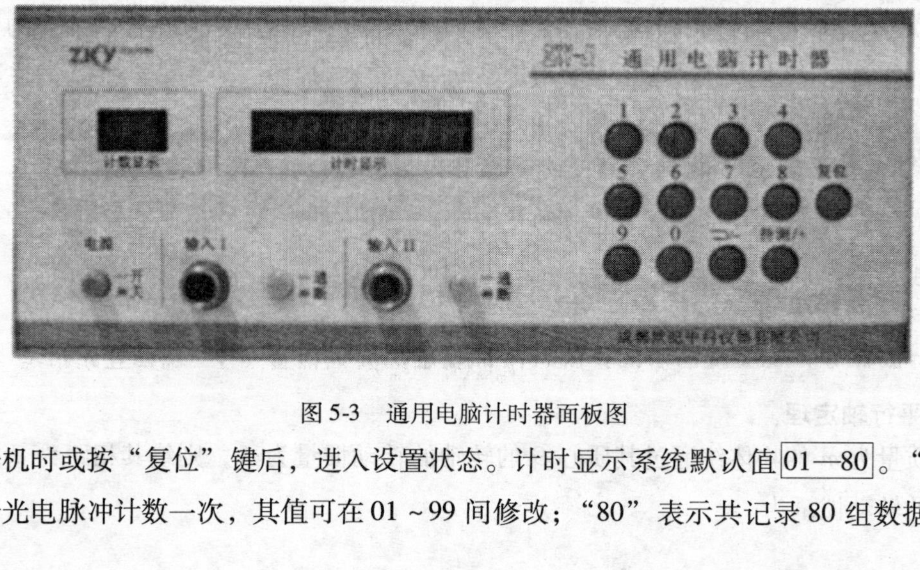


图 5-3　通用电脑计时器面板图

开机时或按“复位”键后，进入设置状态。计时显示系统默认值 01—80 。“01”表示一个光电脉冲计数一次，其值可在 01 ~ 99 间修改；“80”表示共记录 80 组数据，其值可在 01 ~ 80 间修改。对于闪烁的数码显示位，直接用面板右边的数字键输入数字，即可修改此位。修改后或按下“⮐/ -”键，下一显示位闪烁，再输入数字即可进行新的修改。

如无需对默认值进行修改或已修改完毕，按“待测/ +”键进入工作等待状态，计时显示器显示 -------。待输入第一个光电脉冲后进入工作状态，开始计时和计数。测量完设定的记录组数后，计时显示器显示为 - CLOSE，测量结束并暂存所有已记录的数据。

测量结束后或测量过程中按除“复位”以外的任意键，都将进入数据查阅状态。其中，按“待测/ +”键显示记录的第一组数据，再次按“待测/ +”键将依次显示后续数据；若是在测量过程中终止测量进入查阅状态，尚未记录的时间都将为零；直接用数字键输入计数次数 $k_m$，则显示相应的时间 $t_m$。查阅结束后或在任何状态下按“复位”键，都将消除所有数据重新进入设置状态，可开始新的设置及测量。

## 四、实验内容与要求

### 1. 实验准备

调节转动惯量实验仪基座上的三颗调节螺钉，使载物台面水平。将滑轮支架固定在实验台面边缘，调整滑轮高度及方位，使滑轮槽与选取的绕线塔轮槽等高，且滑轮槽与张紧的细线同平面且为所选塔轮槽的切平面，如图 5-1 所示。

通用电脑计时器上 2 路光电门的开关应该处于一路接通，另一路断开（以作备用）的状态。当用于本实验时，建议使用默认设置，即一个光电脉冲计数一次（若非这样，式（5-8）的系数要相应改变），一次测量记录大约 8 组数据。

### 2. 测量并计算空实验台的转动惯量 $J_1$

（1）测量恒阻力矩作用下的角加速度 $\beta_1$。接通电脑计时器电源开关（或按“复位”键），进入设置状态（不用改变默认设置）；用手拨动载物台，使实验台有一初始转速并在 $M_{阻}$ 作用下作匀减速运动；按“待测/ +”键后仪器开始测量光电脉冲次数及相应的时间；显示 8 组测量数据后，再次按“待测/ +”键，仪器进入查阅状态，将查阅到的数据记入表 5-1 中。

**表 5-1　测量空实验台的角加速度**

| 匀减速 | | | | | | 匀加速 $R=$　　$m=$ | | | | | |
|---|---|---|---|---|---|---|---|---|---|---|---|
| $k$ | 1 | 2 | 3 | 4 | $\overline{\beta}_1$ | $k$ | 1 | 2 | 3 | 4 | $\overline{\beta}_2$ |
| $t$/s | | | | | | $t$/s | | | | | |
| $k$ | 5 | 6 | 7 | 8 | | $k$ | 5 | 6 | 7 | 8 | |
| $t$/s | | | | | | $t$/s | | | | | |
| $\beta_1$/s$^{-2}$ | | | | | | $\beta_2$/s$^{-2}$ | | | | | |

（2）测量引线张力矩和 $M_{阻}$ 共同作用下的角加速度 $\beta_2$。选择塔轮半径 $R$ 及砝码质量，将一端打结的细线沿塔轮上升的小缝塞入，并且不重叠地密绕于所选定半径的轮上，细线

另一端通过滑轮后连接砝码托上的挂钩，用手稳住载物台；按“复位”键，进入设置状态后再按“待测/+”键，使计时器进入工作等待状态；释放载物台，砝码重力产生引线张力矩使实验台匀加速度转动。电脑计时器记录 8 组数据后停止测量。查阅并记录 $\beta_2$ 的数据填入表 5-1 中。

采用对半分组逐差法处理所测得的 $\beta$ 数据，即将第 1 和第 5 组、第 2 和第 6 组……，分别组成 4 组，用式（5-8）计算对应各组的 $\beta$，然后以其平均值作为 $\beta$ 的测量值。求得 $\bar{\beta}_1,\bar{\beta}_2$ 后，利用式（5-5），即可求得 $J_1$ 的值。

**3. 测量并计算实验台放上待测物体（圆环或圆盘）后的转动惯量 $J_2$，比较待测物体的转动惯量 $J_3$ 与其理论计算值**

载物台上放置待测物体，并使待测物体的几何中心轴与实验台转轴中心重合。仿照测量 $J_1$ 的方法分别测量连引线加砝码前后的角加速度 $\beta_3$，$\beta_4$，将分别查阅的数据记入到表 5-2 中，用对半分组逐差法求出 $\bar{\beta}_3,\bar{\beta}_4$，由式（5-6）、式（5-7）和已求得的 $J_1$，即可计算待测物体的转动惯量 $J_3$。

**表 5-2　测量载物台加圆环后的角加速度**

$R_{外}$ = ____；$R_{内}$ = ____；$m_{环}$ = ____

| 匀减速 | | | | | | 匀加速 $R$ =　　$m$ = | | | | | |
|---|---|---|---|---|---|---|---|---|---|---|---|
| $k$ | 1 | 2 | 3 | 4 | $\bar{\beta}_3$ | $k$ | 1 | 2 | 3 | 4 | $\bar{\beta}_4$ |
| $t$/s | | | | | | $t$/s | | | | | |
| $k$ | 5 | 6 | 7 | 8 | | $k$ | 5 | 6 | 7 | 8 | |
| $t$/s | | | | | | $t$/s | | | | | |
| $\beta_2/\mathrm{s}^{-2}$ | | | | | | $\beta_4/\mathrm{s}^{-2}$ | | | | | |

已知圆盘（或圆柱）、圆环绕其几何中心轴的转动惯量理论值分别为

$$J_{圆盘}=\frac{1}{2}mR^2 \tag{5-10}$$

$$J_{圆环}=\frac{m}{2}(R_{外}^2+R_{内}^2) \tag{5-11}$$

比较测量值 $J_3$ 与理论计算值 $J_{理}$，并利用

$$E=\frac{J_3-J_{理}}{J_{理}}\times 100\% \tag{5-12}$$

求其相对偏差。

**4. 验证平行轴定理**

将两圆柱体对称插入载物台上与中心相距为 $d$ 的圆孔中，同前述测量方法，测量并计算两圆柱体在此位置时的转动惯量，将此测量值与由式（5-9）、式（5-10）所求得的计算值比较，若一致，即验证了平行轴定理。选择不同的非对称状态放置两圆柱体测量转动惯量，考察质量分布与转动惯量的关系。

## 五、思考题

1. 考虑滑轮的转动惯量，且设滑轮的质量 $m'$ 均匀分布，请推证：引线加砝码 $m$ 后的张力为

$$F_T = m\left[g - a\left(1 + \frac{m'}{2m}\right)\right]$$

式中，$a$ 为砝码下落的加速度。

2. 为使测量结果的相对不确定度小，待测物体的转动惯量与实验台的转动惯量相比，应大一些还是小一些？为什么？

3. 用什么方法鉴别“匀减速转动”或“匀加速转动”？

（王相奇）

# 实验二十一　落针法测液体的黏度

当一种液体相对于其他固体、气体运动，或同种液体内各部分之间有相对运动时，接触面之间存在摩擦力，这种性质称为液体的黏性。两相邻层间的作用力称为黏力，黏力的方向平行于接触面，且使速度较快的物体减速，其大小与接触面面积以及接触面处的速度梯度成正比，比例系数 $\eta$ 称为黏度，又称黏性系数，它表征液体黏性的强弱。测定 $\eta$ 可以有几种方法，如落球法、扭摆法、转筒法、毛细管法等，本实验用落针法测量油的黏度。对液体黏性的研究在物理学、化学化工、生物工程、医疗、航空航天、水利、机械润滑和液压传动等领域有广泛的应用。

## 一、实验目的

（1）观察液体的内摩擦现象。

（2）学会用落针法测量液体的黏度。

## 二、实验原理

在稳定流动的液体中，由于各层液体的流速不同，互相接触的两层液体之间有力的作用。流速较慢与流速较快的相邻两层间的作用力，既使流速较快的液层减速，又使流速较慢的液层加速。两相邻液层间的这一作用力称为内摩擦力或黏力。

实验证明，黏力 $F$ 的大小与所取液层的面积 $S$ 和液层间的速度变化率 $\frac{\mathrm{d}v}{\mathrm{d}x}$（速度梯度）的乘积成正比，即

$$F = \eta S \frac{\mathrm{d}v}{\mathrm{d}x}$$

式中，比例系数 $\eta$ 称为液体的内摩擦因数或黏度，它取决于液体的性质和温度，温度升

高，黏度迅速地减小。在工业生产和科学研究中，常常需要知道液体的黏度。

本实验采用落针法来测定液体的黏度。当固体在液体中运动时，将受到与运动方向相反的摩擦阻力的作用，这种阻力即为黏力，它是由粘附在固体表面的液层与相邻液层的摩擦而产生的，并不是固体与液体之间的摩擦阻力。

当针（细长中空圆柱体）落入液体后，将受到三个力的作用：重力 $G$、浮力 $F_0$、黏力 $F$。针刚落入液体时，竖直向下的重力大于竖直向上的浮力与黏力之和，于是针作加速运动。随着针运动速度的增加，黏力也增加，当速度增加到某一值 $v_t$ 时，针所受的合力为 0。此后针就以该速度均速下落，这时针的速度称为末速度，此速度可通过测量针内两端磁铁经过传感器的时间间隔 $t$ 求得。

对于牛顿液体，在恒温条件下，求其黏度的公式为

$$\eta = \frac{gR_2^2(\rho_s - \rho_1)}{2v_t} \times \frac{1 + \dfrac{2}{3L_r}}{1 + 3\,\dfrac{\ln\dfrac{R_1}{R_2} - 1}{2C_w L_r}} \times \left(\ln\frac{R_1}{R_2} - 1\right) \tag{5-13}$$

式中，$R_1$ 为容器内筒半径；$R_2$ 为针外半径；$v_t$ 为针的末速度；$g$ 为重力加速度；$\rho_s$ 为针的有效密度；$\rho_1$ 为液体密度；$\eta$ 为液体的黏度；壁和针长的修正系数为 $C_w$ 和 $L_r$，且

$$C_w = 1 - 2.04\frac{R_2}{R_1} + 2.09\left(\frac{R_2}{R_1}\right)^3 - 0.95\left(\frac{R_2}{R_1}\right)^5 \tag{5-14}$$

$$L_r = \frac{L - 2R_2}{2R_2} \tag{5-15}$$

在实际情况下，可将式（5-13）简化，并考虑到

$$v_t = \frac{L}{t}$$

式中，$L$ 为两磁铁同名磁极的间距；$t$ 为两磁铁同名磁极经过传感器的时间间隔，则式（5-13）可改写为

$$\eta = \frac{gR_2^2 t}{2L} \times (\rho_s - \rho_1)\left(1 + \frac{2}{3L_r}\right) \times \left(\ln\frac{R_1}{R_2} - \frac{R_1^2 - R_2^2}{R_1^2 + R_2^2}\right) \tag{5-16}$$

## 三、实验仪器

PH-Ⅱ型落针黏度实验仪由玻璃容器、落针、霍尔传感器、单板机计时器 4 部分组成。中空长圆柱体（针）在待测液体中竖直下落，通过测量针的末速度确定黏度。采用霍尔传感器和单板机计时器（多功能毫秒计）测量落针的速度，并将黏度显示出来。该仪器既适用牛顿液体，也适用于非牛顿液体，还可测定液体密度。

（1）玻璃容器是用透明的玻璃管制成的圆筒容器，竖直固定在水平底座上，底座下部有调水平的螺钉。圆筒容器盛放待测液体（如蓖麻油），玻璃容器旁边装有霍尔传感器和取针装置，圆筒容器顶部盖子上装有投针装置，它包括喇叭形的导环和带永久磁铁的拉

杆，装此导环是为了便于取针和让针沿容器中轴线下落。用取针装置将针由容器底部提起，针沿导环到达盖子顶部，被拉杆的磁铁吸住，拉起拉杆，针因重力作用而沿容器中轴线下落。

（2）落针是有机玻璃制成的中空细长圆柱体，有效密度为 $\rho_s$。它的下端为半球形，上端为圆台状，便于拉杆相吸。内部两端装有永久磁铁，异名磁极相对，同名磁极间的距离为 $L$(170mm)。内部有配重的铅条，改变铅条的长短或数量，均可改变针的有效密度 $\rho_s$。

（3）霍尔传感器是灵敏度极高的开关型霍尔传感器。输出信号通过屏蔽电缆、航空插头接到单板机计时器上，传感器由5V直流电源供电（来自单板机计时器），外壳用非磁性材料（铜）封装，每当磁铁经过霍尔传感器时，传感器即输出一个矩形脉冲到单片机。这种磁传感器的使用，为非透明液体的测量带来方便。

（4）单板机计时器是以单板机为基础的毫秒计，用以计时和处理数据，硬件采用89C51系列微处理芯片。霍尔传感器产生的脉冲经整形后，从航空插座输入单板机，由计时器完成两次脉冲之间的计时，单板机计时器也可接受参数输入，并将计算结果数码显示出来。

## 四、实验内容与要求

（1）调底脚螺钉将底座调平，通过水准仪观察平台是否水平，即圆筒容器是否与水平面垂直。

（2）测量液体的黏度。接通仪器电源，打开开关，仪器显示“PH2”。用游标卡尺测量针的直径 $d$ 和它的长度 $L$，计算针的体积（用量筒直接测量针的体积也可）；用天平测量针的质量，从而求出针的有效密度 $\rho_s$。用天平测量液体的质量，用量筒测量液体的体积，计算液体的密度 $\rho_1$。用取针装置将针拉起，注意使针离开容器壁，尽量保持竖直。按仪器面板上的复位键，显示“PH2”，表示毫秒计进入复位状态；按“2”键，显示“H”，表示毫秒计进入计时待命状态。将投针装置的磁铁拉起，注意不要使油溢出容器，让针落下，稍等片刻，毫秒计显示时间（单位：ms）。按“A”键将显示（修改）参数，第一次按“A”键可显示（修改）针的密度；第二次按“A”键可显示（修改）液体的密度；第三次按“A”键显示该设定温度下的液体黏度 $\eta$。用取针装置将针拉起，重复测量。将测量数据记录在表5-3中。

**表5-3 测量针下落时间和液体黏度记录表**

| 测量次数 | 1 | 2 | 3 | 4 | $n$ |
|---|---|---|---|---|---|
| 下落时间 $t$/ms | | | | | |
| 黏度 $\eta$/(Pa·s) | | | | | |

用仪器上计时的“7”键，启动电子秒表功能，测定针下落的时间，与上述计时进行核对。

（3）测液体密度。在某一温度下，在待测密度的液体中，先后将已知密度的两个针（密度不同，几何尺寸相同）投入，由于液体黏度对两个针来说是一样的，所以在式（5-

16）中消去黏度 $\eta$，只余下液体密度 $\rho_1$ 是未知的，将针的密度代入，可求得液体密度。设1号针的密度为 $\rho_{s1}$，下落时间为 $t_1$；2号针的密度为 $\rho_{s2}$，下落时间为 $t_2$，则液体密度为

$$\rho=\rho_{s1}\frac{1-\dfrac{\rho_{s2}}{\rho_{s1}}\cdot\dfrac{t_2}{t_1}}{1-\dfrac{t_2}{t_1}} \tag{5-17}$$

式（5-17）为计算液体密度的公式。

主要参数如下：

圆筒容器内半径 $R_1=18.5\text{mm}$

落针的外半径 $R_2=3.5\text{mm}$

针同名磁极间距 $L=170\text{mm}$

落针的有效密度 $\rho_s=2260\text{kg}\cdot\text{m}^{-3}$

蓖麻油20℃时密度 $\rho_1=950\text{kg}\cdot\text{m}^{-3}$

附蓖麻油在不同温度时的黏度，见表5-4。

**表5-4 蓖麻油在不同温度时的黏度**

| 温度/℃ | $\eta$/Pa·s | 温度/℃ | $\eta$/Pa·s | 温度/℃ | $\eta$/Pa·s | 温度/℃ | $\eta$/Pa·s |
|---|---|---|---|---|---|---|---|
| 0 | 53.0 | 16 | 1.37 | 23 | 0.73 | 30 | 0.45 |
| 10 | 2.42 | 17 | 1.25 | 24 | 0.67 | 31 | 0.42 |
| 11 | 2.20 | 18 | 1.15 | 25 | 0.62 | 32 | 0.39 |
| 12 | 2.00 | 19 | 1.04 | 26 | 0.57 | 33 | 0.36 |
| 13 | 1.83 | 20 | 0.95 | 27 | 0.53 | 34 | 0.34 |
| 14 | 1.67 | 21 | 0.87 | 28 | 0.52 | 35 | 0.31 |
| 15 | 1.51 | 22 | 0.79 | 29 | 0.48 | 40 | 0.23 |

## 五、注意事项

（1）应让针沿圆筒中心轴线下落。

（2）落针过程中，针应保持竖直状态，若针头部偏向霍尔探头，数据偏大；若针尾部偏向霍尔探头，数据偏小。

（3）用取针装置将针拉起悬挂在容器上端后，由于液体受到扰动，处于不稳定状态，应稍待片刻，再将针投下测量。

（4）取针装置将针拉起并悬挂后，应将取针装置上的磁铁旋转，使磁铁离开容器壁，以免对针的下落造成影响。

（5）取针和投针时均需小心操作，以免将仪器弄倒，打坏玻璃容器。注意不要使油溢出容器，实验过程中保持环境卫生。

## 六、思考题

1. 请再设计几种测量针和液体密度的方法，说明其原理、所需用到的仪器及操作

步骤。

2. 落针为什么要沿玻璃管的中轴线?

3. 将测量数据代入式（5-16）计算，与计时器读得的 $\eta$ 进行比较，分析产生误差的主要原因。

（辛旭平）

# 实验二十二　验证动量守恒、机械能守恒定律

气垫导轨是一种阻力极小的力学实验装置。在实验四中，利用气垫导轨验证了牛顿第二定律。本实验在气垫导轨上通过不同滑块间几种碰撞的观察研究，进一步了解不同性质碰撞过程中的动量关系和能量关系，并验证动量守恒定律。同时采用气垫导轨作为滑坡，减少滑块与斜坡的摩擦阻力，达到验证机械能守恒定律的目的。

## 一、实验目的

（1）学习使用在气垫导轨上测物体的速度，进一步学习使用计时、计数、测速仪。

（2）在弹性碰撞和完全非弹性碰撞条件下验证动量守恒定律。

（3）验证机械能守恒定律。

## 二、实验原理

**1. 动量守恒定律的实验研究**

动量守恒定律指出：若一个物体系受到的合外力等于零，则组成该物体系的各物体动量的矢量和保持不变，即总动量

$$\sum m_i \boldsymbol{v}_i = \text{恒矢量} \tag{5-18}$$

式中，$m_i$ 和$\boldsymbol{v}_i$ 分别是物体系中第 $i$ 个物体的质量和速度。若物体系所受合外力在某个方向的分量为零，则此物体系在此方向的总动量守恒。

本实验是检验两个物体沿一直线碰撞时，如果保证在碰撞的方向上合外力为零，则碰撞前后的动量维持不变，即

$$m_1 \boldsymbol{v}_{10} + m_2 \boldsymbol{v}_{20} = m_1 \boldsymbol{v}_1 + m_2 \boldsymbol{v}_2 \tag{5-19}$$

式中，$m_1, m_2$ 分别为物体 1 和 2 的质量；$\boldsymbol{v}_{10}, \boldsymbol{v}_{20}$和$\boldsymbol{v}_1, \boldsymbol{v}_2$ 分别为碰撞前后物体 1 和 2 的速度（速度有方向性，前进方向为正，反弹时为负）。

在实验中，我们使两个物体在一接近于水平的平面内作直线碰撞，使物体在碰撞方向运动时保持匀速，则这时重力的分力与摩擦力均忽略不计，以满足碰撞时合外力为零的条件。

考虑以下两种情况：

（1）弹性碰撞。如果碰撞后物体没有发生形变，称为弹性碰撞。弹性碰撞的特点是系统动量守恒，机械能也守恒，即除了满足式（5-19）外，还满足下式：

$$\frac{1}{2}m_1\boldsymbol{v}_{20}^2+\frac{1}{2}m_2\boldsymbol{v}_{20}^2=\frac{1}{2}m_1\boldsymbol{v}_1^2+\frac{1}{2}m_2\boldsymbol{v}_2^2 \tag{5-20}$$

若两个物体质量相等（$m_1=m_2$），且 $v_{20}=0$，则有

$$v_1=0$$

$$\boldsymbol{v}_2=\boldsymbol{v}_{10}$$

若两个物体质量不相等（$m_1\neq m_2$），仍令 $v_{20}=0$，则有

$$m_1\boldsymbol{v}_{10}=m_1\boldsymbol{v}_1+m_2\boldsymbol{v}_2$$

$$m_1\boldsymbol{v}_{10}^2=m_1\boldsymbol{v}_1^2+m_2\boldsymbol{v}_2^2$$

联立解得

$$\boldsymbol{v}_1=\frac{m_1-m_2}{m_1+m_2}\boldsymbol{v}_{10}$$

$$\boldsymbol{v}_2=\frac{2m_1}{m_1+m_2}\boldsymbol{v}_{10} \tag{5-21}$$

（2）完全非弹性碰撞。如果两个物体碰撞后，以同一速度运动而不分开，就称为完全非弹性碰撞，其特点是碰撞前后的动量守恒，但机械能不守恒，则此时

$$m_1\boldsymbol{v}_{10}+m_2\boldsymbol{v}_{20}=(m_1+m_2)\boldsymbol{v} \tag{5-22}$$

故

$$\boldsymbol{v}=\frac{m_1\boldsymbol{v}_{10}+m_2\boldsymbol{v}_{20}}{m_1+m_2} \tag{5-23}$$

**2. 机械能守恒定律的实验研究**

本实验采用气垫导轨来验证机械能守恒定律。如图 5-4 所示，气垫导轨调平后，在 $A$ 垫脚旋钮下垫上高度为 $h$ 的垫块，使滑块从 $A'$处由静止滑下，到达 $B'$处时速度为$\boldsymbol{v}$ 。

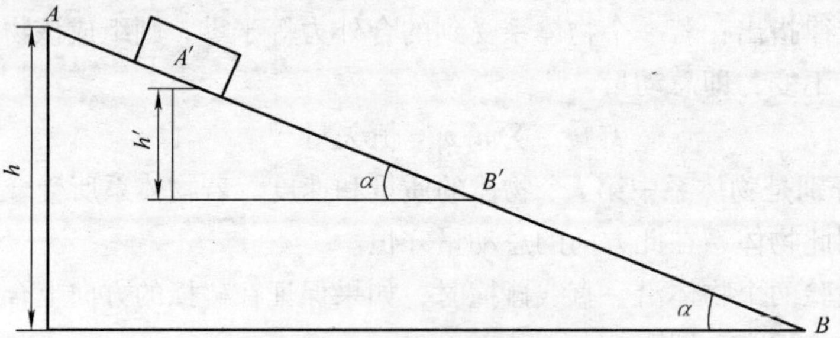


图 5-4 验证机械能守恒

$A$—左支脚中心 $B$—右支脚中心 $A'$—滑块中心（初始位置） $B'$—右侧光电门处

由于采用了气垫导轨作为滑坡，极大程度上减少了滑块与斜坡的摩擦阻力，可以认为滑块在运动过程中只有重力做功，故机械能守恒，即

$$mgh'=\frac{1}{2}mv^2 \tag{5-24}$$

式中，$h'$为 $A'$和 $B'$处导轨的高度差，此值不便直接测量，由图 5-4 中的两个相似三角形可得

$$h'=\frac{A'B'}{AB}h \tag{5-25}$$

通过测量 $A'B'$,$AB$ 的长度（使用导轨侧面的米尺）、垫块的高度 $h$（使用游标卡尺），间接测出高度 $h'$。

滑块上距离 $\Delta x$ 经过 $B'$处光电门时所用的时间为 $\Delta t$，我们用 $\Delta t$ 内的平均速度来近似代替滑块经过 $B'$处的速度$\boldsymbol{v}$。实验中测出 $h'$和$\boldsymbol{v}$，即可验证机械能守恒定律。

## 三、实验仪器

气垫导轨，气源，MUJ-5C/5B 计时、计数、测速仪、游标卡尺。

气垫导轨，MUJ-5C/5B 计时、计数、测速仪的使用参阅实验四。

## 四、实验内容与要求

**1. 在弹性碰撞情形下验证动量守恒定律**

（1）在质量相等（$m_1=m_2$）的两个滑块上，分别装上遮光板。将一个滑块（如 $m_2$）置于两光电门中间，并令其静止，即 $v_{20}=0$。

（2）将另一个滑块（如 $m_1$）轻轻推向滑块 $m_2$，记下滑块 $m_1$ 通过光电门 1 的时间 $\Delta t_1$。

（3）两滑块相碰后，记下 $m_2$ 经过光电门 2 的时间 $\Delta t_2$。

按上述方法重复数次，并利用所测得数据计算每次碰撞前后系统的总动量，观察其是否守恒。

（4）在滑块上加一个砝码，使 $m_1\neq m_2$。重复步骤（1），（2），（3），记下滑块 $m_1$ 在碰撞前经过光电门 1 的时间 $\Delta t_{10}$，以及碰后 $m_2$ 和 $m_1$ 先后经过光电门 2 所用的时间 $\Delta t_2$ 和 $\Delta t_1$。

**注**　在滑块经过光电门 2 运动到气轨一端时，应使它静止，否则会影响时间 $\Delta t_1$ 的测量。

重复测量数次，将数据填入表 5-5 中，验证碰撞前后动量是否守恒。

**表 5-5　弹性碰撞情形下验证动量守恒定律**

$m_1=$____ g；$m_2=$____ g；$v_{20}=0$；遮光板宽度 $\Delta x=$____ cm

| 次数 | $\Delta t_{10}$/s | $v_{10}$/cm·s$^{-1}$ | $\Delta t_2$/s | $v_2$/cm·s$^{-1}$ | $\Delta t_1$/s | $v_1$/cm·s$^{-1}$ | $m_1v_{10}$ | $m_1v_1+m_2v_2$ |
|---|---|---|---|---|---|---|---|---|
| 1 | | | | | | | | |
| 2 | | | | | | | | |
| 3 | | | | | | | | |

**2. 在完全非弹性碰撞情形下验证动量守恒定律**

（1）在两个滑块的相碰端安置尼龙搭扣或橡皮泥。

（2）考察下列两种情形下，动量是否守恒：

两滑块质量相等，$v_{20}=0$。

两滑块质量不等，$v_{20}=0$。

（3）参照实验内容 1，自行安排实验，设计表格，得出结论。

**3. 验证机械能守恒定律**

自行安排实验，设计表格，得出结论。

## 五、思考题

1. 分析影响碰撞前后动量守恒的主要因素。

2. 为什么调节滑块在导轨上作匀速运动而不强调调节导轨完全水平？在本实验条件下能否调得完全水平？为什么？

3. 为什么要使挡光片的挡光边与运动方向垂直？如果不垂直会带来什么后果？

4. 在弹性碰撞实验中，若 $m_1 \neq m_2, v_{20}=0$，两个滑块碰撞前、后的总动能是否守恒？试用表5-5的数据验算一下。如果不完全相等，误差是如何产生的。

5. 在完全非弹性碰撞情形下，若取 $m_1=m_2, \boldsymbol{v}_{10}$ 和 $\boldsymbol{v}_{20}$ 都不等于零，而且方向相同，则由式（5-22），有 $\boldsymbol{v}_{10}+\boldsymbol{v}_{20}=2\,\boldsymbol{v}_0$。你能否设计一个方法，验证这个公式？

（张甫宽）

# 实验二十三　弦振动的研究

两列振幅相等的相干波在同一直线上沿相反的方向传播时，叠加形成驻波。驻波是波的干涉现象中的一种重要现象，它在声学、光学、无线电工程等方面都有广泛的应用，利用驻波现象可以测量波长、波速或频率、张力等。

## 一、实验目的

（1）了解固定均匀弦振动的传播规律。

（2）观察弦振动形成驻波时的波形，加深对驻波的认识。

（3）测量弦线上横波的传播速度及弦线的线密度，了解横波的传播速度和张力间的关系。

## 二、实验原理

如图5-5所示，实验时，将弦线（钢丝）绕过弦线导轮与砝码盘连接，并通过接线柱接通正弦信号源。在磁场中，通有电流的金属弦线会受到磁场力（称为安培力）的作用。若弦线上接通正弦交变电流时，则它在磁场中所受的与磁场方向和电流方向均垂直的安培力也随之发生正弦变化。移动劈尖改变弦长，当弦长是半波长的整倍数时，弦线上便会形成驻波，移动磁钢的位置，将弦线振动调整到最佳状态，使弦线形成明显的驻波，此时我们认为磁钢所在处对应的质点元为振源，振动向两边传播，在劈尖与骑码端两处反射后又沿各自相反的方向传播，最终形成稳定的驻波。

考察与张力调节旋钮相连时的弦线时，可调节张力调节旋钮改变张力，使驻波的长度产生变化。

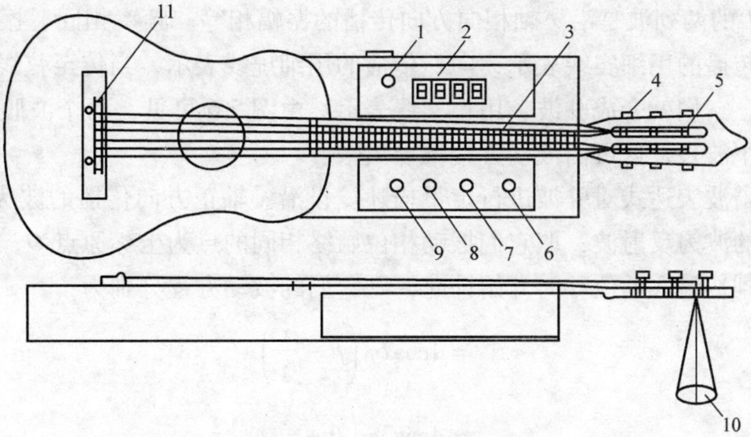


图 5-5 弦音仪结构示意图

1—接线柱插孔 2—频率显示 3—钢质弦线 4—张力调节旋钮 5—弦线导轮 6—电源开关 7—波型选择开关 8—频段选择开关 9—频率微调旋钮 10—砝码盘 11—骑码

为了研究问题的方便，当弦线上最终形成稳定的驻波时，我们可以认为波动是从骑码端发出的，沿弦线朝劈尖端方向传播，称为入射波；再由劈尖端反射沿弦线朝骑码端传播，称为反射波。入射波与反射波在同一条弦线上沿相反方向传播时将相互干涉，形成驻波，移动劈尖到适合位置，就可以将驻波调整到最佳状态。这时，弦线上的波被分成几段，形成波节和波腹，如图 5-6 所示。

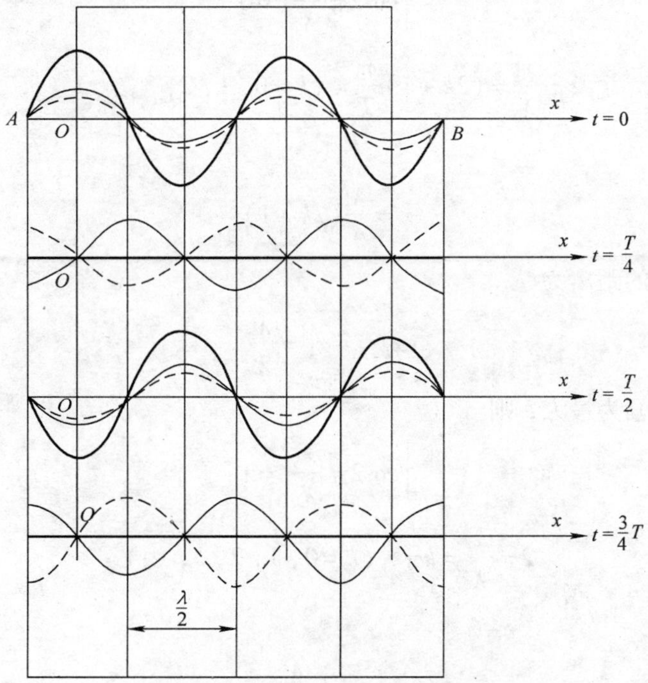


图 5-6 波形示意图

设图5-6中的两列波是沿 $x$ 轴相向方向传播的振幅相等、频率相同、振动方向一致的简谐波。向右传播的用细实线表示，向左传播的用细虚线表示，当传至弦线上相应点，相位差为恒定时，它们就合成驻波，用粗实线表示。由图5-6可见，两个波腹或波节间的距离都是等于半个波长，这可由波动方程推导出来。

下面用简谐波表达式对驻波进行定量描述。设沿 $x$ 轴正方向传播的波为入射波，沿 $x$ 轴负方向传播的波为反射波，取它们振动相位始终相同的点为坐标原点 $O$，且在 $x=0$ 处，振动质点向上到达最大的位移时开始计时，则它们的波动方程分别为

$$y_1 = A\cos 2\pi\left(ft - \frac{x}{\lambda}\right)$$

$$y_2 = A\cos 2\pi\left(ft + \frac{x}{\lambda}\right)$$

式中，$A$ 为简谐波的振幅；$f$ 为频率；$\lambda$ 为波长；$x$ 为弦线上质点的坐标位置。两波叠加后的合成波为驻波，其方程为

$$y_1 + y_2 = 2A\cos 2\pi \frac{x}{\lambda}\cos 2\pi ft \tag{5-26}$$

由此可见，入射波与反射波合成后，弦上各点都在以同一频率作简谐振动，它们的振幅为 $\left|2A\cos 2\pi \frac{x}{\lambda}\right|$，只与质点的位置 $x$ 有关，与时间无关。

由于波节处振幅为零，即

$$\left|\cos 2\pi \frac{x}{\lambda}\right| = 0$$

$$2\pi \frac{x}{\lambda} = (2k+1)\frac{\pi}{2} \quad (k=0, 1, 2, 3, \cdots)$$

可得波节的位置为

$$x = \frac{\lambda}{4}(2k+1) \tag{5-27}$$

而相邻两波节之间的距离为

$$x_{k+1} - x_k = \frac{\lambda}{2} \tag{5-28}$$

又波腹处的质点振幅为最大，则

$$\left|\cos 2\pi \frac{x}{\lambda}\right| = 1$$

$$2\pi \frac{x}{\lambda} = k\pi \quad (k=0, 1, 2, 3, \cdots)$$

可得波腹的位置为

$$x = k\frac{\lambda}{2} \tag{5-29}$$

可见，这样相邻的波腹间的距离也是半个波长。因此，在驻波实验中，只要测得相邻两波

节（或相邻两波腹）间的距离，就能确定该波的波长。

在本实验中，由于弦的两端是固定的，故两端点为波节，只有当均匀弦线的两个固定端之间的距离（弦长）等于半波长的整数倍时，才能形成驻波，即

$$L = n\frac{\lambda}{2} \quad (n=1,2,3,\cdots)$$

由此可得沿弦线传播的横波波长为

$$\lambda = \frac{2L}{n} \tag{5-30}$$

式中，$n$ 为弦线上驻波的段数，即半波数。

根据波动理论，弦线横波的传播速度为

$$v = \left(\frac{F_T}{\rho}\right)^{\frac{1}{2}}$$

则

$$F_T = \rho v^2 \tag{5-31}$$

式中，$F_T$ 为弦线中张力；$\rho$ 为弦线单位长度的质量，即线密度。

根据 $v = f\lambda$，将式（5-30）代入，可得

$$v = \frac{2Lf}{n} \tag{5-32}$$

再由式（5-31）、式（5-32），可得

$$\rho = F_T\left(\frac{n}{2Lf}\right)^2 \quad (n=1,2,3,\cdots) \tag{5-33}$$

$$F_T = \rho\left(\frac{2Lf}{n}\right)^2 \quad (n=1,2,3,\cdots)$$

由式（5-33）可知，当给定 $F_T,\rho,L$，频率 $f$ 只有满足该式关系才能在弦线上形成驻波。

当金属弦线在周期性的安培力激励下发生共振干涉形成驻波时，通过骑码的振动激励共鸣箱的薄板振动，薄板的振动引起吉他音箱的声振动，经过释音孔释放，我们能听到相应频率的声音。当用间歇脉冲激励时尤其明显，常见的音阶即由不同频率的声音组成。

## 三、实验仪器

弦音仪（见图5-5）。

## 四、实验内容与要求

**1. 频率 $f$ 一定，测弦线 a′的线密度**

弦线共有六根，从上往下数第 2,3,4,5 弦分别为 a,a′,b′,b，弦线 a,a′为同一种规格，b,b′为另一种规格，a′,b′弦线上可以悬挂砝码以改变张力，a,b 可通过旋钮来调节张力。

（1）将波形选择开关选择连续波，导线一端插入信号发生器输出插孔，另一端用夹子与弦线 a′接通。调节频率 $f = 200\text{Hz}$，张力由挂在弦线一端的砝码及砝码钩产生，以

100g 砝码为起点逐渐增加至 200g 为止。在各张力的作用下，移动劈尖来调节弦长 $L$，使弦线上出现两或三个稳定且明显的驻波段。记录相应的 $L,n$ 的值于表 5-6 中。

（2）作 $F_T$-$v^2$ 拟合直线，由直线的斜率求弦线的线密度

$$\rho_a = \frac{F_T}{v^2}$$

**表 5-6　弦线 a′线密度的测定**

重力加速度 $g=9.8\text{m/s}^2$，砝码钩的质量 $m=0.004\text{kg}$，$f=200\text{Hz}$

| $F_T/\times 9.8\text{N}$ | $0.100+m$ | $0.120+m$ | $0.140+m$ | $0.160+m$ | $0.180+m$ | $0.200+m$ |
|---|---|---|---|---|---|---|
| $n$ | | | | | | |
| $L/\times 10^{-2}\text{m}$ | | | | | | |
| $v=\frac{2Lf}{n}\Big/\text{m}\cdot\text{s}^{-1}$ | | | | | | |
| $v^2/(\text{m}\cdot\text{s}^{-1})^2$ | | | | | | |

**2. 张力 $F_T$ 一定，测量弦线 b′的线密度 $\rho_b$ 和弦线上横波传播速度 $v$**

砝码钩上挂 150g 的砝码，在张力 $F_T$ 一定的条件下，改变频率 $f$ 分别为 200Hz，240Hz，260Hz，280Hz，移动劈尖，调节弦长 $L$，仍使弦线上出现两或三个稳定且明显的驻波段。记录相应的 $f,n,L$ 的值于表 5-7 中，计算出弦线上横波的传播速度 $v$ 及 b′的线密度。

**表 5-7　弦线 b′线密度的测定**

$F_T=(0.150+m)\times 9.8(\text{N})$

| $f/\text{Hz}$ | 200 | 220 | 240 | 260 | 280 |
|---|---|---|---|---|---|
| $n$ | | | | | |
| $L/\times 10^{-2}\text{m}$ | | | | | |
| $v=\frac{2Lf}{n}\Big/\text{m}\cdot\text{s}^{-1}$ | | | | | |
| $\bar{v}=$　　m/s　$\bar{v}^2=$　　$(\text{m}\cdot\text{s}^{-1})^2$ | | | | | |
| $\rho=\frac{F_T}{\bar{v}^2}=$　　kg/m | | | | | |

**3. 测量弦线张力 $F_T$**

选择与张力调节旋钮相连的弦线 a 或者 b，与信号发生器输出插孔连接，调节频率在 200Hz 左右，适当调节张力调节旋钮，使弦线松紧适度，同时移动劈尖改变弦长 $L$，使弦线上出现明显驻波。记录相应的 $f,n,L$ 的值于表 5-8 中，利用上面测得的线密度可测量出这时弦线的张力为

$$F_T=\rho\left(\frac{2Lf}{n}\right)^2$$

表 5-8　测量弦线张力 $F_T$

| 弦线 | $f$/Hz | $n$ | $L/\times10^{-2}$m | $F_T=\rho\left(\frac{2Lf}{n}\right)^2$/N |
|---|---|---|---|---|
| a | | | | |
| b | | | | |

## 五、注意事项

(1) 当夹子与弦线连接时，应避免与相邻弦线接触而短路。

(2) 改变挂在弦线一端的砝码后，要使砝码稳定后再测量。

(3) 磁钢不能处于波节下方位置，要等波形稳定后，再记录数据。

## 六、思考题

1. 弦线的粗细和弹性对实验有什么影响？
2. 形成稳定驻波后，将磁钢移至波节下方，有什么现象出现？为什么？
3. 本实验形成稳定驻波的条件是什么？

（周　芹）

# 实验二十四　声速的测定

声波是一种在弹性介质中传播的机械波，在气体中，声波振动方向与传播方向一致，因此声波是纵波。振动频率低于 20Hz 的声波称为次声波；频率在 20Hz ~ 20kHz 的声波可以被人听到，称为可闻声波；频率在 20kHz ~ $5\times10^8$Hz 的声波称为超声波。

超声波在介质中的传播速度与介质的特性及状态有关，因而通过介质中声速的测定，可以了解介质的特性及状态变化。由此可见，声速测定在工业生产上具有一定的实用意义。由于超声波具有波长短，易于定向发射且不能被人听到等优点，在超声波段进行声速测量比较方便。

## 一、实验目的

(1) 了解压电换能器的功能、加深对振动合成等理论知识的理解。

(2) 学习用共振干涉法、相位比较法测定超声波的传播速度。

(3) 巩固示波器调节和使用的知识。

## 二、实验原理

在波动过程中波速 $v$、波长 $\lambda$ 和频率 $f$ 之间存在着下列关系：

$$v=f\lambda \tag{5-34}$$

实验中可通过测定声波的波长 $\lambda$ 和频率 $f$ 来求得声速 $v$。常用的方法有共振干涉法与相位比较法。

**1. 共振干涉法（驻波法）测量声速的原理**

由声源发出的平面波沿 $x$ 方向传播，经前方平面反射后，入射波和反射波叠加，这两列波有相同的振动方向、相同的振幅 $A$、相同的频率 $f$ 和波长 $\lambda$，在 $x$ 轴上以相反的方向传播。它们的波动方程分别为

$$y_1 = A\cos\left(\omega t - \frac{2\pi x}{\lambda}\right) \tag{5-35}$$

$$y_2 = A\cos\left(\omega t + \frac{2\pi x}{\lambda}\right) \tag{5-36}$$

当它们相交会时，叠加后的波形成波束 3，则

$$y_3 = y_1 + y_2 = A\cos\left(\omega t - \frac{2\pi x}{\lambda}\right) + A\cos\left(\omega t + \frac{2\pi x}{\lambda}\right) = \left(2A\cos 2\pi\frac{x}{\lambda}\right)\cos\omega t \tag{5-37}$$

两波合成后介质中各点都在作同频率的简谐振动。各点的振幅为 $2A\cos 2\pi\frac{x}{\lambda}$，与时间 $t$ 无关，是位置 $x$ 的余弦函数。对应于 $\left|\cos 2\pi\frac{x}{\lambda}\right| = 1$ 的各点振幅最大，称为波腹；对应于 $\left|\cos 2\pi\frac{x}{\lambda}\right| = 0$ 的各点振幅最小，称为波节。要使 $\left|\cos 2\pi\frac{x}{\lambda}\right| = 1$，应有

$$2\pi\frac{x}{\lambda} = \pm n\pi \quad (n = 0, 1, 2, \cdots)$$

因此，在 $x = \pm n\frac{\lambda}{2}(n = 0, 1, 2, \cdots)$ 处就是波腹的位置，相邻两波腹间的距离为半波长 $\frac{\lambda}{2}$。

同理，可求出波节的位置为

$$x = \pm(2n+1)\frac{\lambda}{4} \quad (n = 0, 1, 2, \cdots)$$

两相邻波节之间的距离也是 $\frac{\lambda}{2}$。所以，只要测得相邻两波腹（或波节）的位置 $x_n, x_{n+1}$，就可求得波长 $\lambda = 2|x_{n+1} - x_n|$。

压电陶瓷换能器 $S_1$ 作为声波发生器，它由信号源供给频率为数千赫的交流电信号，由逆压电效应发生一平面超声波；换能器 $S_2$ 则作为声波的接收器，正压电效应将接收到的声压转换成电信号，该信号输入示波器，示波器上可显示一组由声压信号产生的正弦波形。声源 $S_1$ 发生的声波，经介质传播到 $S_2$，$S_2$ 在接收声波信号的同时反射部分声波信号，如图 5-7 所示。如果接收面 $S_2$ 与发射面 $S_1$ 严格平行，入射波即在接收面上垂直反射，入射波与反射波相干涉形成驻波。在示波器上观察到的实际上是这两列相干波干涉合成后在声波接收器 $S_2$ 处的振动情况。移动 $S_2$ 位置（即改变 $S_1$ 与 $S_2$ 之间的距离），从示波器显示可以发现，当 $S_2$ 在某些位置时振幅有最小值或最大值。任何两相邻的振幅最大值的位置之间（或两相邻的振幅最小值的位置之间）的距离均为 $\frac{\lambda}{2}$。在观察示波器上声压振幅值的同时，缓慢

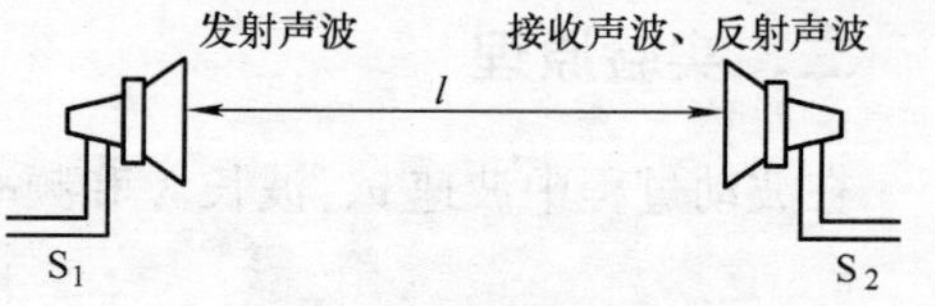


图 5-7 声速测量原理图

地改变 $S_1$ 和 $S_2$ 之间的距离，在示波器上就可以看到声振动幅值不断地由最大逐渐变到最小，再又逐渐变到最大，两相邻的振幅最大值之间 $S_2$ 移动的距离为$\frac{\lambda}{2}$。超声波换能器 $S_2$ 至 $S_1$ 之间的距离的改变可通过转动螺杆的鼓轮来实现，改变的距离由数显标尺显示或由螺旋测微鼓轮读出。而超声波的频率又可由声波测试仪信号源频率显示窗口直接读出。在连续多次测量相隔半波长的 $S_2$ 的位置变化及声波频率 $f$ 以后，就可运用测量数据求出声速，用逐差法处理测量数据。

**2. 相位比较法测声速的原理**

发射换能器 $S_1$ 发出的超声波通过介质传到接收器 $S_2$，所以在同一时刻 $S_1$ 处的波和 $S_2$ 处的波有一相位差，其相位差与发射波的波长 $\lambda$，$S_1$ 和 $S_2$ 之间的距离 $l$ 之间的关系为

$$\varphi = 2\pi \frac{l}{\lambda} \tag{5-38}$$

由式（5-38）可知，$S_1$ 和 $S_2$ 之间的距离 $l$ 每改变一个波长 $\lambda$，相位差就改变 $2\pi$。

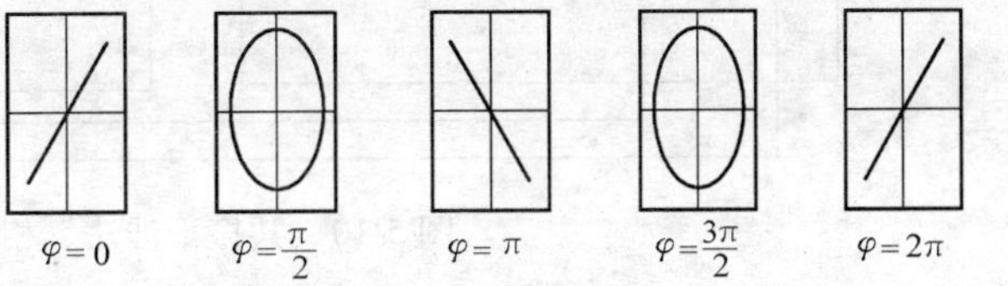


图 5-8　李萨如图形

两个相互垂直的简谐运动的叠加可以得到李萨如图形，若这两个简谐运动的频率相同，则可得到最简单的李萨如图形，如图 5-8 所示。相位差 $\varphi$ 可以用示波器观察李萨如图形的方法来测定。

## 三、实验仪器

SV4 型声速测量组合仪一台，SV5 型声速测定专用信号源一台，外形结构如图 5-9 所示，示波器一台。

图 5-9　声速测量组合仪装置图

组合仪主要由储液槽、传动机构、数显标尺、压电换能器等组成。压电换能器置于储液槽中，测空气中的声速时储液槽不加入液体；测量液体中声速时在储液槽中加入液体。作为发射超声波用的换能器 $S_1$ 固定在储液槽的左边，另一只接收换能器 $S_2$ 装在可移动滑块上，换能器相对位移通过传动机构带动，并由数显标尺显示位移的距离或螺旋测微鼓轮读出距离。

$S_1$ 发射换能器超声波的正弦电压信号由 SV5 型声速测定专用信号源供给，换能器 $S_2$

将接收到的超声波声压转换成电压信号，用示波器观察声压信号的变化情况。

## 四、实验内容与要求

### 1. 声速测量系统的连接

将各仪器连接成声速测量系统时，专用信号源、测试仪、示波器之间的连接方法如图5-10所示。

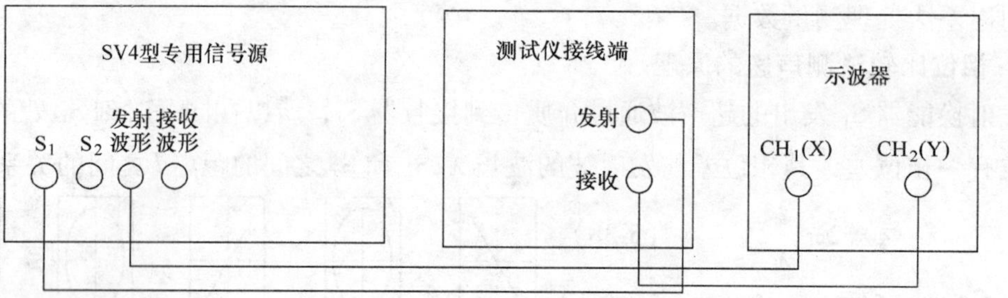


图 5-10 共振干涉法、相位法测量连接图

### 2. 谐振频率的调节

根据测量要求初步调节好示波器，将专用信号源输出的正弦信号频率调节到换能器的谐振频率，以使换能器发射出较强的超声波，能较好地进行声能与电能的相互转换，得到较好的实验效果。

(1) 将专用信号源的“发射波形”端接至示波器，调节示波器，使能清楚地观察到同步的正弦波信号。

(2) 调节专用信号源上的“发射强度”旋钮，使其输出电压在 $10U_{p-p}$ 左右，然后将换能器的接收信号接至示波器，调整信号频率（30 ~ 40kHz），观察接收波的电压幅度变化，在（34.5 ~ 39.5）kHz 之间的某一点处（因不同的换能器或介质而异）电压幅度最大，记录此频率 $f_1$。

(3) 改变 $S_1$, $S_2$ 的距离，使示波器的正弦波振幅最大，再次调节正弦信号频率，直至示波器显示的正弦波振幅达到最大值。共测 5 次，取平均频率 $\bar{f}$，此频率即是压电换能器 $S_1$, $S_2$ 相匹配频率点。

### 3. 共振干涉法、相位比较法测波长

(1) 共振干涉法（驻波法）测量波长。将测试方法设置为连续方式，按内容 2 的方法确定最佳工作频率。转动距离调节鼓轮观察示波器找到声压波形的最大值，声压幅度为最大时的位置由数显标尺上直接读出（或由螺旋测微鼓轮上直接读出）。记下 $S_2$ 位置 $x_0$，然后向着同方向转动距离调节鼓轮，这时波形的幅度会发生变化（同时在示波器上可以观察到来自接收换能器的振动曲线波形发生相移），逐个记下振幅最大的 $x_1, x_2, \cdots, x_9$，共 10 个点，则单次测量的波长为

$$\lambda_i = 2 \mid x_i - x_{i-1} \mid$$

用逐差法处理这 10 个数据，即可得到波长 $\bar{\lambda}$。

（2）相位比较法（李萨如图形法）测量波长。将测试方法设置为连续方式，确定最佳工作频率，对于单踪示波器将接收波接到“Y”，发射波接到“EXT”外触发端。对于双踪示波器将接收波接到“$CH_2$”，发射波接到“$CH_1$”，并拨到“X-Y”显示方式，适当调节示波器，出现李萨如图形。转动距离调节鼓轮，观察图形为一定角度的斜线，记下 $S_2$ 的位置 $x_0$，再向前或向后（必须是沿同一方向）移动距离，使观察到的图形又回到前面所说的特定角度的斜线，这时来自接收换能器 $S_2$ 的振动波形发生了 $2\pi$ 相移。依次记下示波器屏上斜率相同的直线出现时对应位置 $x_1, x_2, \cdots, x_9$，则单次测量的波长为

$$\lambda_i = |x_i - x_{i-1}|$$

多次测量，用逐差法处理数据，即可得到波长 $\overline{\lambda}$。

（3）共振干涉法、相位比较法的声速计算。已知波长 $\overline{\lambda}$ 和平均频率 $\overline{f}$，则声速为

$$\overline{v} = \overline{\lambda}\,\overline{f}$$

因声速与介质温度有关，应记下温度 $t$(℃)。

（4）计算标准不确定度，并进行结果报道。

（5）与 1atm 下传播介质为空气的声速的理论值 $v = (331.45 + 0.59t)$ m/s 比较。

## 五、思考题

1. 声速测量中共振干涉法和相位比较法有何异同？

2. 本实验为什么要在谐振频率条件下进行声速测量？如何调节和判断测量系统是否处于谐振状态？

3. 要在示波器上观察到李萨如图形，应如何调节？

4. 为什么发射换能器的发射面与接收换能器的接收平面要保持相互平行？

（朱世坤）

# 实验二十五　气体比热容比的测量

比热容是物质的重要参量，在研究物质结构、确定相变、鉴定物质纯度等方面起着重要的作用。本实验将介绍一种较新颖的测量气体比热容的方法。

## 一、实验目的

（1）练习螺旋测微计和天平的使用方法。

（2）测定空气分子的比定压热容与比定容热容之比。

## 二、实验原理

气体的比定压热容 $c_p$ 与比定容热容 $c_V$ 之比为

$$\gamma = \frac{c_p}{c_V}$$

$\gamma$ 在热力学过程特别是绝热过程中是一个很重要的参数，该参数的测定方法有很多种，如绝热膨胀（压缩）法、声速法等。这里介绍一种较新颖的方法——振动法，通过测定物体在特定容器中的振动周期来计算 $\gamma$ 值。

实验基本装置如图 5-11 所示，玻璃瓶口装有一支细玻璃管，玻璃管的内径要做得非常均匀和精细，以使小球刚好能从管内通过。振动小球的直径比玻璃管直径仅小 0.01 ~ 0.02mm，它能在玻璃管中上下移动。在瓶壁上有一小口，并插入一根细管，通过它各种气体可以注入到玻璃瓶中。

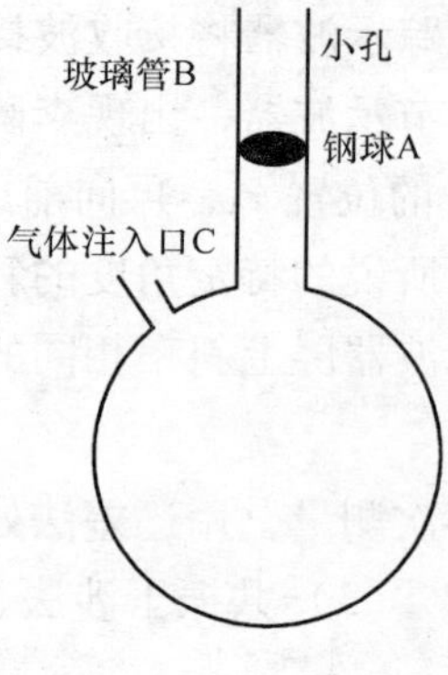

图 5-11　比热容比的测定装置

设钢球 A 的质量为 $m$，半径为 $r$（直径为 $d$），当钢球 A 处于受力平衡状态时瓶子内压力为

$$p = p_L + \frac{mg}{\pi r^2}$$

式中，$p_L$ 为大气压力。

为了补偿由于空气阻力引起振动物体振幅的衰减，通过 C 管向瓶内注入一个小气压的气流，当振动物体 A 处于小孔下方的半个振动周期时，注入气体使容器的内压力增大，使物体 A 向上移动；当物体 A 处于小孔上方的半个振动周期时，容器内的气体将通过小孔流出，使物体下沉。以后重复上述过程，只要适当控制注入气体的流量，物体能在玻璃管的小孔上下作简谐振动，振动周期可利用光电计时装置来测得。

若物体偏离平衡位置一个较小距离 $x$，则容器内的压力变化为 $\mathrm{d}p$，物体的运动方程为

$$m\frac{\mathrm{d}^2x}{\mathrm{d}t^2} = \pi r^2 \mathrm{d}p \tag{5-39}$$

因为物体振动过程相当快，可以看做绝热过程，则绝热方程为

$$pV^\gamma = 常数 \tag{5-40}$$

对式（5-40）求导数，有

$$\mathrm{d}p = -\frac{p\gamma \mathrm{d}V}{V},\quad \mathrm{d}V = \pi r^2 x \tag{5-41}$$

将式（5-41）代入式（5-39），有

$$\frac{\mathrm{d}^2x}{\mathrm{d}t^2} + \frac{\pi^2 r^4 p\gamma}{mV}x = 0 \tag{5-42}$$

式（5-42）即为熟知的简谐振动方程，它的解为

$$\omega = \sqrt{\frac{\pi^2 r^4 p\gamma}{mV}} = \frac{2\pi}{T}$$

$$\gamma = \frac{4mV}{T^2 pr^4} = \frac{64mV}{T^2 pd^4} \tag{5-43}$$

式中各量均可方便测得，因而可算出 $\gamma$ 值。

由气体运动论可以知道，$\gamma$ 值与气体分子的自由度数有关，与温度无关。对单原子气体（如氩）只有三个平动自由度；双原子气体（如氢）除上述三个平动自由度外还有两

个转动自由度；对多原子气体，则具有三个转动自由度。比热容比 $\gamma$ 与自由度 $f$ 的关系为 $\gamma=\frac{f+2}{f}$，理论上可以得出以下数值：

单原子气体（Ar，He）　$f=3$　$\gamma=1.67$

双原子气体（$N_2$，$H_2$，$O_2$）　$f=5$　$\gamma=1.40$

多原子气体（$CO_2$，$CH_4$）　$f=6$　$\gamma=1.33$

振动周期采用可预置测量次数的数字计时仪重复多次测量。

振动物体直径采用螺旋测微计测出，质量用物理天平（或电子天平）称量，玻璃瓶容积由实验室给出。

大气压力由气压表自行读出，并换算成 $N\cdot m^{-2}$（$760mmHg=1.013\times10^5N\cdot m^{-2}$）。

## 三、实验仪器

实验采用 FB212 型气体比热容比测定仪，其结构和连接方式如图 5-12 所示。

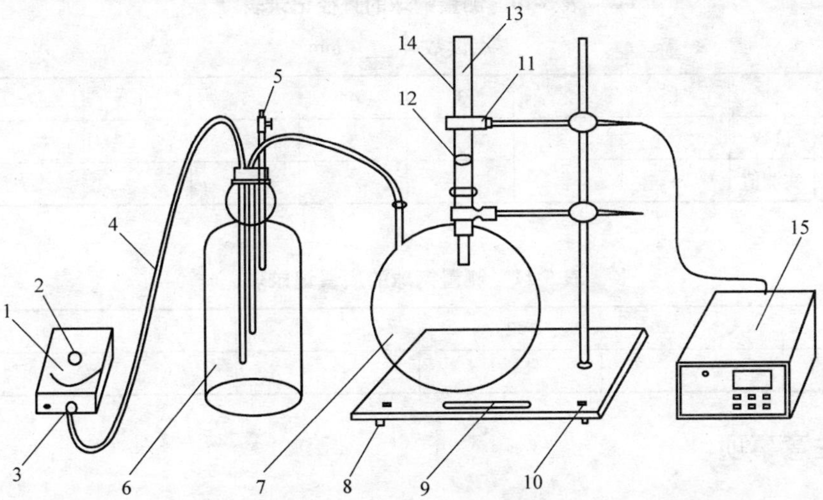


图 5-12　比热容比实验连接图

1—气泵　2—气量调节旋钮　3—出气口　4—橡胶管　5—调节阀门　6—储气瓶 I　7—储气瓶 II　8—水平调节螺钉　9—底板　10—水准泡　11—光电门　12—钢球　13—空芯玻璃管　14—出气小孔　15—计时仪

## 四、实验内容与要求

### 1. 实验仪器的调整

（1）将气泵、储气瓶用橡皮管连接好，装有钢球的玻璃管插入球形储气瓶。将光电接收装置利用方形连接块固定在立杆上，其固定位置为空心玻璃管的小孔附近。

（2）调节底板上三个水平调节螺钉，使底板处于水平状态。

（3）接通气泵电源，缓慢调节气泵上的调节旋钮，数分钟后，将储气瓶内注入一定压力的气体后，玻璃管中的钢球离开弹簧，向管子上方移动，此时应调节好进气的大小，使钢球在玻璃管中以小孔为中心上下振动。

**2. 振动周期的测量**

打开计时仪器，预置测量次数均为 50 次（如需设置其他次数，可按“置数”键后，再按“上调”或“下调”键，调至所需次数，再按“置数”键确定），然后按“执行”键，即开始计时，此时状态指示灯闪烁，待闪烁停止后，显示屏上显示的数字即为振动时间。重复测 5 次，将数据填入表 5-9 中。

**表 5-9 测量振动周期数据记录表**

| 次数 | 1 | 2 | 3 | 4 | 5 |
|---|---|---|---|---|---|
| 周期 $T$/s | | | | | |

**3. 其他测量**

用螺旋测微计和天平分别测出备用钢球的直径 $d$ 和质量 $m$，多次测量分别将测量数据填入表 5-10 和表 5-11 中。

**表 5-10 测量钢球的直径记录表**

零点读数 = ____ mm

| 次数 | | 1 | 2 | 3 | 4 | 5 | 6 | 7 | 8 |
|---|---|---|---|---|---|---|---|---|---|
| 钢球直径 $d$/mm | 读数 | | | | | | | | |
| | 实测值 | | | | | | | | |

**表 5-11 测量钢球的质量记录表**

| 次数 | 1 | 2 | 3 | 4 | 5 |
|---|---|---|---|---|---|
| 质量 $m$/g | | | | | |

## 五、注意事项

（1）为防止气流过大，导致钢球冲出，故玻璃管上端有一黑色护套，此护套不能取下。

（2）若不计时或不停止计时，可能是光电门位置不正确，造成钢球上下振动时不挡光，或者是外界光线过强，须适当遮光。

（3）本实验装置主要由玻璃制成，且对玻璃管的要求特别高。振动物体的直径仅比玻璃管内径小 0.01mm 左右，因此振动物体表面不允许擦伤。平时它停留在玻璃管的下方（用弹簧托住），若要将其取出，只需在它振动时，用手指将玻璃管壁上的小孔堵住，稍稍加大气流量物体便会上浮到管子上方开口处，就可以方便地取出，或将此管由瓶上取下，将球倒出来。

## 六、思考题

1. 注入气体量的多少对小球的运动情况有没有影响？
2. 在实际问题中，物体振动过程并不是理想的绝热过程，这时测得的值比实际值大还是小？为什么？

3. 若玻璃瓶上细管不竖直，对实验结果有何影响？为什么？

（周　芹）

# 实验二十六　*RC* 时间常数的测定

电阻、电容是电路的基本元件，在电阻、电容组成的电路中，接通或断开直流电源时，电路往往从一种状态过渡到另一种稳定状态。这些过程在电子技术中有广泛的应用。

## 一、实验目的

（1）了解电容器放电过程。

（2）了解时间常数 $\tau$ 的物理意义及测量方法。

## 二、实验原理

电容器的充电放电电路如图 5-13 所示，开关 S 先闭合，对电容器充电，使电容两极板电压等于电源电压，即 $U_0=\varepsilon_0$；把 S 断开时，电容器放电，电容器正极板上的电荷量 $q$ 随时间 $t$ 的增加而减少，电容器中的电场也将随之逐渐减小。因电路中没有电源，所以在 $\mathrm{d}t$ 时间内，电容器释放的电场能量 $\mathrm{d}w\left(\mathrm{d}w=\frac{q|\mathrm{d}q|}{C}=\frac{-q\mathrm{d}q}{C}\right)$全部消耗在电阻和电表上。

电场能量为

$$\mathrm{d}w=i^2R\mathrm{d}t$$

则

$$\frac{-q\mathrm{d}q}{C}=i^2R\mathrm{d}t \tag{5-44}$$

在放电过程中，电流方向如图 5-14 所示。因极板上电荷量在减少，故

$$i=-\frac{\mathrm{d}q}{\mathrm{d}t}$$

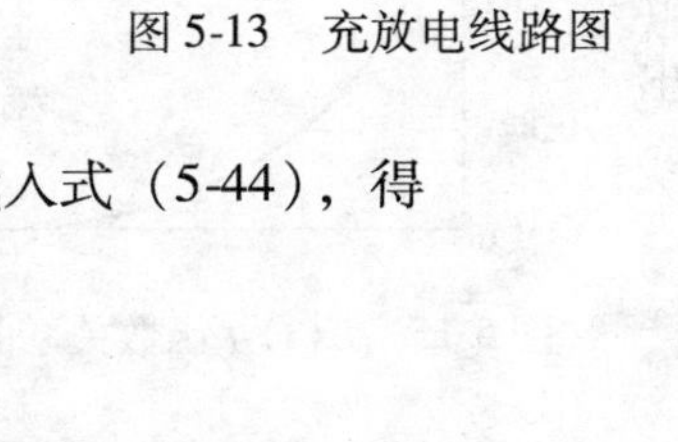


图 5-13　充放电线路图

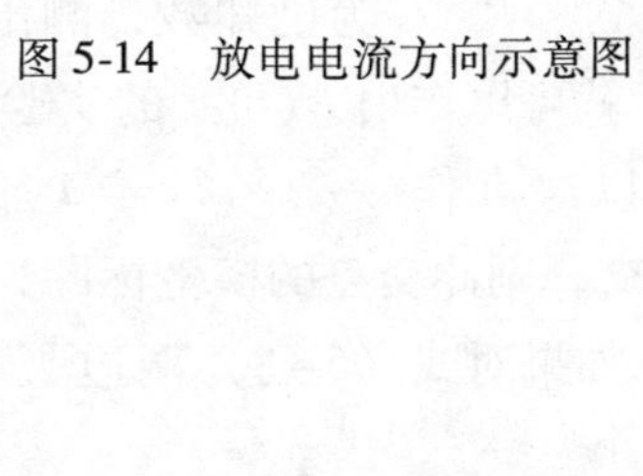


图 5-14　放电电流方向示意图

代入式（5-44），得

$$\frac{q}{C}=iR$$

$$R\frac{\mathrm{d}q}{\mathrm{d}t}+\frac{q}{C}=0 \tag{5-45}$$

对式（5-45）进行变量分离，得

$$\frac{\mathrm{d}q}{q}=-\frac{\mathrm{d}t}{RC}$$

积分，得

$$\ln q=-\frac{t}{RC}+A$$

即

$$q=\mathrm{e}^{-\frac{t}{RC}}\times \mathrm{e}^{A} \tag{5-46}$$

考虑初始条件，即当 $t=0$ 时，$q=q_0$，则

$$q_0=\mathrm{e}^{A}$$

代入式（5-46），得

$$q=q_0\mathrm{e}^{-\frac{t}{RC}} \tag{5-47}$$

上式两边各乘以$\frac{1}{C}$，得

$$U=U_0\mathrm{e}^{-\frac{t}{RC}}=\varepsilon_0\mathrm{e}^{-\frac{t}{RC}} \tag{5-48}$$

式中，$\varepsilon_0$ 为放电开始（$t=0$）时极板间的电压。式（5-47）和式（5-48）表示电容器在放电过程中极板上电荷 $q$ 和极板间的电压 $U$ 随时间 $t$ 的变化情况，它们都从各自的最大值按指数的规律衰减到零。

若放电经历了时间 $t$，且 $t=RC$，由式（5-48）可知

$$U=\varepsilon_0\mathrm{e}^{-1}\approx 0.37\varepsilon_0$$

即经过 $t=RC$ 的时间放电后，电容上的电压降到初始值的37%左右，我们称这个时间为电阻电容电路的放电时间常数，通常以 $\tau$ 表示，则

$$\tau=RC \tag{5-49}$$

若电路的电阻电容乘积的数值大，则 $U$ 由 $\varepsilon_0$ 降到 $0.37\varepsilon_0$ 所需时间就长；反之，所需时间就短。因此，时间常数 $\tau$ 反映了该电路放电所需时间的长短，是反映电阻电容电路特性的一个重要参数。

（1）图5-15是式（5-48）的 $U(t)$-$t$ 的函数关系曲线图。如果 $\varepsilon_0$，$R$，$C$ 为已知数，测出一系列的 $t$ 值和对应的 $U$ 值，就可以作出 $U(t)$-$t$ 的实验曲线。在 $U$ 轴上标出 $0.37\varepsilon_0$，以这点作一条平行于 $t$ 轴的直线与放电曲线 $U(t)$-$t$相交，则此交点的横坐标即为时间 $\tau$。

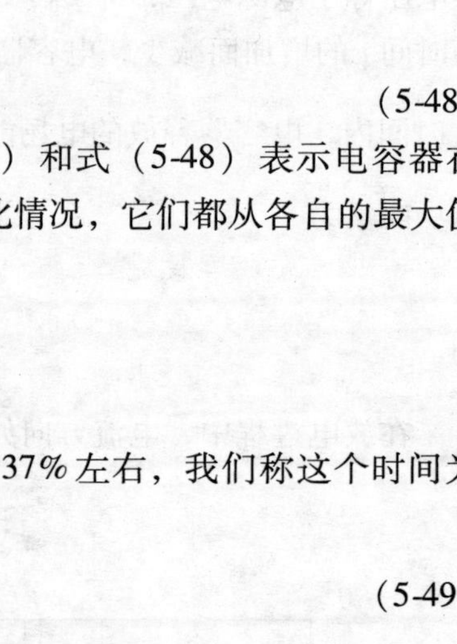

图5-15　$U(t)$-$t$ 函数关系曲线

（2）如果对式（5-48）两边取对数，可得

$$\lg U = \lg \varepsilon_0 - \frac{0.4343}{\tau} t \tag{5-50}$$

即 $\lg U$-$t$ 应为一条直线，其斜率为$\frac{-0.4343}{\tau}$。用半对数坐标纸（纵坐标按以 10 为底的对数标度）作图，求得斜率，便可计算 $\tau$。

（3）由式（5-50）可知 $t$ 与 $\lg U$ 为线性关系，因此，也可用最小二乘法由实验数据求出 $\tau$ 值。

## 三、实验仪器

直流稳压电源（15V）一台，单刀开关一个，电容（1000μF）一个，电阻箱一个，万用表一只，秒表一只。

## 四、实验内容与要求

### 1. 测量放电电压-时间曲线

（1）按图 5-13 连接线路，注意电源、万用表、电容的正负极应一致。万用表用直流 10V 挡，红、黑表笔分别插入“+”、“*”孔。（读数时以电表表面上第几条线为准?）

（2）调节电阻 $R_1 = 10\text{k}\Omega$，闭合开关 S，调节电源电压，从零起直至万用表满偏为止，记录此时 $C$ 两端电压的最大值 $U_0$。

（3）断开开关 S，电容通过电阻 $R$ 放电，同时按下秒表开始计时，逐一记录（$U$，$t$）的对应值，记入表 5-12 中。

**表 5-12　*RC* 电路放电时间记录表**　　　（单位：s）

| 电压/V | | 10 | 8 | 6 | 4 | 3 | 2 | 1 | 0.8 | 0.6 | 0.4 | 0.2 | 0 |
|---|---|---|---|---|---|---|---|---|---|---|---|---|---|
| 电阻 | $R_1 = 10\text{k}\Omega$ | | | | | | | | | | | | |
| | $R_2 = 90\text{k}\Omega$ | | | | | | | | | | | | |

（4）将电阻 $R$ 调至 90kΩ，重新测量放电时间。

### 2. 用示波器观察（电容器的充/放电）波形

（1）按图 5-16 接线，注意示波器、信号发生器的接地端应与电容接地端相连，$R$ 为 $10^3 \sim 10^4\Omega$，$C$ 为（0.01～0.1）μF，信号发生器输出频率 $f$ 为（1～10）kHz 的方波。在上半个周期内，方波电压为 $+E$，对电容器进行充电；在下半个周期内，方波电压为零，电容器放电。方波的作用相当于一个开关，控制电路发生连续的快速充放电过程。

（2）调节示波器观察充放电波形，如图 5-17 所示。

（3）描绘充放电波形图：调节方波周期的大小，观察波形的变化，最后使方波的每半个周期内，充（或放）电过程可以认为基本完毕$\left(\text{即}\frac{T}{2}\text{大约为}4\tau\text{时}\right)$，按屏上坐标网格将波形图描绘于坐标纸上。

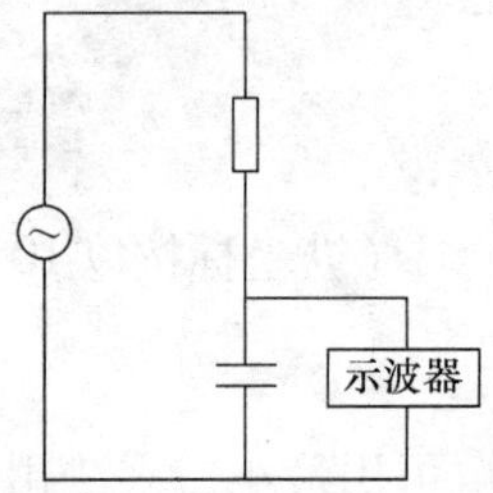


图 5-16 用示波器观察波形

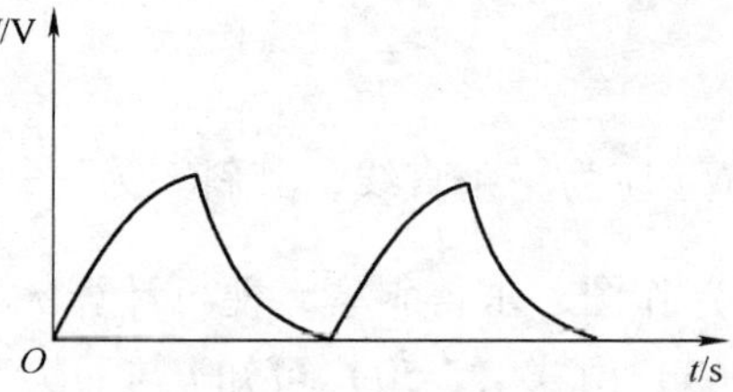


图 5-17 方波充放电波形图

## 五、思考题

1. 对电容量 $C$ 不同的电容器用相同的电阻 $R$ 充电或放电，其充电放电的快慢如何？

2. 时间常数 $\tau$ 的范围很宽，若对 1000pF 的电容器用 1.0kΩ 的电阻充电，其 $\tau$ 值为多少？

3. 为什么说时间常数 $\tau = RC$ 是电路充放电快慢的标志？

（周 芹）

# 实验二十七 光电效应

19 世纪末，赫兹用实验验证电磁波存在时，发现了光电效应现象，提出了辐射能量不连续的观点；1905 年，爱因斯坦将他的观点应用于光辐射，提出“光量子”理论，成功地解释了光电效应的各项基本规律，建立了爱因斯坦方程；1916 年，密立根通过光电效应对普朗克常量的精确测量，证实了爱因斯坦方程的正确性。普朗克常量的发现，在物理学史上具有划时代的意义，它是现代物理学中富有革命性的事件，随着它的出现，物理学进入了一个新的时代。

## 一、实验目的

（1）掌握用光电效应测定普朗克常量的方法。

（2）了解用滤色片获得单色光的方法。

（3）加深对光电效应和光量子理论的理解。

## 二、实验原理

在一定频率的光的照射下，电子从金属表面逸出的现象称为**光电效应**，从金属表面逸出的电子称为光电子。

利用光电效应测量普朗克常量的实验原理如图 5-18 所示，卤钨灯 S 发出的光束经透镜 L 会聚到单色仪 M 的入射狭缝上，从单色仪出射狭缝发出的光投射到光电管的阴极金属板 K 上，当光的频率增大到一定值时，金属表面有电子逸出。A 为阳极，若在 AK 两端加上电压 $U$ 后，电子将由 K 定向地运动到 A，在回路中形成光电流 $I$，光电流经放大器

AM 放大后可以被微安表测量。光电效应的基本实验规律如下：

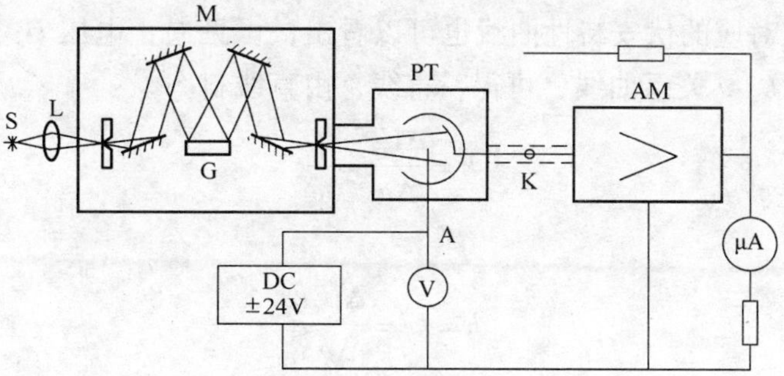


图 5-18　普朗克常量实验装置的光电原理

S—卤钨灯　L—透镜　M—单色仪　G—光栅　PT—光电管　AM—放大器

（1）饱和光电流 $I_M$ 与入射光光强 $P$ 成正比。入射光频率一定时，光电流随两极电压的增大而增大；但当电压 $U$ 增大到一定值时，光电流不再增加，达到一饱和值 $I_M$，$I_M$ 与光强 $P$ 成正比，其特征曲线如图 5-19 所示。

（2）光电子的初动能与入射光的频率 $\nu$ 成正比，与光强无关。实验中反映初动能大小的是遏止电位 $U_a$。在图 5-18 中，当阴极 K 与阳极 A 之间加反向电压时，则 K，A 间的电场对光电子起减速作用，随着反向电压增加，光电流逐渐减小，当反向电压达到 $U_a$ 时，光电流减小为零。此时，静电场对光电子所做的功 $eU_a$ 等于光电子的初动能$\frac{1}{2}mv^2$，即

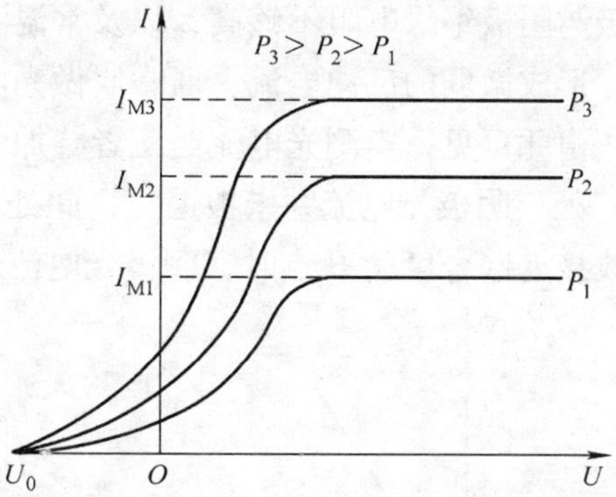


图 5-19　频率一定、光强不同的伏安特性曲线

$$eU_a = \frac{1}{2}mv^2 \tag{5-51}$$

当以不同频率 $\nu$ 的光照射时，$U_a$-$\nu$ 关系曲线为一直线，而且存在一个阀频率 $\nu$。当入射光频率 $\nu < \nu_0$ 时，无论光强多大，都不能释放出光电子，故 $\nu_0$ 又称为遏止频率。

（3）光电效应是瞬时效应，当 $\nu \geqslant \nu_0$ 时，一经光照射，立即产生光电子。根据爱因斯坦方程，有

$$\frac{1}{2}mv^2 = h\nu - A \tag{5-52}$$

式中，$h$ 是普朗克常量，公认值为 $6.626 \times 10^{-34}$ J · s；$\nu$ 为入射光频率；$A$ 为逸出功。由式（5-51）和式（5-52），有

$$eU_a = \frac{1}{2}mv^2 = h\nu - A$$

则

$$U_a = \frac{h}{e}\nu - \frac{A}{e} \tag{5-53}$$

由式（5-53）可知，对于不同频率的单色光照射同一光电管（$h$，$e$ 和 $A$ 一定）可得不同的遏止电压，这从对应的伏安特性曲线也可以看出，可见遏止电压 $U_a$ 是入射单色光频率 $\nu$ 的线性函数。作 $U_a$-$\nu$ 关系曲线，可得一直线，由直线斜率

$$k=\frac{\Delta U_a}{\Delta \nu}=\frac{h}{e}$$

有

$$h=ke=\frac{\Delta U_a}{\Delta \nu}e \tag{5-54}$$

找出 $U_a$-$\nu$ 关系曲线与横轴 $\nu$ 的交点，即可得到该光电管的截止频率 $\nu_0$；找出该曲线与纵轴的交点，可得到逸出电势 $U_\varphi$，如图 5-20 所示。

在实际的光电管实验中存在着两个反向电流，一是阳极发射的反向光电流，当入射光照射阴极时，阳极受到漫反射光的照射，也会发射电子，而电压 $U_{AK}$ 对此光电子起加速作用，使之很容易抵达阴极，形成反向阳极光电流；二是光电管即使不受任何光照射，由于阳极与阴极绝缘电阻不够高，以及常温下阴极 A 的热电子发射等因素，在外电压 $U_{AK}$ 作用下，形成微弱的反向电流，通常叫做光电管的暗电流，其伏安曲线近于线性。

由此可见，实测光电流是三者叠加的结果，如图 5-21 所示。实测曲线光电流为零（$A$ 点）处，阴极光电流并未被遏止，此处电位也就不是遏止电位。当加大负压，伏安特性曲线接近饱合区段 $B$ 点时，阴极光电流才为零，该点对应的电位才是外加遏止电位。

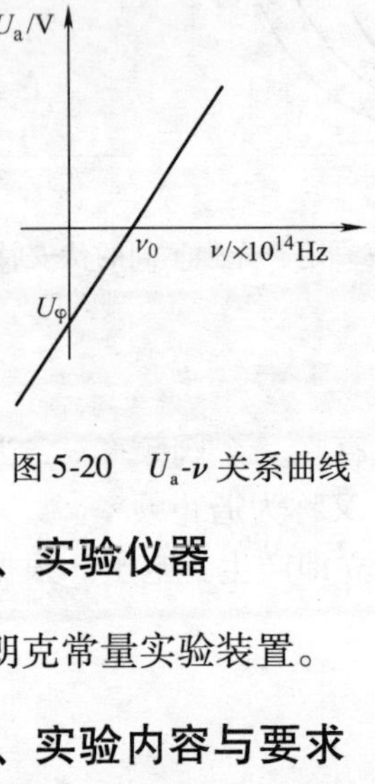


图 5-20　$U_a$-$\nu$ 关系曲线

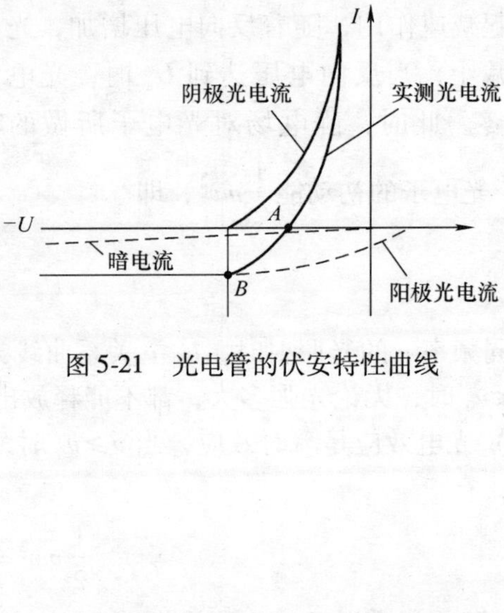


图 5-21　光电管的伏安特性曲线

## 三、实验仪器

普朗克常量实验装置。

## 四、实验内容与要求

（1）将单色仪前的挡光板置于挡光位置，开启电源，松开聚光器紧固螺钉，伸缩聚光镜筒，使聚焦效果最好，按下挡光板，并适当转动横向调节钮，使光束射到单色仪的入射狭缝上。

（2）将光电管前的挡光板置于挡光位置，转动波长读数鼓轮（即螺旋测微计），观察挡光板上从红到紫的各种单色斑，直到鼓轮转到零位置，出现白光，记录单色光斑中光强最强时对应的波长及零位偏差。汞灯波长与相对强度对照表见表 5-13。

**表 5-13　汞灯波长与相对强度的对照表**

| 颜　色 | 波长/nm | 相对强度 | 颜　色 | 波长/nm | 相对强度 |
|---|---|---|---|---|---|
| 红 | 708.19<br>690.75<br>671.65 | 极弱<br>强<br>弱 | 绿 | 536.51<br>535.41 | 弱<br>弱 |
| 黄 | 588.96<br>587.20<br>585.94<br>579.07<br>576.96 | 弱<br>弱<br>弱<br>强<br>强 | 青 | 496.03<br>491.60 | 弱<br>强 |
| 橙 | 623.44<br>612.33<br>607.26 | 强度相近 | 紫 | 410.84<br>407.78<br>404.66 | 弱<br>次强<br>强 |
| 绿 | 567.59<br>546.07 | 弱<br>强 | 蓝 | 435.84<br>433.92<br>434.75 | 强<br>弱<br>弱 |
| | | | 紫外 | 398.40<br>390.64<br>389.39 | 几乎看不见 |

波长示值可以从螺旋测微计上读出，螺旋测微计上最小分度值为 1nm。

（3）测量光电管的伏安特性曲线（见图 5-22）：

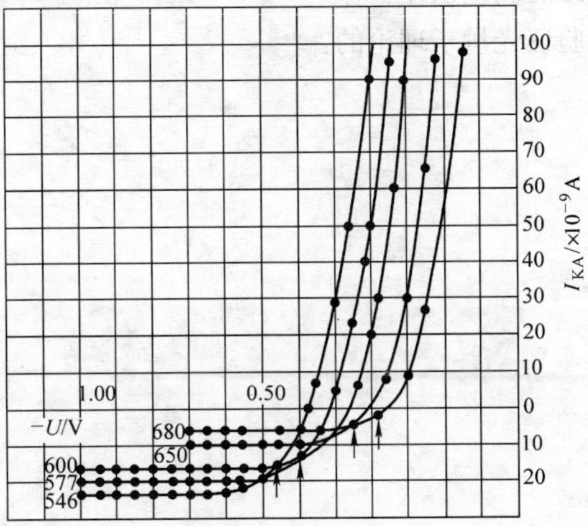


图 5-22　光电管伏安特性曲线

从上面所测的波长中选一个波长输出，根据微安表的指示，选择合适的倍率开关及“正负”电流；

从 $-1$V 起，缓慢调高外加直流电压，观察电流的变化，直至电流增大到 $80\times10^{-9}$A，记住使电流明显升高时的电压值；

针对各阶段电流变化情况，分别以每隔 0.1V 或 0.05V 施加遏止电压，记录对应的电流值。在电流起升点附近，可增加监测密度，电流转正后，可适当增大测试间隔，直至电流增大到 $80\times10^{-9}$A，并记录数据于表 5-14 中。

表 5-14 各种波长对应的伏安特性

$\lambda =$ ____ nm

| $U$/V | | | | |
|---|---|---|---|---|
| $I/\times10^{-9}$A | | | | |

（4）选择适当间隔的其他 4 种波长的光进行测量。

（5）在坐标纸上分别作出光电管在 5 种波长光照射下的伏安特性曲线，如图 5-22 所示，并找到对应的遏止电位 $U_a$，填入表 5-15 中。

表 5-15 各种频率对应的遏止电位

| 波长/nm | | | | | |
|---|---|---|---|---|---|
| 频率/$\times10^{14}$Hz | | | | | |
| 遏止电位 $U_a$/V | | | | | |

（6）作 $U_a$-$\nu$ 关系图得 $U_a$-$\nu$ 关系曲线，由斜率 $k=\dfrac{h}{e}$计算普朗克常量。

## 五、思考题

1. 测量的光电流是否完全是光电效应概念中的光电流？它受到哪些因素的影响？
2. 如何减小遏止电压的测量误差？
3. 光电效应是如何验证光量子理论的？

（周 芹）

# 附　录

## 附录 A　物理学常量表

| 量 | 符号、公式 | 数　值 | 不确定度/<br>（0.000 000 1） |
|---|---|---|---|
| 光速** | $c$ | $299\ 792\ 458\text{m} \cdot \text{s}^{-1}$ | — |
| 普朗克常量 | $h$ | $6.626\ 075\ 5(40) \times 10^{-34}\text{J} \cdot \text{s}$ | 0.60 |
| 约化普朗克常量 | $\hbar = h/2\pi$ | $1.054\ 572\ 66(6\ 3) \times 10^{-34}\text{J} \cdot \text{s}$<br>$=6.582\ 122\ 0(20)10^{-22}\text{MeV} \cdot \text{s}$ | 0.60<br>0.30 |
| 电子电荷 | $e$ | $1.602\ 177\ 33(4\ 9) \times 10^{-19}\text{C}$ | 0.30<br>0.30 |
| 电子质量 | $m_e$ | $0.510\ 999\ 06(1\ 5)\text{MeV}/c^2$<br>$9.109\ 389\ 7(54) \times 10^{-31}\text{kg}$ | 0.30<br>0.59 |
| 质子质量 | $m_p$ | $938.272\ 319(2\ 8)\text{MeV}/c^2$<br>$=1.672\ 623\ 1(10) \times 10^{-27}\text{kg}$<br>$=1\ 836.152\ 701(37)m_e$ | 0.30<br>0.59，0.020 |
| 氘质量 | $m_d$ | $1\ 875.613\ 39(5\ 7)\text{MeV}/c^2$ | 0.30 |
| 真空电容率 | $\varepsilon_0$ | $8.854\ 187\ 817\cdots \times 10^{-12}\text{F} \cdot \text{m}^{-1}$ | — |
| 真空磁导率 | $\mu_0$ | $4\pi \times 10^{-7}\text{N} \cdot \text{A}^{-2}$<br>$=12.566\ 370\ 614\cdots \times 10^{-7}\text{N} \cdot \text{A}^{-2}$ | — |
| 精细结构常量 | $\alpha = e^2/4\pi\varepsilon_0\hbar c$ | $1/137.035\ 989\ 5(61)$ | 0.045 |
| 里德伯常量 | $hcR_\infty = m_e c^2 \alpha^2/2$ | $13.605\ 698\ 1(40)\text{eV}$ | 0.30 |
| 引力常量 | $G$ | $6.672\ 59(8\ 5) \times 10^{-11}\text{N} \cdot \text{m}^2 \cdot \text{kg}^{-2}$ | 128<br>128 |
| 重力加速度<br>（纬度45°海平面） | $g$ | $9.806\ 65\text{m} \cdot \text{s}^{-2}$ | — |
| 阿伏加德罗常数 | $N_A$ | $6.022\ 136\ 7(36) \times 10^{23}\text{mol}^{-1}$ | 0.59 |
| 玻耳兹曼常数 | $k$ | $1.380\ 658(12) \times 10^{-23}\text{J} \cdot \text{K}^{-1}$<br>$=8.617\ 385(73) \times 10^{-5}\text{eV} \cdot \text{K}^{-1}$ | 8.5<br>8.4 |
| 斯特藩-玻耳兹曼常量 | $\sigma = \pi^2 k^4/60\hbar^3 c^2$ | $5.670\ 51(1\ 9) \times 10^{-8}\text{W} \cdot \text{m}^{-2} \cdot \text{K}^{-4}$ | 34 |
| 玻尔磁子 | $\mu_B = e\hbar/2m_e$ | $5.788\ 382\ 63(5\ 2) \times 10^{-11}\text{MeV} \cdot \text{T}^{-1}$ | 0.089 |
| 核磁子 | $\mu_N = e\hbar/2m_p$ | $3.152\ 451\ 66(2\ 8) \times 10^{-14}\text{MeV} \cdot \text{T}^{-1}$ | 0.089 |
| 玻尔半径<br>（无穷大质量） | $\alpha_\infty = 4\pi\varepsilon_0\hbar^2/m_e e^2$ | $0.529\ 177\ 249(24) \times 10^{-10}\text{m}$ | 0.045 |

数据来源：The European Physical Journal C，1998（3）：69。

**有关光速的新定义参阅 B W Pettey. Nature，1983（303）：373。

# 附录B　中华人民共和国法定计量单位

我国的法定计量单位（以下简称法定单位）包括：

（1）国际单位制（SI）的基本单位（表B1）。

（2）国际单位制的辅助单位（表B2）。

（3）国际单位制中具有专门名称的导出单位（表B3）。

（4）可与国际单位制并用的我国法定计量单位（表B4）。

（5）由以上单位构成的组合形式的单位。

（6）由词头和以上单位所构成的十进倍数和分数单位的词头（表B5）。

法定单位的定义、使用方法等，由国家计量局另行规定。

**表B1　国际单位制的基本单位**

| 量的名称 | 单位名称 | 单位符号 |
|---|---|---|
| 长度 | 米 | m |
| 质量 | 千克(公斤) | kg |
| 时间 | 秒 | s |
| 电流 | 安[培] | A |
| 热力学温度 | 开[尔文] | K |
| 物质的量 | 摩[尔] | mol |
| 发光强度 | 坎[德拉] | cd |

注：1. 圆括号中的名称，是它前面的名称的同义词，下同。

2. 无方括号的量的名称与单位名称均为全称。方括号中的字，在不致引起混淆、误解的情况下，可以省略。去掉方括号中的字即为其名称的简称，下同。

3. 本标准所称的符号，除特殊指明外，均指我国法定计量单位中所规定的符号以及国际符号，下同。

4. 人民生活和贸易中，质量习惯称为重量。

**表B2　国际单位制的辅助单位**

| 量的名称 | 单位名称 | 单位符号 |
|---|---|---|
| 平面角 | 弧度 | rad |
| 立体角 | 球面度 | sr |

**表B3　国际单位制中具有专门名称的导出单位**

| 量的名称 | SI导出单位 | | |
|---|---|---|---|
| | 名称 | 符号 | 用SI基本单位和SI导出单位表示 |
| 频率 | 赫[兹] | Hz | $1Hz = 1s^{-1}$ |
| 力 | 牛[顿] | N | $1N = 1kg \cdot m/s^2$ |
| 压力,压强,应力 | 帕[斯卡] | Pa | $1Pa = 1N/m^2$ |
| 能[量],功,热量 | 焦[耳] | J | $1J = 1N \cdot m$ |
| 功率,辐[射能]通量 | 瓦[特] | W | $1W = 1J/s$ |

（续）

| 量的名称 | SI 导出单位 | | |
|---|---|---|---|
| | 名 称 | 称 号 | 用 SI 基本单位和 SI 导出单位表示 |
| 电荷[量] | 库[仑] | C | 1C = 1A · s |
| 电压,电动势,电位,(电势) | 伏[特] | V | 1V = 1W/A |
| 电容 | 法[拉] | F | 1F = 1C/V |
| 电阻 | 欧[姆] | Ω | 1Ω = 1V/A |
| 电导 | 西[门子] | S | $1S = 1\Omega^{-1}$ |
| 磁通[量] | 韦[伯] | Wb | 1Wb = 1V · s |
| 磁通[量]密度,磁感应强度 | 特[斯拉] | T | $1T = 1Wb/m^2$ |
| 电感 | 亨[利] | H | 1H = 1Wb/A |
| 摄氏温度 | 摄氏度 | ℃ | 1℃ = 1K |
| 光通量 | 流[明] | lm | 1lm = 1cd · sr |
| [光]照度 | 勒[克斯] | lx | $1lx = 1lm/m^2$ |
| [放射性]活度 | 贝可[勒尔] | Bq | $1Bq = 1s^{-1}$ |
| 吸收剂量<br>比授[予]能<br>比释动能 | 戈[瑞] | Gy | 1Gy = 1J/kg |
| 剂量当量 | 希[沃特] | Sv | 1Sv = 1J/kg |

**表 B4　可与国际单位制单位并用的我国法定计量单位**

| 量的名称 | 单位名称 | 单位符号 | 与 SI 单位的关系 |
|---|---|---|---|
| 时间 | 分 | min | 1min = 60s |
| | [小]时 | h | 1h = 60min = 3 600s |
| | 日,(天) | d | 1d = 24h = 86 400s |
| [平面]角 | 度 | ° | $1° = (\pi/180)$ rad |
| | [角]分 | ′ | $1′ = (1/60)° = (\pi/10\ 800)$ rad |
| | [角]秒 | ″ | $1″ = (1/60)′ = (\pi/648\ 000)$ rad |
| 体积 | 升 | L,(l) | $1L = 1dm^3 = 10^{-3}m^3$ |
| 质量 | 吨 | t | $1t = 10^3kg$ |
| | 原子质量单位 | u | $1u \approx 1.660\ 540 \times 10^{-27}kg$ |
| 旋转速度 | 转每分 | r/min | $1r/min = (1/60)s^{-1}$ |
| 长度 | 海里 | n mile | 1n mile = 1852m(只用于航行) |
| 速度 | 节 | kn | 1kn = 1 n mile/h = (1 852/3 600)m/s　(只用于航行) |
| 能 | 电子伏 | eV | $1eV \approx 1.602\ 177 \times 10^{-19}J$ |
| 级差 | 分贝 | dB | |
| 线密度 | 特[克斯] | tex | $1tex = 10^{-6}kg/m$ |
| 面积 | 公顷 | $hm^2$ | $1hm^2 = 10^4m^2$ |

注：1. 平面角单位度、分、秒的符号，在组合单位中应采用(°)、(′)、(″) 的形式，例如，不用°/s 而用(°)/s。
2. 升的符号中，小写的字母 l 为备用符号。
3. 公顷的国际通用符号为 ha。

**表 B5 用于构成十进倍数和分数单位的词头**

| 因数 | 词头名称 | | 符号 |
|---|---|---|---|
| | 英文 | 中文 | |
| $10^{24}$ | yotta | 尧[它] | Y |
| $10^{21}$ | zetta | 泽[它] | Z |
| $10^{18}$ | exa | 艾[可萨] | E |
| $10^{15}$ | peta | 拍[它] | P |
| $10^{12}$ | tera | 太[拉] | T |
| $10^{9}$ | giga | 吉[咖] | G |
| $10^{6}$ | mega | 兆 | M |
| $10^{3}$ | kilo | 千 | k |
| $10^{2}$ | hecto | 百 | h |
| $10^{1}$ | deca | 十 | da |
| $10^{-1}$ | deci | 分 | d |
| $10^{-2}$ | centi | 厘 | c |
| $10^{-3}$ | milli | 毫 | m |
| $10^{-6}$ | micro | 微 | μ |
| $10^{-9}$ | nano | 纳[诺] | n |
| $10^{-12}$ | pico | 皮[可] | p |
| $10^{-15}$ | femto | 飞[母托] | f |
| $10^{-18}$ | atto | 阿[托] | a |
| $10^{-21}$ | zepto | 仄[普托] | z |
| $10^{-24}$ | yocto | 幺[科托] | y |

# 参 考 文 献


[1] 杨述武，等. 普通物理实验［M］. 3版. 北京：高等教育出版社，2000.

[2] 周殿清，等. 大学物理实验［M］. 武汉：武汉大学出版社，2002.

[3] 张兆奎. 大学物理实验［M］. 北京：高等教育出版社，2004.

[4] 成正维. 大学物理实验［M］. 北京：高等教育出版社，2004.

[5] 王希成，罗中杰. 大学物理实验［M］. 武汉：华中科技大学出版社，2012.

[6] 熊永红. 大学物理实验［M］. 武汉：华中科技大学出版社，2004.

[7] 是度芳，贺渝龙. 基础物理实验［M］. 武汉：湖北科学技术出版社，2003.

[8] 葛松华，唐亚明. 大学物理实验教程［M］. 北京：电子工业出版社，2004.

[9] 费业泰. 误差理论与数据处理［M］. 6版. 北京：机械工业出版社，2010.

[10] 杜义林. 大学实验物理教程［M］. 合肥：中国科学技术大学出版社，2002.

[11] 孔祥洪，郭阳雪. 大学物理实验教程［M］. 上海：同济大学出版社，2012.

[12] 王国栋，等. 大学物理实验［M］. 北京：科学出版社，2001.